CAD/CAM 技能型人才培养系列教材

NX 三维数字化设计与仿真

(微课视频版)

吴立军　单岩　黄岗　主编

清華大學出版社

北　京

内 容 简 介

本书以NX 2206为蓝本，按NX的应用场景构成划分为13章，内容包括三维建模入门(第1章)、草图绘制(第2章)、实体建模(第3~7章)、曲面建模(第8~10章)、装配(第11章)、工程图(第12章)、运动仿真分析(第13章)。各章内容讲解以项目引导式展开，项目案例由简单到复杂，难度逐步提高，每个项目都由案例分析、知识链接、案例实施和总结4部分组成。

针对教学的需要，本书基于成熟的信息化平台配套提供了全新的立体教学资源库，包括素材库、试题库、视频库、拓展案例库、勘误表，不仅可以直接基于该信息化平台开展线上线下教学、聚合全过程的教学数据，而且便于学生复习、巩固、强化、提高，最终达到融会贯通的目的。

本书适合作为高等院校三维造型技术基础与应用等课程的教材，也可作为各类技能培训机构的教材，还可作为相关工程技术人员的自学用书。

图书在版编目(CIP)数据

NX三维数字化设计与仿真：微课视频版/吴立军，单岩，黄岗主编. 一北京：清华大学出版社，2024.1
CAD/CAM技能型人才培养系列教材
ISBN 978-7-302-64798-0

Ⅰ. ①N… Ⅱ. ①吴… ②单… ③黄… Ⅲ. ①计算机辅助设计－应用软件－教材 ②计算机仿真－应用软件－教材 Ⅳ. ①TP391.72 ②TP391.9

中国国家版本馆CIP数据核字(2023)第204810号

责任编辑：刘金喜
封面设计：范惠英
版式设计：妙思品位
责任校对：成凤进
责任印制：沈 露

出版发行：清华大学出版社
网　　址：https://www.tup.com.cn，https://www.wqxuetang.com
地　　址：北京清华大学学研大厦A座　　**邮　　编**：100084
社 总 机：010-83470000　　**邮　　购**：010-62786544
投稿与读者服务：010-62776969，c-service@tup.tsinghua.edu.cn
质 量 反 馈：010-62772015，zhiliang@tup.tsinghua.edu.cn
印 装 者：三河市龙大印装有限公司
经　　销：全国新华书店
开　　本：185mm×260mm　　**印　　张**：17.75　　**字　　数**：399千字
版　　次：2024年1月第1版　　**印　　次**：2024年1月第1次印刷
定　　价：68.00元

产品编号：097902-01

前　　言

产品建模是 CAD/CAM 技术中最基本和最常用的部分，它不仅是 CAD 的核心内容，而且是实施各种 CAD/CAM/CAE 技术(如 NC 编程、FEM 计算、仿真分析、数字孪生等)的必要前提。

NX 软件是德国西门子公司推出的一套集 CAD/CAM/CAE 于一体的软件集成系统，是当今世界上先进的计算机辅助设计、分析和制造软件，广泛应用于航空、航天、汽车、通用机械、船舶、石油化工和电子等工业领域。

本书编者从事 CAD/CAM/CAE 教学和研究多年，具有丰富的 NX 使用经验和教学经验。本书由 13 章组成，各章内容讲解以项目引导式展开，项目案例由简单到复杂，难度逐步提高，每个项目都由案例分析、知识链接、案例实施和总结 4 部分组成。其中，案例分析是本书的“灵魂”，每个案例都有其独特的制作思路和制作方法，而产品建模的精华就在于通过产品的外观和特征能够准确地对产品进行“庖丁解牛”，做到建模前“胸中有丘壑”的境界；知识链接部分着重对重要命令进行讲解，使学习者在使用命令的同时学到该命令更多的拓展知识；案例实施部分主要记录了产品建模的大概过程、建模思路、实战经验。本书还配有大量精心制作的视频，以呈现制作过程和建模思路，真正做到“基础知识、操作技能、应用思路和实战经验”四位一体的有机组成。

此外，我们发现，现有教材所配套的教学资源库有些许不足：内容少且资源结构不完整，一般仅提供少量的视频演示、练习素材、PPT 文档等；仅是资源的堆砌。为此，本书基于信息化教学平台提供配套的立体化教学资源库，包括素材库、试题库、视频库、拓展案例库、勘误表。其中，信息化教学平台可以提供配套的素材资源、发布教学活动、聚合教学客观数据(如采集学生的学习过程数据和结果数据等)，帮助教师实现过程管理，教师通过平台的课程分析功能也可及时评估教学目标达成情况及分析和发现问题；素材库包含了教材中案例配套的原始文件、结果文件及阶段性文件，便于学生边学边做；试题库提供了数百道 CAD 基础理论及功能操作的相关试题，包括填空、选择、是非、主观题等题型，便于学生了解自己对功能与理论知识的理解程度；视频库用于再现案例的实现过程，便于学生观摩学习，以帮助完成练习；拓展案例库则提供了更多的应用案例，可以帮助学生强化和拓展 CAD 的应用能力，将教材中所学习到的方法融会贯通。

教学资源获取方法：

- 普通用户(含学生)可通过以下步骤获得配套立体资源库：

① 用 PC 端微信关注“学呗课堂”微信公众号。

② 用手机号或邮箱注册“学呗课堂”。

③ 单击右上角的“+”按钮，选择“邀请码加班”，输入邀请码 XBKT-NVAJ(或任课教师提供的邀请码)。

④ 找到本书后点击，打开课程资源。

⑤ 在资源项目右侧点击选中资源，点击“分享”，复制链接地址，在浏览器中打开链接，点击资源下载。

- 院校用户(任课教师)可直接致电 010-62784096，或者发邮件至 476371891@qq.com 申请立体化教学资源(教师版)。

学生用资源也可通过 http://www.tupwk.com.cn/downpage 下载。

本书由吴立军(浙江科技大学)、单岩(浙江大学)、黄岗(杭州科技职业技术学院)主编，曹淼龙(浙江科技大学)参与编写。

限于编写时间和编者的水平，书中不妥之处在所难免，我们十分期望读者及专业人士提出宝贵意见与建议，以便今后不断加以完善。请通过以下方式与我们交流。

Email：476371891@qq.com

电话：010-62784096

编　者

2023 年 7 月

目　录

第 1 章
三维建模入门案例

项目要求

- ✧ 熟悉三维建模技术的基本概况。
- ✧ 熟练使用 NX 软件的实体命令。
- ✧ 掌握案例中的建模思路。
- ✧ 掌握简单轴的三维建模方法。

1.1　案例分析

1.1.1　案例说明

本案例根据图纸 ShiTi01.jpg 所示完成轴零件建模，如图 1-1 所示。

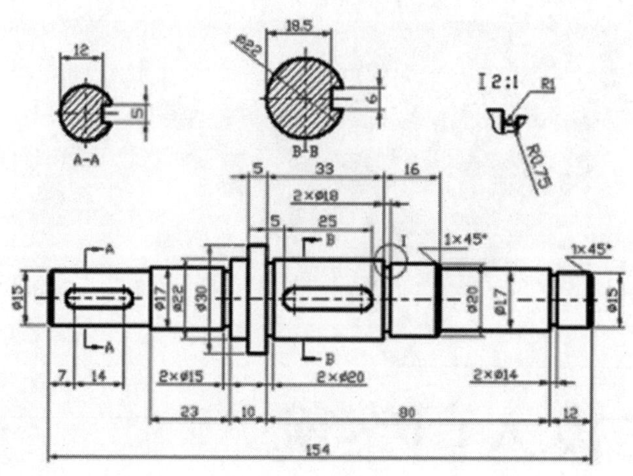

图 1-1　建模示意图

1.1.2　思路分析

通过观察图纸，可以看出本案例的轴零件主要由圆柱体这个基本的几何元素组成。因此，轴零件主体只要通过【拉伸】命令就可以完成。根据轴零件的特征，确定建模思路为，先创建主体，再添加键槽，最终进行倒角处理。具体建模流程如图 1-2 所示。

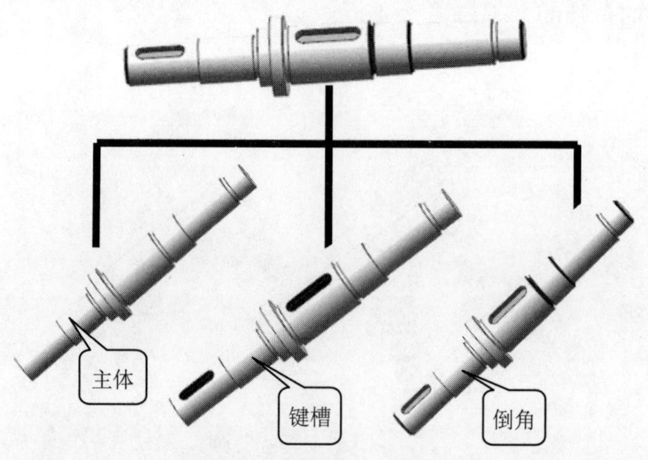

图 1-2　建模流程示意图

1.2　知识链接

1.2.1　设计的飞跃——从二维到三维

目前，我们看到的印刷资料(如图书、图片、图纸等)，都是平面的、二维的，可用 X、Y 两个维度表示。而现实世界是立体的，为了完整地表述现实世界中的物体，我们需要用 X、Y、Z 三个维度进行表示。所以平面的二维资料只能反映现实世界的部分信息，我们需要运用抽象思维才能在大脑中形成三维映像。

多年来，二维工程图一直被作为工程界的通用语言，用于在设计、加工、装配等工程人员之间传递产品信息。由于单个平面图形不能完全反映产品的三维信息，人们便制定了一些制图规则，如三维产品的投影方向、剖切规则、标注方法等，形成若干由二维视图组成的图纸，从而表达完整的产品信息。在如图 1-3 所示的工程图中，就是用三个视图和一个轴测图来表达产品的。

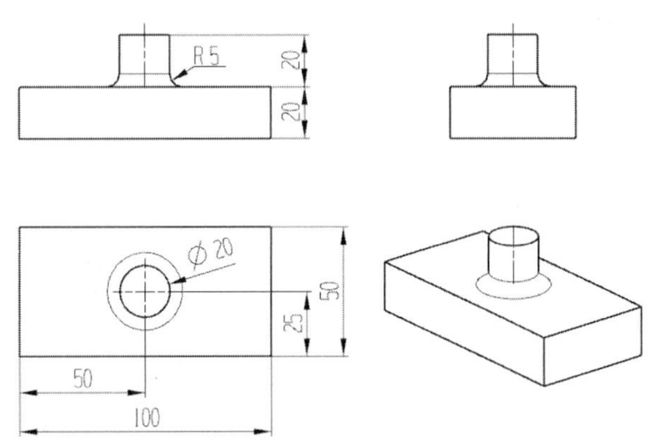

图 1-3　工程图

工程图中的视图和反映产品三维形状的轴测图(正等轴测图、斜二测视图或其他视角形成的轴测图)，都是以二维平面图的形式展现从某个视点、方向投影过去的物体的情况。根据这些视图及制定的制图规则，借助人类的抽象思维，就可以在大脑中重构物体的三维空间几何结构。因此，不了解工程制图规则，就无法识图、读图，也就无法进行产品的设计、制造、装配，更无法与其他技术人员沟通。

毋庸置疑，二维工程图在人们进行技术交流等方面起到了重要作用。但用二维工程图形来表达三维世界中的物体，则需要把三维物体按制图规则绘制成二维图形(即制图过程)，其他技术人员再根据这些二维图形和制图规则，借助抽象思维在大脑中重构三维模型(即读图过程)，这一过程复杂且易出错。那么，有没有方法可以直接反映大脑中的三维的、具有真实感的物体，而不用经历三维投影到二维、二维再抽象到三维的过程呢？答案是肯定的，人们可以利用三维建模技术直接创建产品的三维模型，如图 1-4 所示。

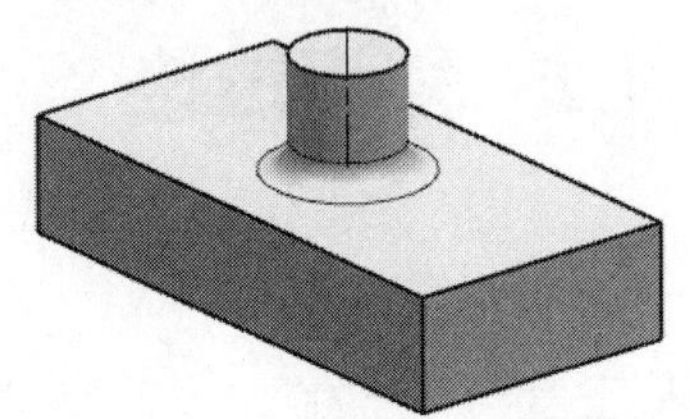

图 1-4　产品的三维模型

三维建模技术通过三维模型来呈现大脑中设计的产品，从而直观地展示产品的三维空间结构。计算机中的三维数字模型，对应着大脑中想象的物体，构造这种数字模型的过程，就是三维建模。在计算机上利用三维造型技术建立的三维数字形体，称为三维模型。三维模型可直接用于工程分析，便于尽早发现设计的不合理之处，大大提高了设计效率和可靠性。

1.2.2　三维建模——CAX 的基石

正是计算机辅助技术(CAX 技术)的蓬勃发展，使得产品的数字化设计、分析、制造成为现实，缩短了产品设计制造周期。CAX 技术包括 CAD(computer aided design，计算机辅助设计)、CAM(computer aided manufacturing，计算机辅助制造)、CAPP(computer aided process planning，计算机辅助工艺规划)、CAE(computer aided engineering，计算机辅助工程)等计算机辅助技术。其中，CAD 技术是实现 CAM、CAPP、CAE 等技术的先决条件，因此 CAD 技术的核心和基础是三维建模技术。

可以模制产品的开发流程为例来考察 CAX 技术的应用背景，以及三维建模技术在其中的地位。通常，模制产品的开发流程分为产品设计、模具设计、模具制造和产品制造 4 个阶段，如图 1-5 所示。

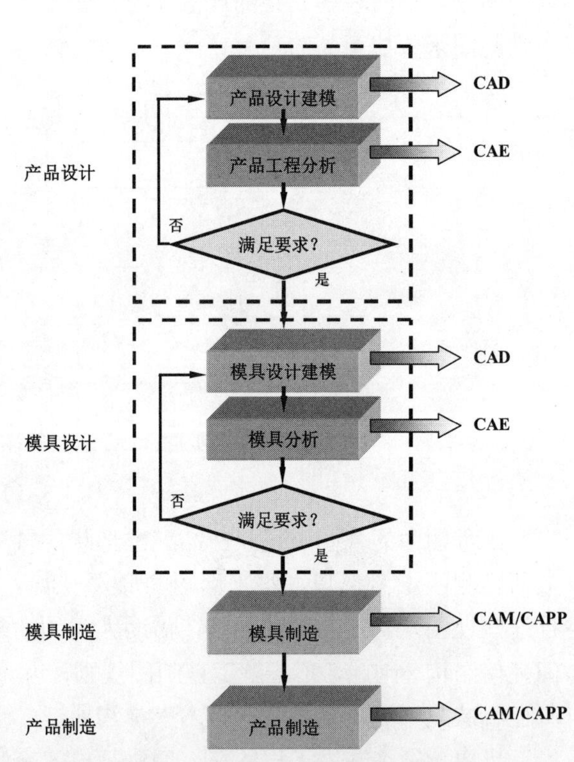

图 1-5　模制产品的开发流程

(1) 产品设计阶段。

首先建立产品的三维模型。建模的过程实际就是产品设计的过程，这个过程属于 CAD 领域。设计与分析是一个交互过程，设计者需要将设计好的产品进行工程分析(CAE)，如强度分析、刚度分析、机构运动分析、热力学分析等，再将分析结果反馈到设计阶段(CAD)，并根据需要修改结构，修改后继续进行分析，直到满足设计要求为止。

(2) 模具设计阶段。

根据产品模型设计相应的模具，如凸模、凹模及其他附属结构，并建立模具的三维模型，这个过程也属于 CAD 领域。设计完成的模具，同样需要经过 CAE 分析，分析结果用于检验、指导和修正设计阶段的工作。例如，对塑料制品进行注射成型分析可预测产品成型的各种缺陷(如熔接痕、缩痕、变形等)，从而优化产品设计和模具设计，避免因设计问题造成模具返修甚至报废。模具的设计分析过程类似于产品的设计分析过程，直到满足模具设计要求后，才能最后确定模具的三维模型。

(3) 模具制造阶段。

模具是用来制造产品的模板的，其质量直接决定了最终产品的质量，因此通常采用数控加工方式，这个过程属于 CAM 领域。制造过程不可避免地与工艺有关，因此需要借助 CAPP 领域的技术。

(4) 产品制造阶段。

此阶段根据设计好的模具批量生产产品，可能会用到 CAM/CAPP 领域的技术。

可以看出，在模制产品设计制造过程中，贯穿了 CAD、CAM、CAE、CAPP 等 CAX 技术，而这些技术都必须以三维建模为基础。

例如，若要设计生产如图 1-6 所示的产品，就必须先建立其三维模型。没有三维建模技术的支持，CAD 技术将无从谈起。

图 1-6　产品的三维模型

产品和模具的 CAE 分析，不论是分析前的模型网格划分，还是分析后的结果显示，也都必须借助三维建模技术才能完成，如图 1-7 所示。

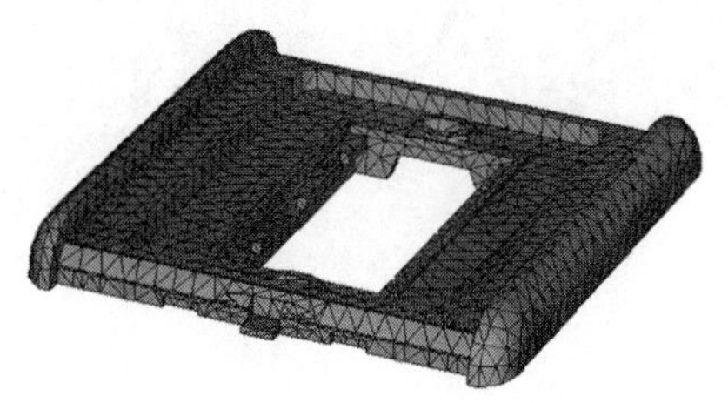

图 1-7　产品的 CAE 分析

对于 CAM，同样需要在模具三维模型的基础上，进行数控(numerical control，NC)编程与仿真加工。图 1-8 显示了模具加工的数控刀路，即加工模具时，刀具所走的路线。刀具按照这样的路线进行加工，去除材料余量，加工结果就是模具。图 1-8 还显示了模具的加工刀轨和加工仿真的情况。可以看出，CAM 同样以三维模型为基础，没有三维建模技术，虚拟制造和加工是不可想象的。

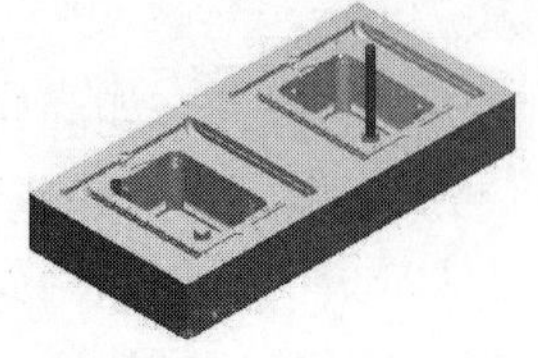

图 1-8　产品的 CAM 加工

上述模制产品的设计制造过程充分表明，三维建模技术是 CAD、CAE、CAM 等 CAX 技术的核心和基础，没有三维建模技术的支持，CAX 技术将无从谈起。

事实上，除了模制产品之外，其他产品的 CAD、CAM、CAE 也都离不开三维建模技术。从产品的结构设计，到产品的外观造型设计；从正向设计制造到逆向工程、快速原型，都离不开三维建模，如图 1-9 所示。

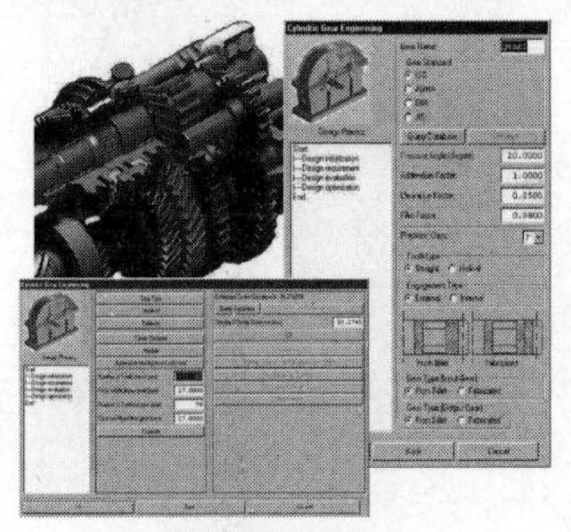

产品结构设计

产品外观造型设计

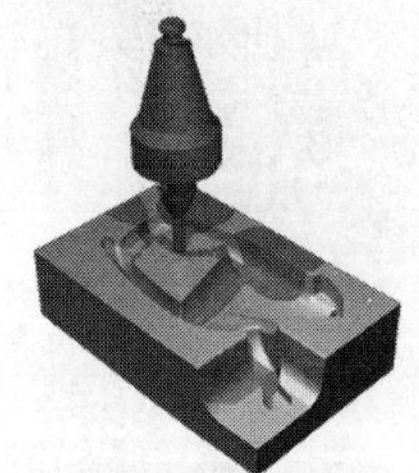

产品加工

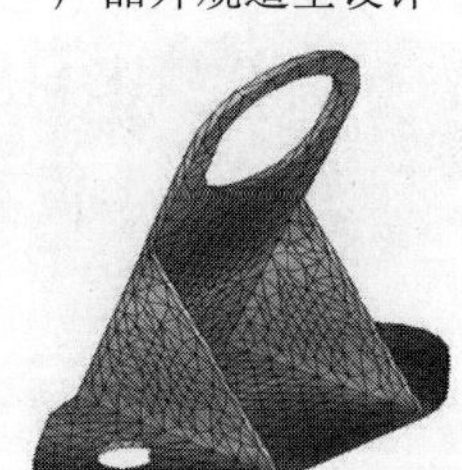

工程分析

逆向工程(RE)

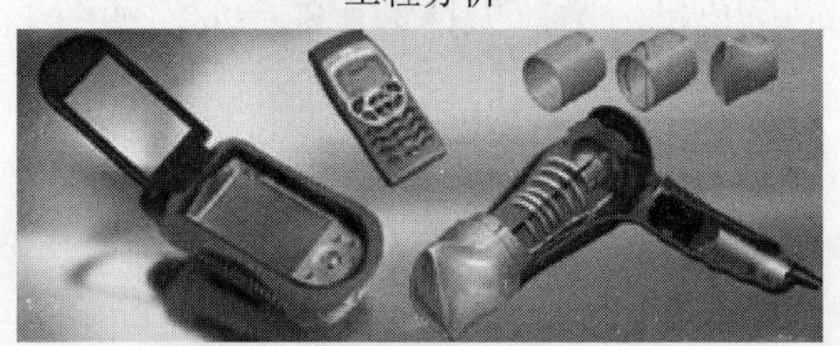

快速原型(RP)

图 1-9　三维模型的应用

不同的 CAD 软件各有优势，企业通常同时采用多种 CAD 软件来完成不同的工作。例如，在 NX 中完成部分造型工作，然后再在 CATIA 中完成另外一部分造型工作；或者在 NX 中完成产品三维造型，然后将其导入 ANSYS 等分析软件中进行分析，这些都涉及不同软件间的数据交换问题。

不同的 CAD 系统会产生不同格式的数据文件。为了在不同的 CAD 平台上进行数据交换，人们制定了图形数据交换标准。常用的图形数据交换标准分为二维图形交换标准和三维图形交换标准。其中，二维图形交换标准包括基于二维图纸的 DXF 数据文件格式；三维图形交换标准包括基于曲面的 IGES 图形数据交换标准、基于实体的 STEP 标准及基于小平面的 STL 标准等。

1.2.3　三维建模相关概念

什么是维?“二维”“三维”的“维”究竟是什么意思？简单地说，“维”就是用来描述物体的自由度数，点是零维物体，线是一维物体，面是二维物体，体是三维物体。

可以这样理解形体的“维”：想象一只蚂蚁沿着一条线爬行，无论这条线是直线、平面曲线还是空间曲线，蚂蚁都只能前进或后退，即线的自由度是一维的；如果蚂蚁在一个面上爬行，则无论该面是平面还是曲面，蚂蚁可以有前后、左右两个方向可以选择，即面的自由度是二维的；如果一只蜜蜂在封闭的体空间内飞行，则它可以有上下、左右、前后三个方向可以选择，即体的自由度是三维的。

那么，“二维绘图”“三维建模”中的“维”，与图形对象的“维”是一回事吗？答案是否定的。二维绘图和三维建模中的“维”是指绘制图形所在的空间的维数，而非图形对象的维数。例如，二维绘图只能在二维空间制图，图形对象只能是零维的点、一维的直线、一维的平面曲线等，二维图形对象只有区域填充，没有空间曲线、曲面、体等图形对象；而三维建模可以在三维空间建立模型，图形对象可以是任何维度的图形对象，包括点、线、面、体。

1. 图形与图像

什么是图形？计算机图形学中研究的图形是从客观世界物体中抽象出来的带有灰度或色彩及形状的图或形，由点、线、面、体等几何要素和明暗、灰度、色彩等非几何要素构成，与数学中研究的图形有所区别。

计算机技术中，根据对图和形表达方式的不同，衍生出了计算机图形学和计算机图像处理技术两个学科，它们分别对图形和图像进行研究。

表 1-1 列出了图形与图像的对比。

表 1-1　图形与图像对比

对比项	图　形	图　像
表达方式	矢量，方程	光栅，点阵，像素
理论基础	计算机图形学	计算机图像处理
原理	以图形的形状参数与属性参数来表示：形状参数可以是描述图形形状的方程的系数、线段的起止点等；属性参数则包括灰度、色彩、线型等非几何属性	用具有灰度或色彩的点阵来表示，每个点有各自的颜色或灰度，可以理解为由色块拼合而成的图形

(续表)

比较项目	图　形	图　像
维数	任意维形体，包括零维的点、一维的线、二维的面、三维的体	平面图像，由色块拼合而成，没有点、线、面、体的形体概念
直观的解释	数学方程描述的形体	所有印刷品、绘画作品、照片等
原始效果		
放大后的效果		
进一步放大后的局部效果		
旋转	可以绕任意轴、任意点旋转	只能在图像平面内旋转
软件	FreeHand、所有的 CAD 软件等	Paint、Photoshop 等

了解图像与图形的意义非常重要。图像表达的对象可以是三维的，但是表达方式只能是二维的；图形则完整地表达了对象的所有三维信息，可以对图形进行变换视点、绕任意轴旋转等操作。

计算机图形学的主要研究对象是图形，研究计算机对图形的输入、生成、显示、输出、变换，以及图形的组合、分解和运算等处理，是开发 CAD 软件平台的重要基础。在使用 CAD 软件完成工作时，虽然不需要关注 CAD 软件本身的实现方法，但是理解其实现的机理对充分使用软件、合理规划任务还是很有帮助的。更多的相关技术知识可以参考计算机图形学方面的书籍。

2. 图形对象

CAD 软件中涉及的图形对象主要有点、线、面、体。

(1) 点。

点是零维的几何形体。CAD 中的点一般可分为两类，一类是真实的“点”对象，可以对它执行建立、编辑、删除等操作；另外一类是指图形对象的“控制点”，如线段的端点、中点，圆弧的圆心、四分点等。这些“点”虽然可以用鼠标选中，但并不是真实的点对象，无须专门建立，也没有办法删除。这两类点，初学者很容易混淆。

(2) 线。

线是一维的几何形体，一般分为直线和曲线。

直线一般用二元一次方程 $Ax+By+C=0$ 表达。可以通过指定两个端点(鼠标点选或者输入两个端点坐标)、一个端点和一个斜率等方式确定直线。

曲线包括二维平面曲线和三维空间曲线。二维平面曲线又有基本曲线和自由曲线之分。基本曲线是可用二元二次方程 $Ax^2+By^2+Cxy+Dx+Ey+F=0$ 表达的曲线，曲线上的点严格满足曲线方程，圆、椭圆、抛物线、双曲线都是基本曲线的特例。自由形状曲线是一种解析表达的曲线，通过给定的若干离散的控制点控制曲线的形状。其控制点可以是曲线的通过点，也可以是构成控制曲线形状的控制多边形的控制点，还可以是拟合线上的点。常见的

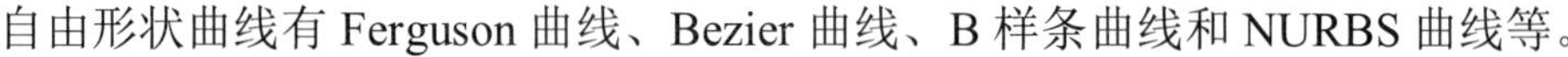

自由形状曲线有 Ferguson 曲线、Bezier 曲线、B 样条曲线和 NURBS 曲线等。

(3) 面。

面是二维的几何形体，分为平面和曲面。

平面的表达和生成比较容易理解，需要注意的是，平面(plain)是二维对象，与物体表面(surface)不是同一概念。例如，长方体的六个表面并不是平面对象，不能创建、编辑或删除，建立六个平面并不等于一个长方体。

曲面常被称为片体(sheet),是没有厚度的二维几何体。曲面功能的丰富程度是衡量CAD软件功能的重要依据之一。与曲线类似，曲面也分为基本曲面和自由曲面。基本曲面通过确定的方程描述，如圆柱面、圆锥面、双曲面等。自由曲面没有严格的方程，通过解析法表达，常见的有 Coons 曲面、Bezier 曲面、B 样条曲面和 NURBS 曲面等。

(4) 体。

体是三维的几何形体。三维造型的目的就是建立三维形体。

在建立三维形体时，通常在基本形体或者它们的布尔操作的基础上，增加材料(如加凸台、凸垫等)或减去材料(如开孔、槽等)，然后进行一些细节处理(如倒角、抽壳等)，形成最后的形状。

基本形体可以是基本体素，如块(block)、柱(cylinder)、锥(cone)、球(sphere)等；也可以是二维形体经过扫描操作而形成的三维形体。

3. 视图变换与物体变换

任何 CAD 软件都提供在屏幕上缩放、平移、旋转所绘制的图形对象的功能。正如工程制图中的局部放大图，物体的细节被放大了，但是其真实尺寸并没有放大一样，缩放、平移、旋转操作也不会改变物体本身的形状大小和相对位置，只是从视觉上对物体进行不同的观察。在屏幕中缩放物体，相当于改变观察点与物体间的距离，模拟了视点距离物体远近的观察效果；旋转屏幕中的物体，相当于改变视点与物体的相对方位，或者视点不变旋转物体，或者物体不动转动观察点。这些操作都不会改变物体的真实情况，称为视图变换。

那么，如果要改变物体的真实形状、尺寸，又该如何操作呢？

通常，CAD 软件都提供坐标变换(transform)功能，以实现物体的缩放、旋转、平移、复制、移动、阵列等操作。这些操作真实作用于物体，会改变物体的真实形状，称为物体变换，它与视图变换有本质区别。

视图变换与物体变换虽然本质上不同，但是实现方法是相同的，都是坐标变换。视图变换是基于显示坐标系进行变换，相当于改变观察物体的视点(距离或方位)；物体变换则是基于物体在真实世界中的世界坐标系进行变换，真实改变了物体的尺寸和形状。

1.2.4　NX 软件介绍

Unigraphics(简称 UG)起源于美国麦道航空公司，早期是一款自动编程系统。20 世纪 90 年代其被 EDS 公司收并，为通用汽车公司服务，并由美国 EDS 公司开发为集 CAD/CAE/CAM

于一体的设计软件，可用于整个产品的开发过程，包括产品建模、零部件装配、数控加工、运动分析、有限元分析，以及工程图生成等。2007 年 5 月正式被西门子收购，自此，此产品更名为 NX。目前，NX 软件(最新版本为 NX 2206，其运行界面如图 1-10 所示。)是全球应用较为广泛的计算机辅助设计和辅助制造软件之一，被应用于航空航天、汽车、机械及模具、消费品、高科技电子等领域的产品设计、分析及制造，被认为是业界比较具有代表性的数字化产品开发系统。

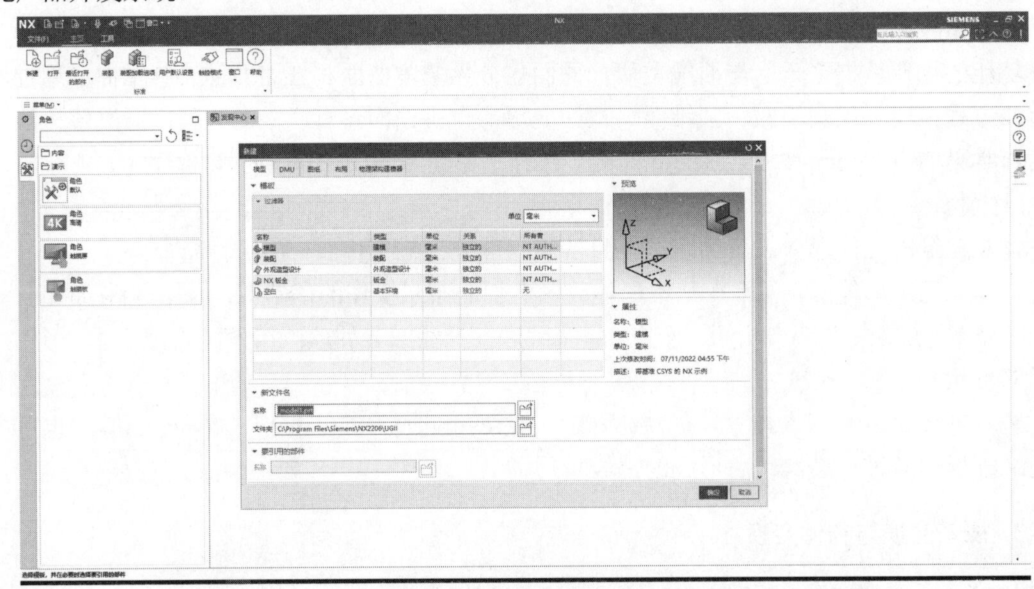

图 1-10　NX 2206 运行界面

NX 软件集 CAD/CAM/CAE/PDM/PLM 于一体，其中，CAD 软件使工程设计及制图实现了完全自动化；CAM 软件提供了大量数控编程库(如机床库、刀具库等)，便于进行数控加工仿真、编程和后处理；CAE 软件提供了产品、装配和部件性能模拟能力；PDM/PLM 软件帮助管理产品数据和整个生命周期中的设计重用。

NX 软件不仅具有强大的实体造型、曲面造型、虚拟装配和生成工程图的设计功能，而且在设计过程中可以进行机构运动分析、动力学分析和仿真模拟，提高了设计的精确度和可靠性。同时，NX 软件还可以基于生成的三维模型直接生成数控代码，用于产品加工，并支持多种类型的数控机床。另外，它所提供的二次开发语言 UG/OPEN GRIP、UG/OPEN API，便于用户开发专用的 CAD 系统，并实现更多的功能。

NX 系统由许多功能模块组成，这些模块几乎涵盖了 CAD/CAM/CAE 各种技术。本书主要介绍基本环境、建模、制图、装配、仿真五个模块，其中建模模块是重点。

1.2.5　图形交换标准

1. 二维图形交换标准(DXF)

DXF(digital exchange format)是二维 CAD 软件 AutoCAD 系统中使用的图形数据文件格

式。DXF 虽然不是图形数据交换标准，但由于 AutoCAD 系统在二维绘图领域的普遍应用，使得 DXF 成为事实上的二维数据交换标准。DXF 是具有专门格式的 ASCII 码文本文件，它易于被其他程序处理，主要用于实现高级语言编写的程序与 AutoCAD 系统的连接，或者其他 CAD 系统与 AutoCAD 系统的图形文件交换。

2. 初始图形交换规范(IGES)

IGES(initial graphics exchange specification，初始图形交换规范)是基于曲面的图形交换标准，由美国国家标准协会(ANSI)于 1980 发布，目前在工业界应用最广泛，是不同 CAD、CAM 系统之间进行图形信息交换的一种重要规范。

IGES 定义了一种“中性格式”文件，它类似于一个翻译器。在要转换的 CAX 软件系统中，把文件转换成 IGES 格式文件导出，其他 CAX 软件通过读入这种 IGES 格式的文件，翻译成本系统的文件格式，由此实现数据交换。这种结构方法非常适合在异种机之间或不同的 CAX 系统之间进行数据交换，因此，目前绝大多数 CAX 系统都提供读、写 IGES 文件的接口。

由于 IGES 定义的实体主要是几何图形信息，输出形式面向用户理解而非面向计算机，因此不利于系统集成。更为致命的缺陷是，IGES 在数据转换过程中，经常出现信息丢失与畸变问题。另外，IGES 文件占用存储空间较大，虽然如今硬盘容量的限制不是很大的问题，但会影响数据传输和处理的效率。

尽管如此，IGES 仍然是目前各国广泛使用的事实上的国际标准数据交换格式，我国于 1993 年 9 月起将 IGES 3.0 作为国家推荐标准。

提示

IGES 无法转换实体信息，只能转换三维形体的表面信息。例如，一个立方体经 IGES 转换后，不再是立方体，而是只包含立方体的六个面。

3. 产品模型数据交换标准(STEP)

STEP(standard for the exchange of product model data，产品模型数据交换标准)是一个三维实体图形交换标准，由国际标准化组织(ISO)于 1992 年制定颁布。产品在各个过程中产生的信息量大且数据关系复杂，而且分散在不同的地方，因此，需要将这些产品信息以计算机能理解的形式表示，并确保其在不同的计算机系统之间进行交换时保持一致和完整。于是，STEP 便应运而生，STEP 把产品信息的表达和用于数据交换的实现方法区分开来。

STEP 采用统一的产品数据模型，为产品数据的表示与通信提供一种中性数据格式，能够描述产品整个生命周期中的所有产品数据，因而基于 STEP 的产品模型完整地表达了产品的设计、制造、使用、维护、报废等方面的信息，为下达生产任务、直接质量控制、测试和进行产品支持等方面的功能提供全面的信息，并独立于处理这种数据格式的应用软件。

STEP 较好地解决了 IGES 的不足，能满足 CAX 集成和 CIMS 的需要，将广泛地应用于工业、工程等领域，有望成为 CAX 系统及其集成的数据交换主流标准。

STEP 存在的问题是整个体系极其庞大，标准的制定过程进展缓慢，数据文件比 IGES 更大。

4. 3D 模型文件格式(STL)

STL文件格式最早是快速成型(RP)领域中的接口标准，现已被广泛应用于各种三维造型软件中，很多主流的商用三维造型软件都支持STL文件的输入输出。STL模型将原来的模型转换为三角面片的形式，以三角面片的集合来逼近表示物体外轮廓形状，其中每个三角形面片由 4 个数据项表示，即三角形的 3 个顶点坐标和三角形面片的外法线矢量。STL 文件即为多个三角形面片的集合。目前，STL文件格式在逆向工程(RE)中也很常用，如实物经三维数字化测量扫描所得的数据文件常常是STL格式。

5. 其他图形格式转换

在使用三维造型软件时，还经常遇见 Parasolid、CGM 和 VRML 等图形文件格式，它们有各自的图形核心标准。图形核心标准是计算机绘图的图形库，相关内容参见有关书籍。

很多大型 CAD/CAX 软件不仅提供标准格式的导入/导出，还直接提供了输入/输出其他 CAD 软件的文件格式。图 1-11 所示是 NX 中导入/导出其他文件格式的菜单。NX 除了直接支持一些常用的 CAD/CAM 软件的文件格式(如 CATIA、Pro/E)外，还支持 Parasolid、CGM 和 VRML 等。

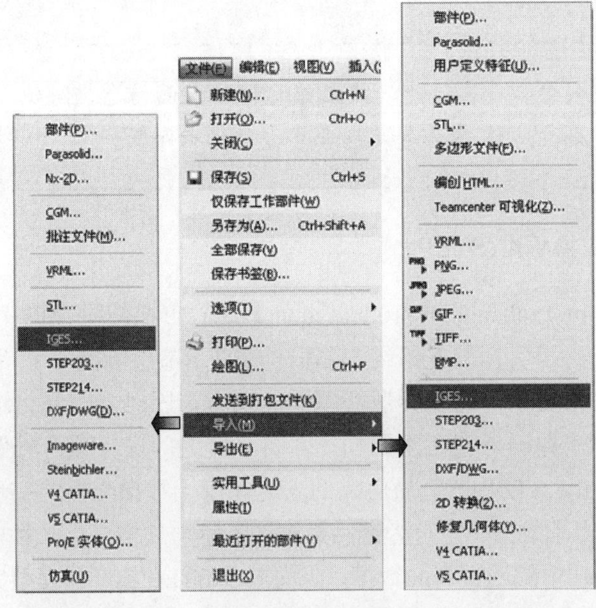

图 1-11　NX 中导入/导出的其他文件格式的菜单

- ✧ Parasolid 是 NX 的图形核心库，包含了绘制和处理各种图形的库函数。有关图形核心库及其相关标准，读者可参见其他有关书籍及资料。
- ✧ CGM(computer graphics metafile，计算机图形元文件)包含矢量信息和位图信息，许多组织和政府机构，如英国标准协会(BSI)、美国国家标准协会(ANSI)和美国国防部等都采用 CGM 作为其标准文件格式。CGM 能处理所有的三维编码，并解释和支持所有元素，完全支持三维线框模型、尺寸、图形块等输出。目前，所有的文本处理软件都支持这种格式。
- ✧ VRML(virtual reality modeling language，虚拟现实建模语言)定义了一种把三维图形和多媒体集成在一起的文件格式。从语法角度看，VRML 文件显式地定义已组织起来的三维多媒体对象集合；从语义角度看，VRML 文件描述的是基于时间的交互式三维多媒体信息的抽象功能行为。VRML 文件的解释、执行和呈现通过浏览器实现。

1.2.6　基于 NX 的产品设计流程

基于 NX 的产品设计流程，通常是先对产品的零部件进行三维造型，在此基础上再进行结构分析、运动分析等，然后根据分析结果，对三维模型进行修正，最终将符合要求的产品模型定型。定型之后，可基于三维模型创建相应的工程图样，或者进行模具设计和数控编程等。因此，用 NX 进行产品设计的基础和核心是构建产品的三维模型，而构建产品三维模型的实质就是创建产品零部件的实体特征或片体特征。

实体特征通常由基本体素(如矩形、圆柱体等)、扫描特征等构成，或者在它们的基础上通过布尔运算后获得。对于扫描特征的创建，往往需要先用曲线工具或草图工具创建出相应的引导线与截面线，再利用实体工具来构建。

片体特征的创建，通常也需要先用曲线工具或草图工具创建好构成曲面的截面线和引导线，再利用曲面工具来构建。片体特征通过缝合、增厚等操作可创建实体特征；实体特征通过析出操作等也可以获得片体特征。

使用 NX 进行产品设计的一般流程如图 1-12 所示。

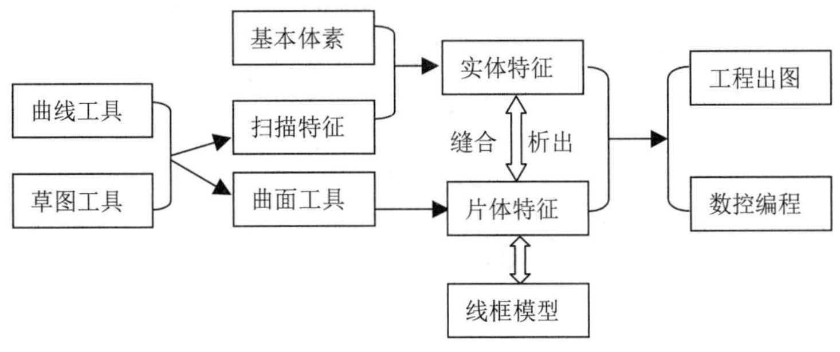

图 1-12　产品设计流程图

1.3 案例实施

三维建模入门案例

(1) 创建圆柱体，选择【菜单】|【插入】|【设计特征】|【圆柱】命令，如图 1-13 所示。

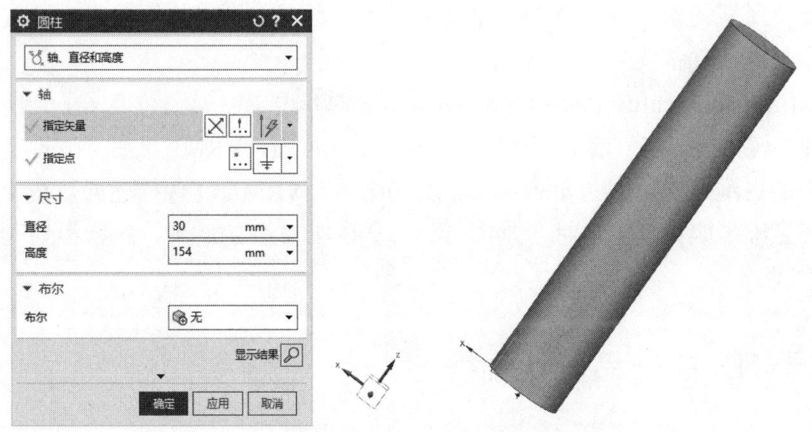

图 1-13　创建圆柱体

(2) 通过拉伸修剪体，选择【菜单】|【插入】|【设计特征】|【拉伸】命令，如图 1-14 所示。

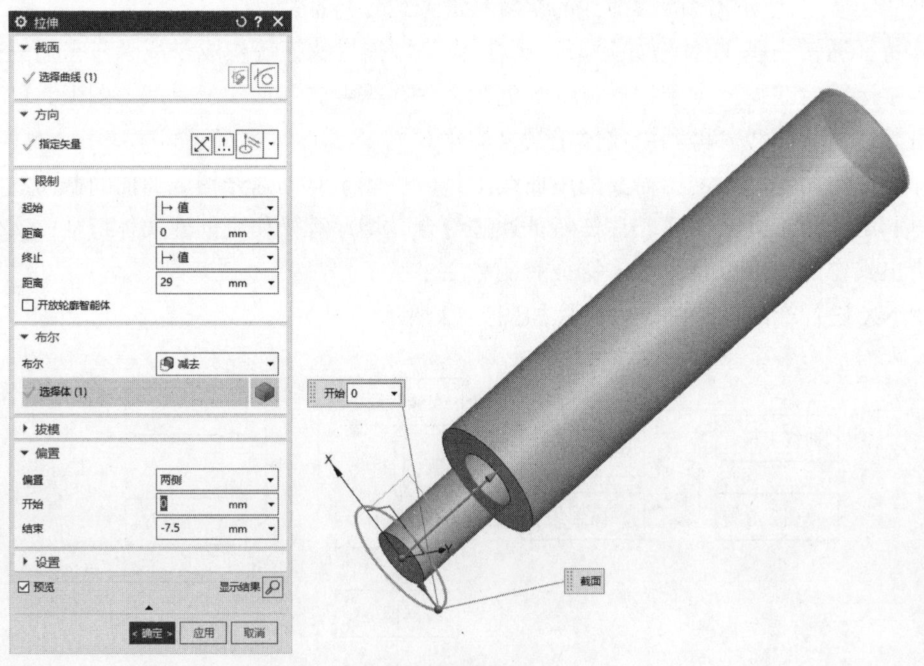

图 1-14　拉伸修剪体(1)

(3) 通过拉伸修剪体，如图 1-15 所示。

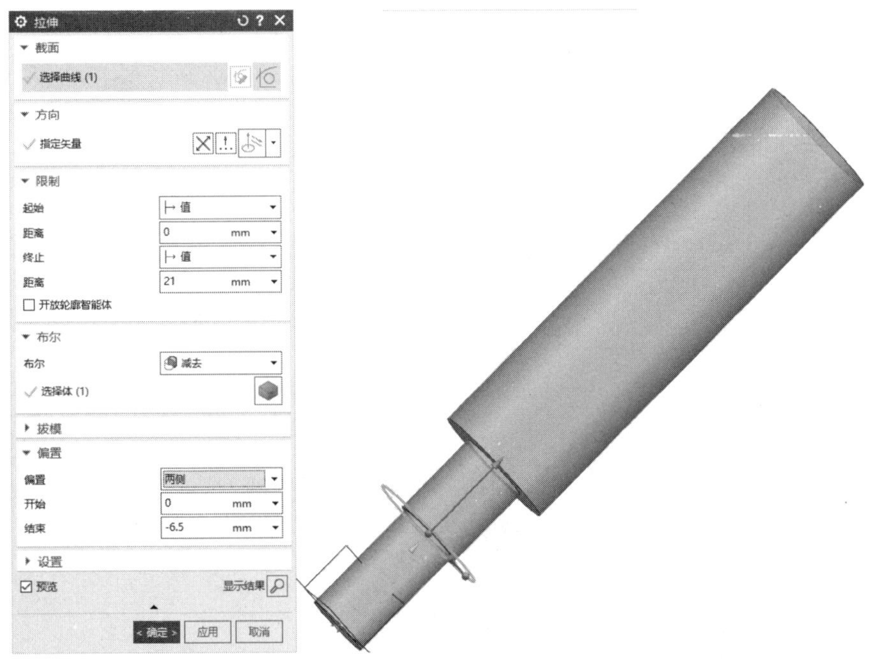

图 1-15　拉伸修剪体(2)

(4) 通过拉伸创建退刀槽，如图 1-16 所示。

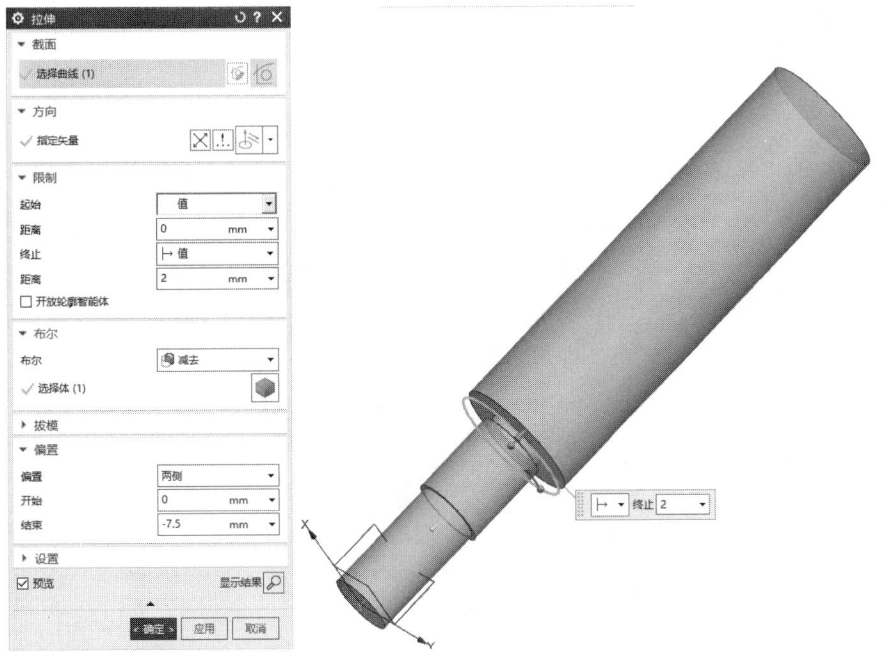

图 1-16　创建退刀槽(1)

(5) 通过拉伸修剪体，如图 1-17 所示。

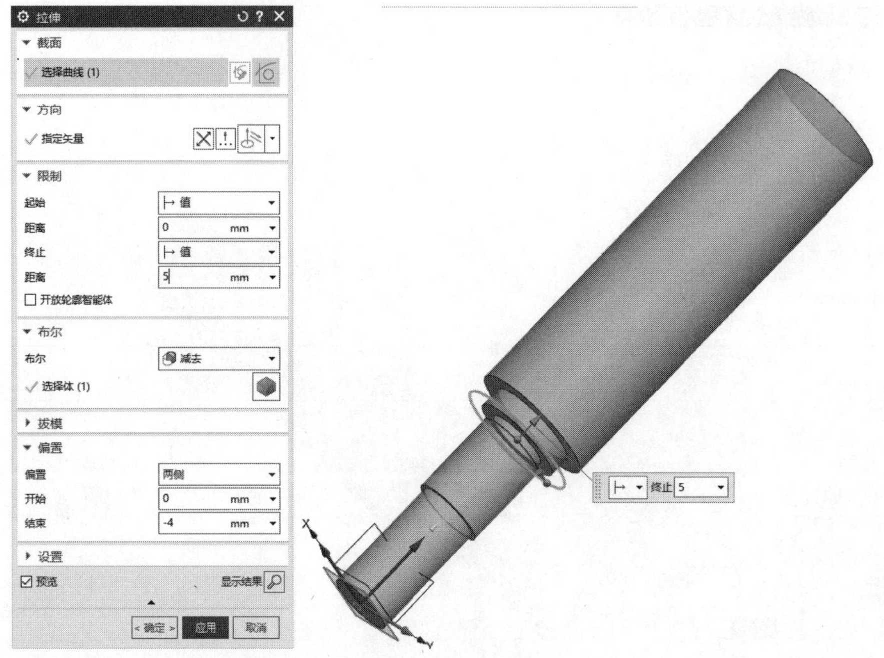

图 1-17　拉伸修剪体(3)

(6) 通过拉伸创建退刀槽，如图 1-18 所示。

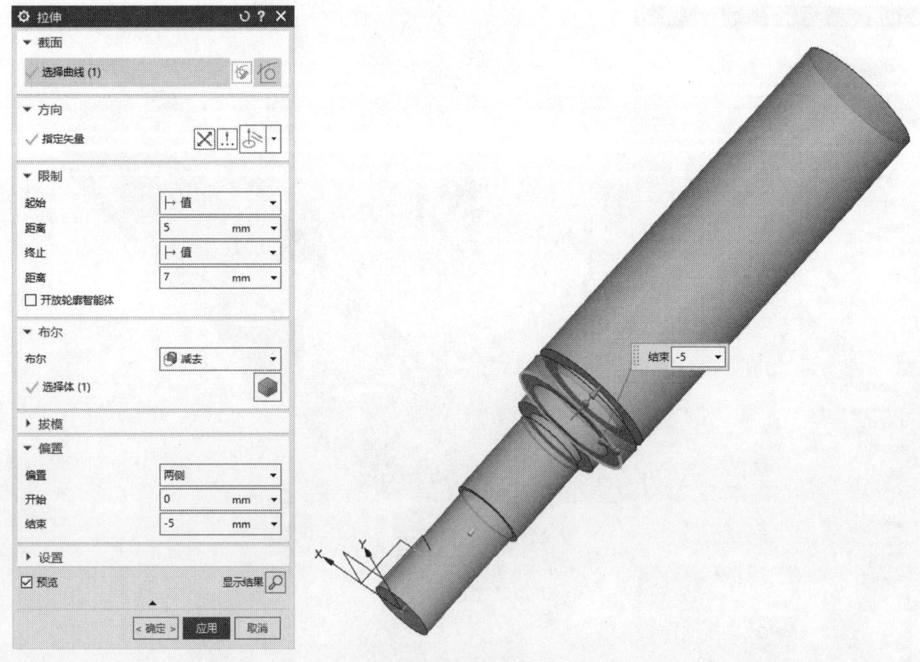

图 1-18　创建退刀槽(2)

(7) 通过拉伸修剪体，如图 1-19 所示。

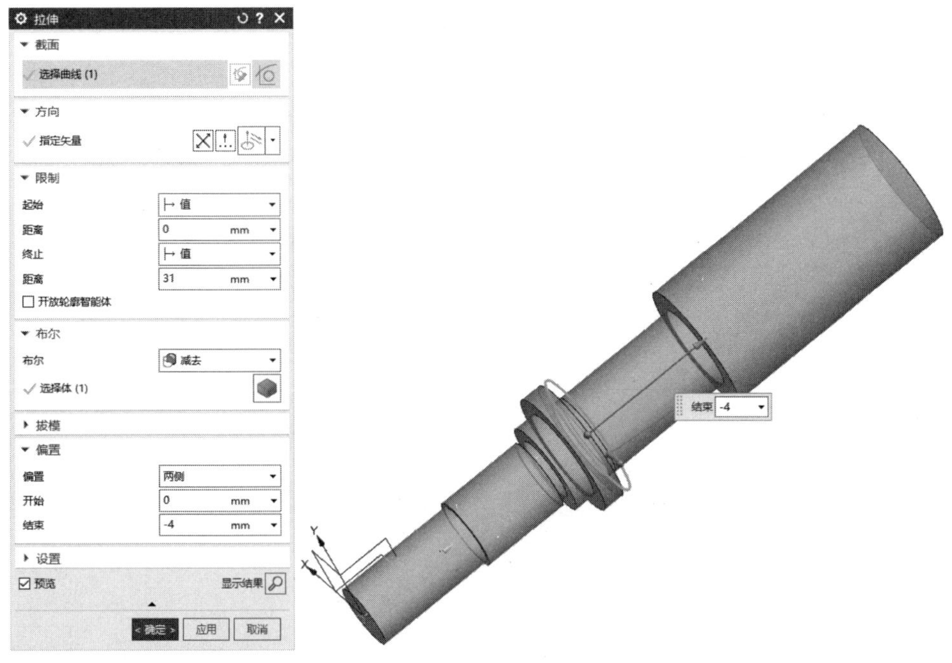

图 1-19　拉伸修剪体(4)

(8) 通过拉伸修剪体，如图 1-20 所示。

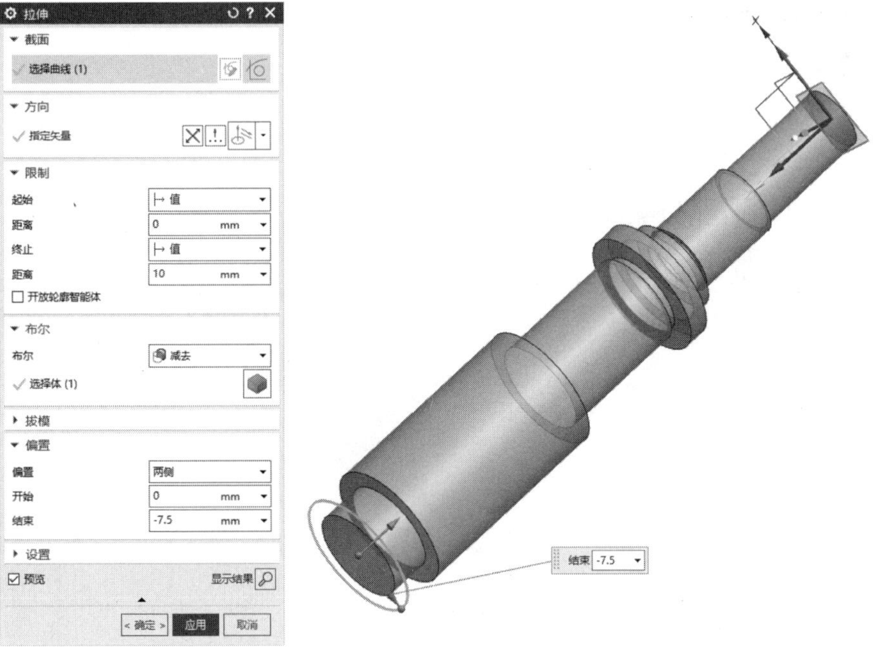

图 1-20　拉伸修剪体(5)

(9) 通过拉伸修剪体，如图 1-21 所示。

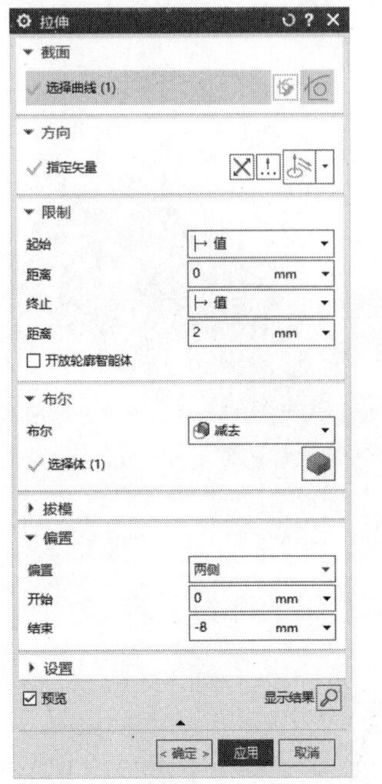

图 1-21　拉伸修剪体(6)

(10) 通过拉伸修剪体，如图 1-22 所示。

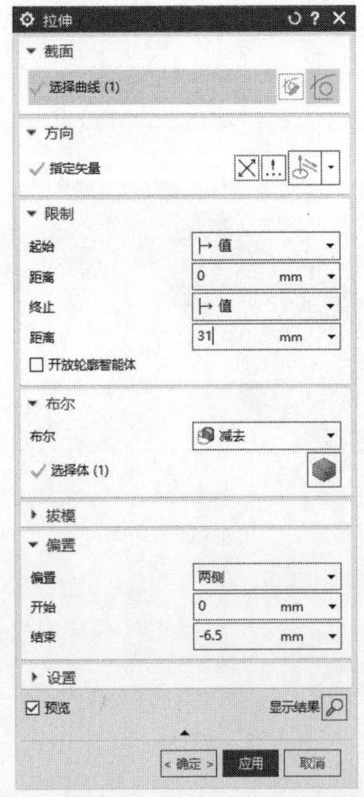

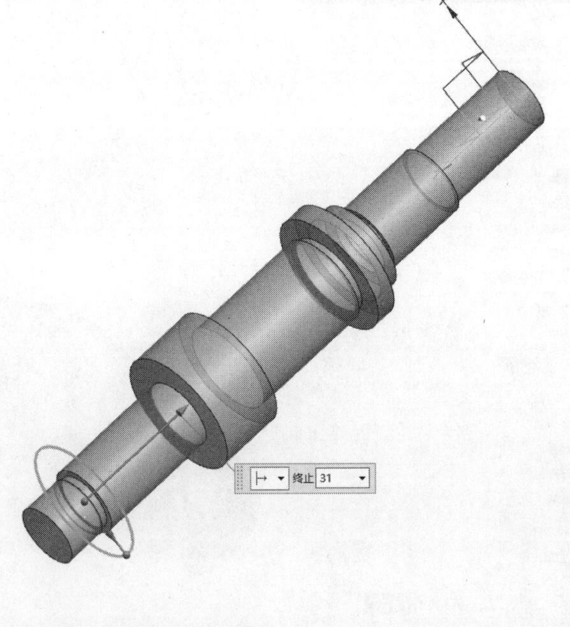

图 1-22　拉伸修剪体(7)

(11) 通过拉伸修剪体，如图 1-23 所示。

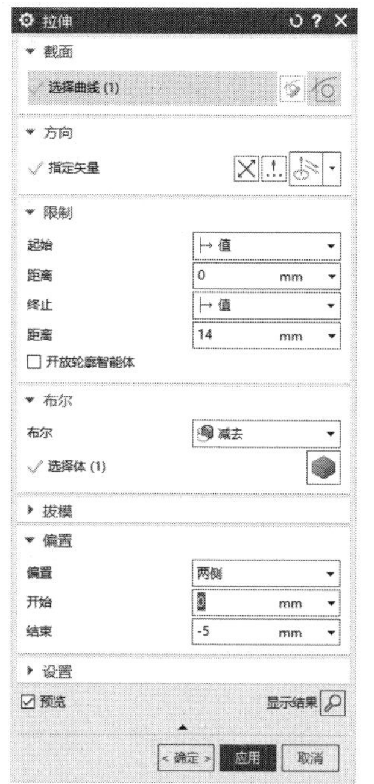

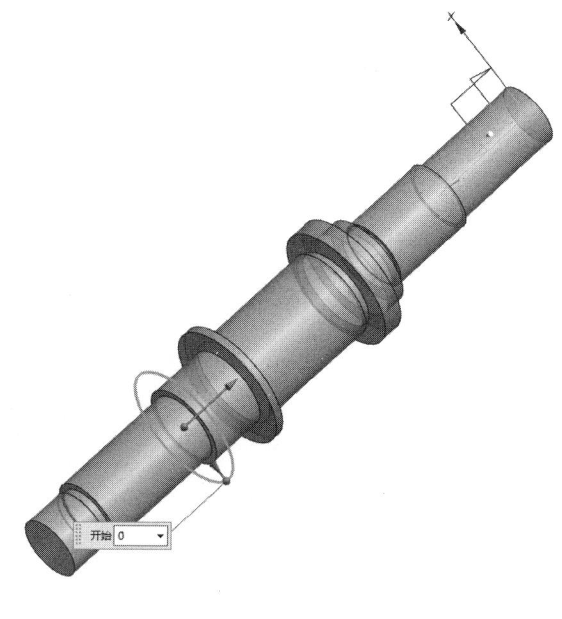

图 1-23　拉伸修剪体(8)

(12) 通过拉伸创建退刀槽，如图 1-24 所示。

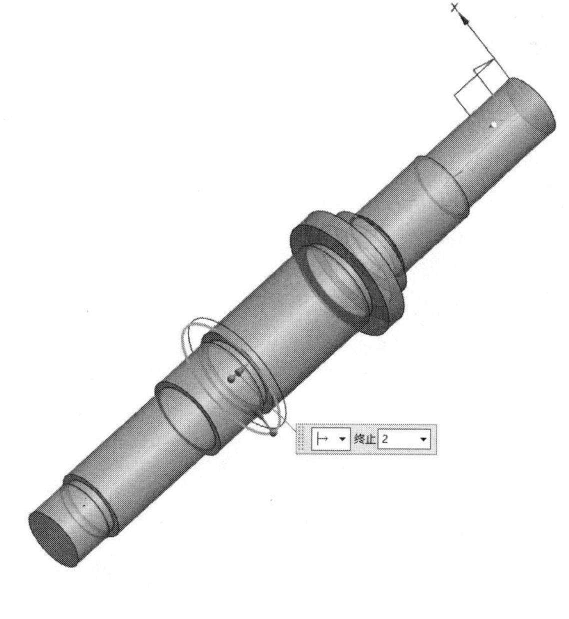

图 1-24　创建退刀槽(3)

(13) 创建基准 CSYS，如图 1-25 所示。

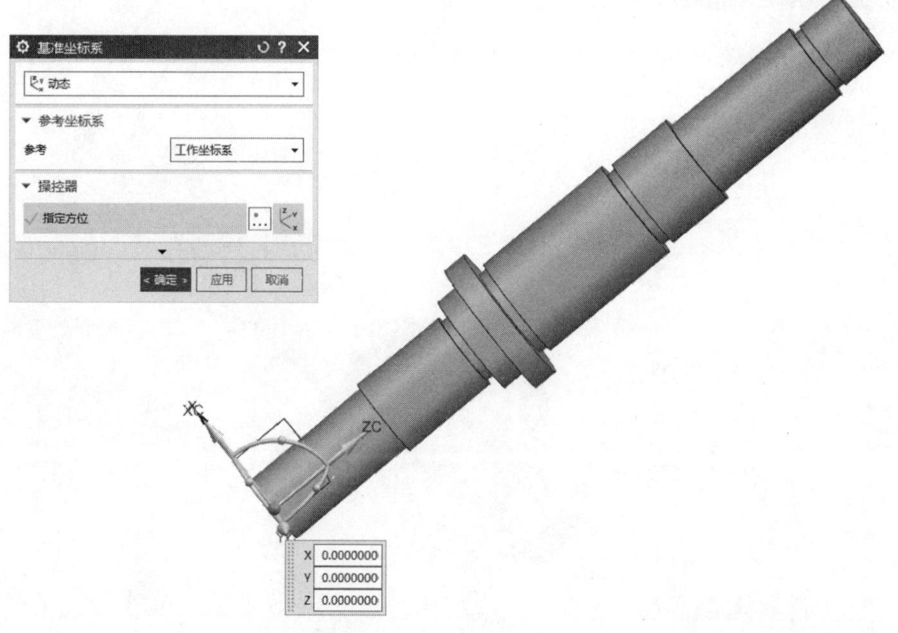

图 1-25 创建基准 CSYS

(14) 创建基准平面，选择【菜单】|【插入】|【基准】|【基准平面】命令，如图 1-26 所示。

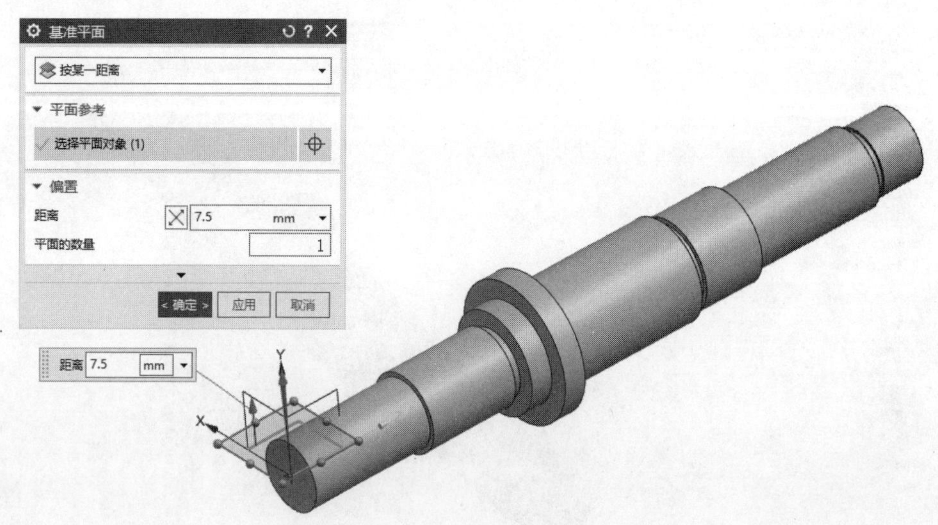

图 1-26 创建基准平面(1)

(15) 创建矩形槽，搜索【键槽】命令，选择【矩形槽】，如图 1-27 所示。

(16) 创建基准平面，如图 1-28 所示。

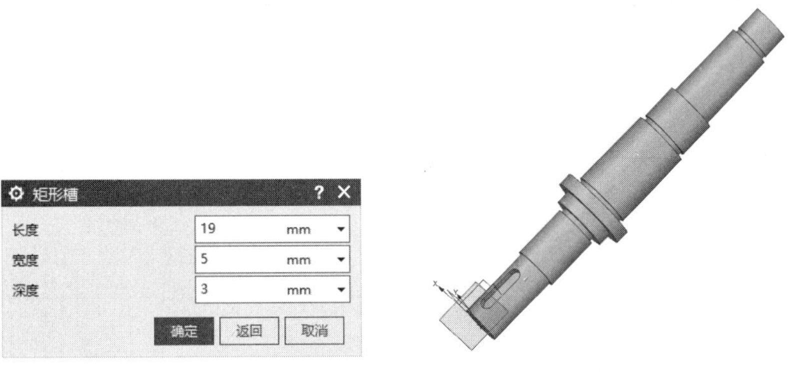

图 1-27　创建矩形槽(1)

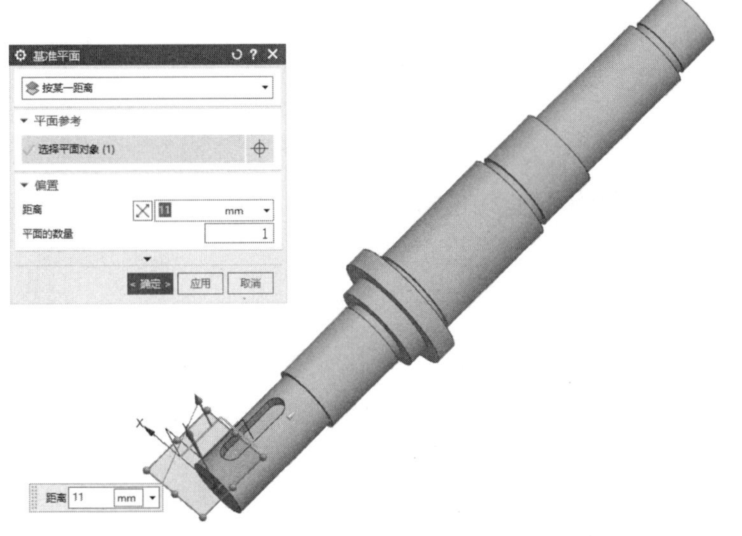

图 1-28　创建基准平面(2)

(17) 创建矩形槽，如图 1-29 所示。

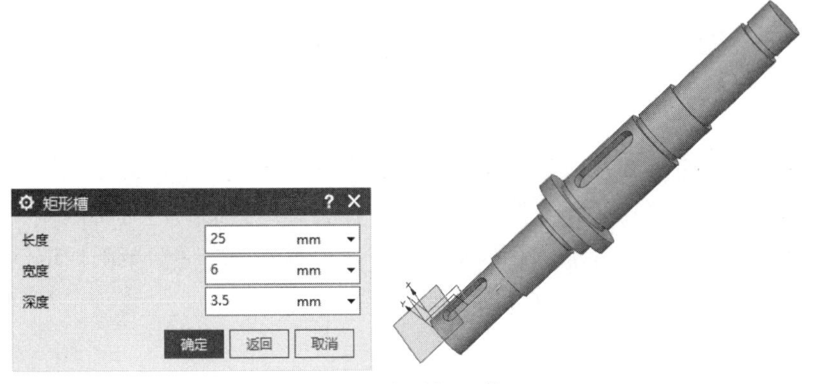

图 1-29　创建矩形槽(2)

(18) 创建倒斜角和边倒圆修饰特征，选择【菜单】|【插入】|【细节特征】|【倒斜角】、【边倒圆】命令，如图 1-30 所示。

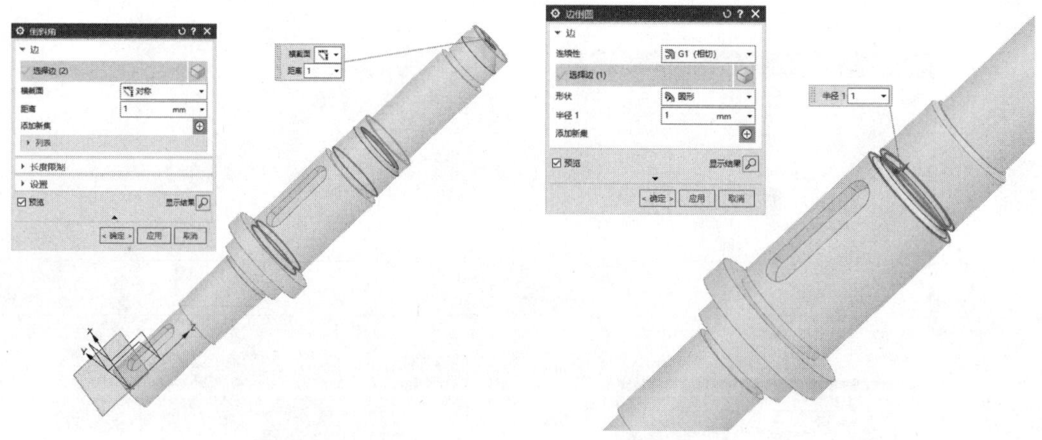

图 1-30　创建倒斜角、边倒圆

(19) 轴零件的最终模型如图 1-31 所示。

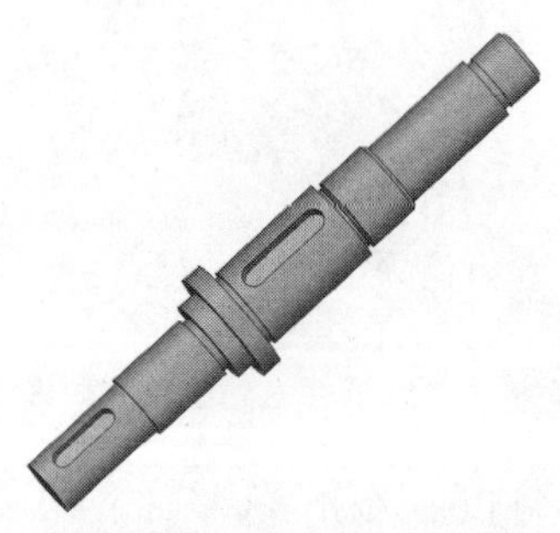

图 1-31　轴零件最终模型

1.4　总结

轴零件建模实例主要通过【圆柱】【拉伸】和【键槽】三个基本命令来创建零件的主体，再通过【边倒圆】和【倒斜角】两个命令对零件主体进行修饰，从而得到最终模型。通过这个快速入门案例，读者能够了解 NX 软件的建模思路，掌握简单圆柱零件的建模方法，并为后面的建模实例制作打下良好的基础。

第 2 章

吊钩草图绘制

项目要求

- ✧ 熟练使用 NX 软件的草图命令。
- ✧ 掌握本案例中的草图绘制思路。
- ✧ 熟练掌握吊钩草图的绘制方法。

2.1 案例分析

2.1.1 案例说明

本案例根据图纸 ShiTi02.jpg 所示完成吊钩的草图绘制，如图 2-1 所示。

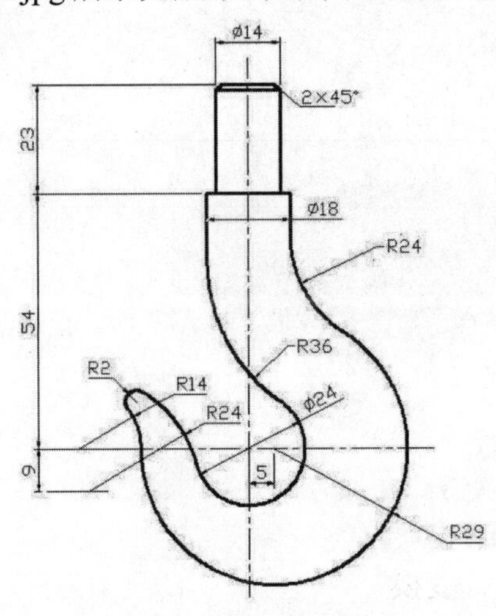

图 2-1 吊钩草图示意图

2.1.2 思路分析

通过观察图纸，可以看出本案例中的吊钩主要由圆弧组成，因此草图绘制主要通过【圆】【圆弧】和【直线】命令完成。根据吊钩零件的特征，确定建模思路为，先定位草图中心完成圆的绘制，再创建顶部的矩形，并与绘制的圆进行圆弧连接，最后完成前端的圆弧的绘制。具体建模流程如图 2-2 所示。

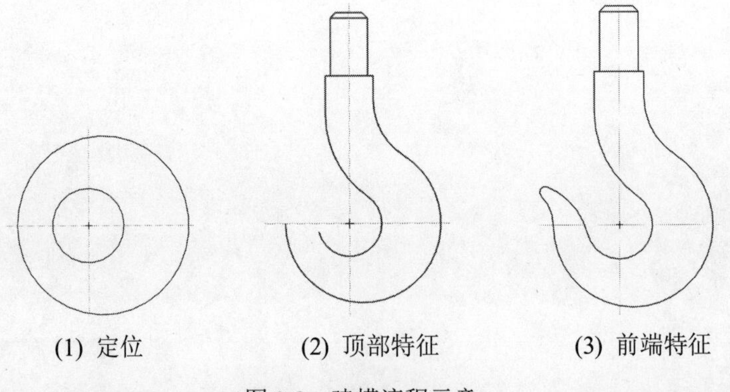

(1) 定位　　(2) 顶部特征　　(3) 前端特征

图 2-2 建模流程示意

吊钩零件使用的建模命令及命令索引如表 2-1 所示。

表 2-1　吊钩零件使用的建模命令及命令索引

特征	建模命令	命令索引
定位	草图	2.2.1
	圆	2.2.3
顶部特征	直线	2.2.2
	修剪和延伸	2.2.6
	斜角	2.2.5
前端特征	圆弧	2.2.4
	圆角	2.2.5

2.2　知识链接

2.2.1　草图任务操作

NX 软件为用户提供了一种十分方便的草图绘图工具，用来构建二维曲线轮廓。草图可以作为实体建模的特征横截面，也可以在曲面建模中作为曲线进行曲面的构建。在草图任务环境中，用户可按照自己的设计意图迅速勾画出零件的粗略二维轮廓，然后利用草图的尺寸约束和几何约束功能精确确定二维轮廓曲线的尺寸、形状和相互位置。当约束条件改变时，轮廓曲线也自动发生改变，因而使用草图功能可以迅速而准确地表达设计者的意图。

在 NX 软件中草图被视为一种特征，每创建一个草图，部件导航器中就会添加一个草图特征，因此，每添加一个草图，部件导航器中就会添加一个相应的节点。部件导航器所支持的操作对草图也同样有效。

草图绘制任务操作的一般步骤如下。

(1) 新建草图任务。

在【主页】选项卡的【构造】功能区中单击【草图】命令图标，可进入草图绘制界面，如图 2-3 所示。

在进行草图绘制之前，用户要根据绘制需要选择草图工作平面(简称为草图平面)，如图 2-4 所示。草图平面是指用来附着草图对象的平面，可以是坐标平面，如 XC-YC 平面；也可以是实体上的某一平面，如长方体的某一个面；还可以是基准平面。因此，草图平面可以是任一平面，即草图可以附着在任一平面上，这给设计者带来了极大的设计空间和创作自由。

在【创建草图】对话框中，创建类型包括【基于平面】和【基于路径】两种，用户可以选择其中的一种作为新建草图的类型。按照默认设置，选择【基于平面】，即设置草图类型为在平面上的草图。

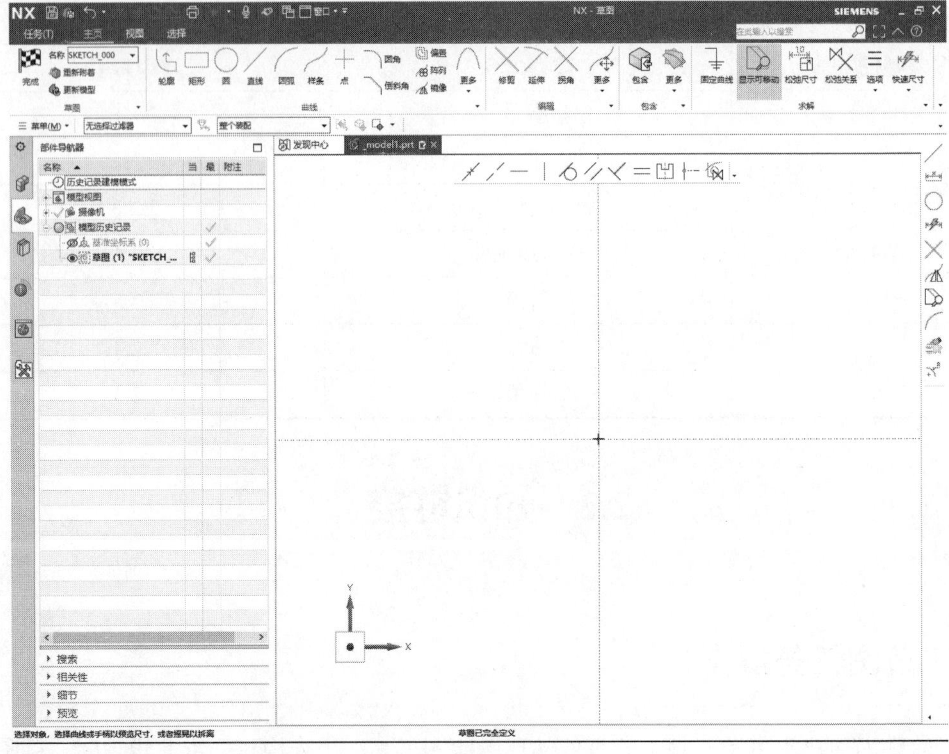

图 2-3　草图绘制界面

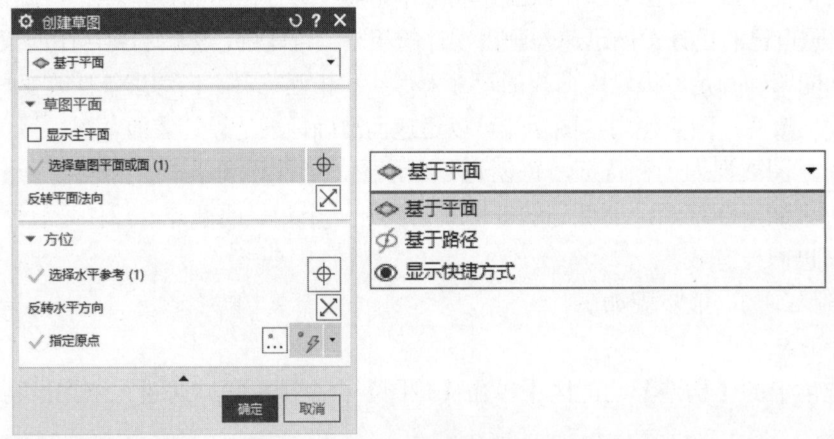

图 2-4　选择草图平面

✧　基于平面

选择此类型，即可将草图绘制在选定的平面或基准平面上。用户可以自定义草图的方向、草图原点等。【基于平面】类型的选项设置，如图 2-4 所示。

✧　基于路径

当用户为特征(如变化的扫掠)构建输入轮廓时，可以选择【基于路径】绘制草图。选择此类型，将在曲线轨迹路径上创建出垂直于轨迹、平行于轨迹、平行于矢量和通过轴的草图平面，并在草图平面上创建草图。【基于路径】类型的选项设置，如图 2-5 所示。

(2) 检查和修改草图参数预设置。

草图参数预设置是指在绘制草图之前，设置一些操作规定。用户可以根据自己的需求进行个性化设置，例如，可以在【草图首选项】对话框(见图 2-6)中进行草图设置、会话设置和部件设置。

图 2-5　基于路径创建草图

图 2-6　【草图首选项】对话框

(3) 绘制和编辑草图对象。

创建草图工作平面后，就可以直接绘制并编辑草图对象，也可以将【曲线】功能区中的点、曲线、实体或片体上的边缘线等几何对象添加到草图中，【曲线】和【编辑】功能区如图 2-7 所示。

图 2-7　【曲线】和【编辑】功能区

(4) 定义约束。

在绘制草图过程时，可以通过约束来限制草图图形的形状和大小，约束包括几何约束(限制形状)和尺寸约束(限制大小)。

草图的约束命令在【求解】功能区中，如图 2-8 所示。调用了【显示可移动】命令后，系统会将可移动的草图曲线高亮显示。当草图曲线完全约束后，可移动的高亮曲线也会全部消失。

在 NX 2206 中如果想要进行尺寸约束，则可以先选择需要约束的对象，软件会自动将选中对象的所有关联尺寸显示出来，然后设计者可以根据实际情况，对需要的尺寸进行修改，也可以调用【求解】功能区的尺寸约束命令，如图 2-9 所示。

在 NX 2206 功能区中没有之前版本的几何约束功能图标，并精简了一些几何约束。在进行几何约束时，先选择对象，然后在绘图区域上方的快速提示窗口中选择对应的几何约束命令即可，如图 2-10 所示。

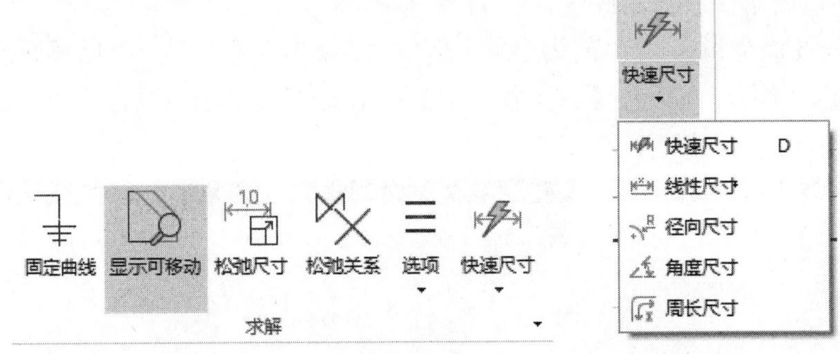

图 2-8 【求解】功能区　　　图 2-9 尺寸约束命令

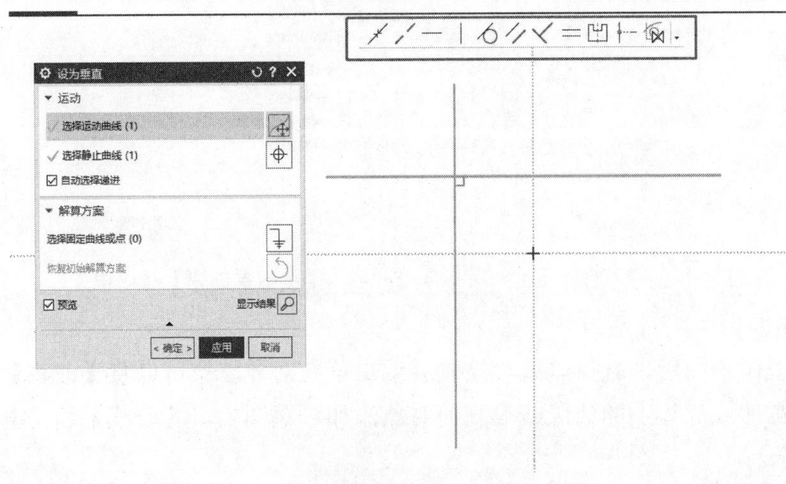

图 2-10 几何约束命令

虽然对对象进行了几何约束，但是对象上并不会显示对应的几何约束图标。如果需要显示几何约束图标，可先在【求解】功能区的【选项】下拉菜单中打开【显示持久关系】与【创建持久关系】两个功能按钮，然后再按照之前的方法对对象进行约束，这样对象上就可以显示几何约束图标了。

需要注意的是，NX 2206 中的【松弛尺寸】和【松弛关系】这两个功能，可以使草图暂时不存在尺寸或关系约束，实现图形自由移动。图 2-11 所示为松弛尺寸的变化。

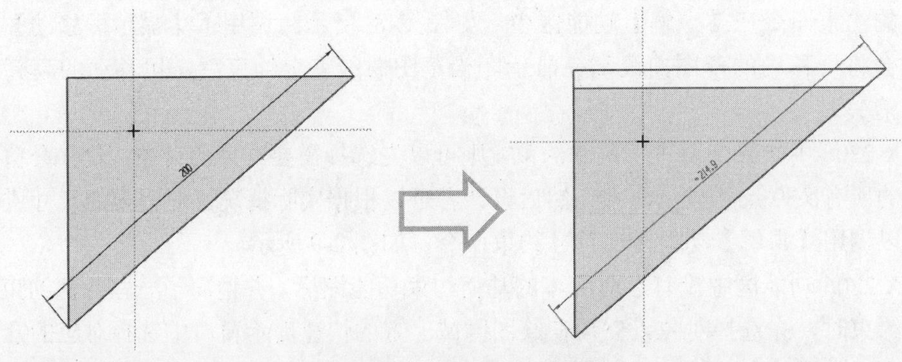

图 2-11 松弛尺寸变化

在草图绘制完成后，可使用【着色区域显示】功能，自动检查草图的图形是否封闭，如图 2-12 所示。若封闭则会显示着色区域，方便后续的实体建模的拉伸、旋转等操作。该选项在【菜单】|【任务】|【草图设置】中进行选择。

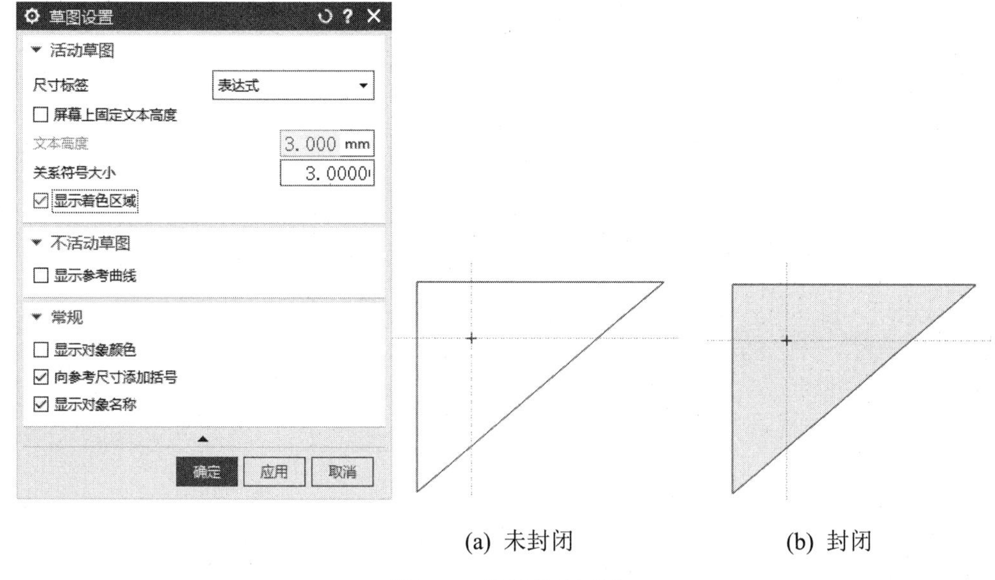

(a) 未封闭　　(b) 封闭

图 2-12　显示着色区域

完成全部草图图形绘制后，即可单击草图任务界面左上角的【草图】功能区中的【完成】命令图标，退出草图任务界面，如图 2-13 所示。

图 2-13　【草图】功能区

2.2.2　直线命令解析

【直线】命令(见图 2-14)用于创建直线，直线的输入模式包括坐标模式和参数模式。在坐标模式下，可以通过输入起点和终点的坐标位置来绘制直线；在参数模式下，可以通过指定起始点的长度和角度参数来绘制直线。

图 2-14　【直线】命令

2.2.3 圆命令解析

【圆】命令(见图 2-15)用于通过三点或指定其中心和直径来创建圆。

图 2-15 【圆】命令

2.2.4 圆弧命令解析

【圆弧】命令(见图 2-16)用于通过三点或指定其中心和端点来创建圆弧。

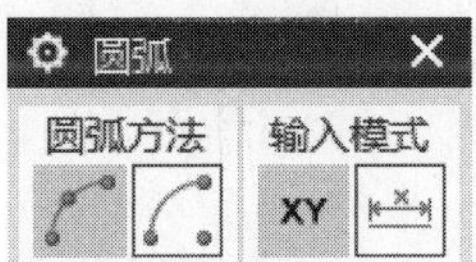

图 2-16 【圆弧】命令

2.2.5 圆角和倒斜角命令解析

【圆角】和【倒斜角】命令(见图 2-17)常用于进行图形倒角处理，包括倒圆角和斜角。【圆角】命令用于在两条或三条曲线之间创建圆角；【倒斜角】命令用于对两条草图线之间的尖角进行倒斜角。

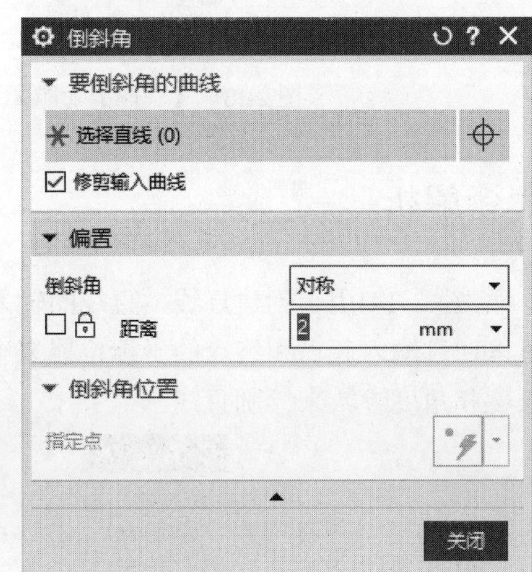

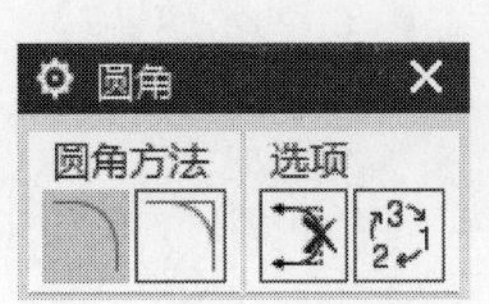

图 2-17 【圆角】和【倒斜角】命令

2.2.6　修剪和延伸命令解析

【修剪】命令可将曲线修剪到最近的交点或选定的曲线；【延伸】命令可将曲线延伸到另一邻近曲线或选定的曲线。两个命令的选项设置如图 2-18 所示。

图 2-18　【修剪】和【延伸】命令

2.3　案例实施

吊钩草图绘制

本例绘制的是吊钩零件草图，吊钩零件的图纸如图 2-1 所示。根据思路分析，先确定草图的定位中心，再绘制圆、圆弧和矩形，矩形可利用【直线】命令绘制。

2.3.1　新建草图任务

在 NX 软件界面中，基于 XC-YC 平面创建草图，如图 2-19 所示。

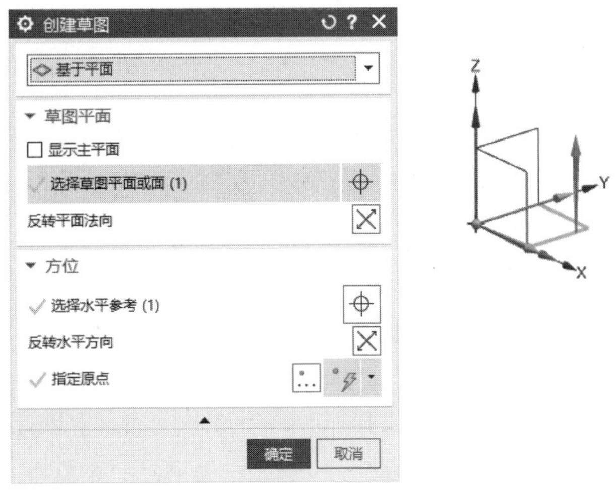

图 2-19　基于 XC-YC 平面创建草图

2.3.2 确定草图定位中心

在草图任务界面，确定整个草图的定位中心，并绘制ø58和ø24 的圆，如图 2-20 所示。

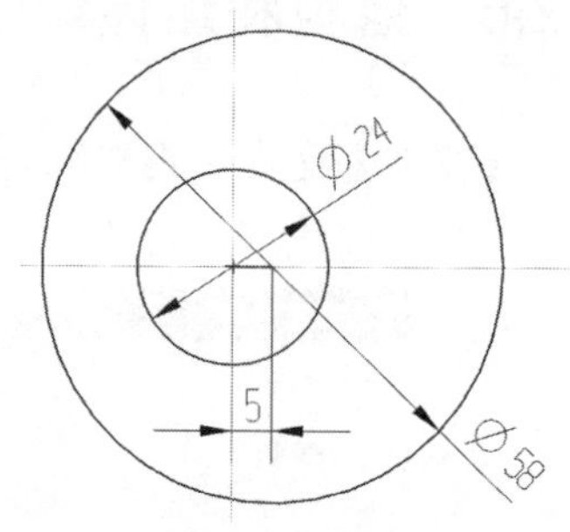

图 2-20 确定定位中心

2.3.3 绘制矩形

绘制矩形，通过【直线】和【倒斜角】命令完成矩形图形的绘制，并添加约束，如图 2-21 所示。

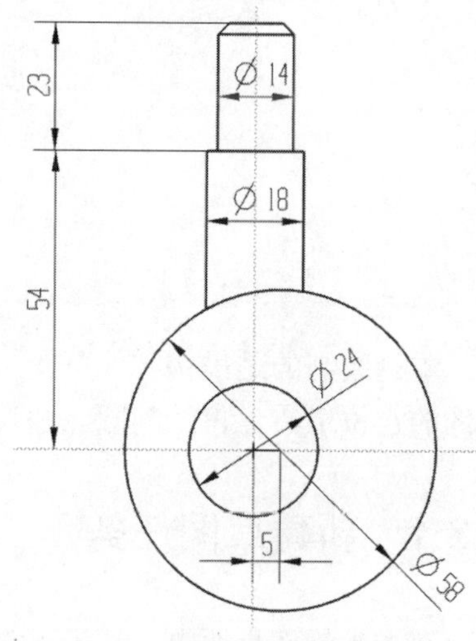

图 2-21 绘制矩形

2.3.4 倒过渡圆角

完成吊钩图形中 R24 和 R36 两个过渡圆角的创建，并使用【修剪】命令完成多余曲线长度的修剪，如图 2-22 所示。

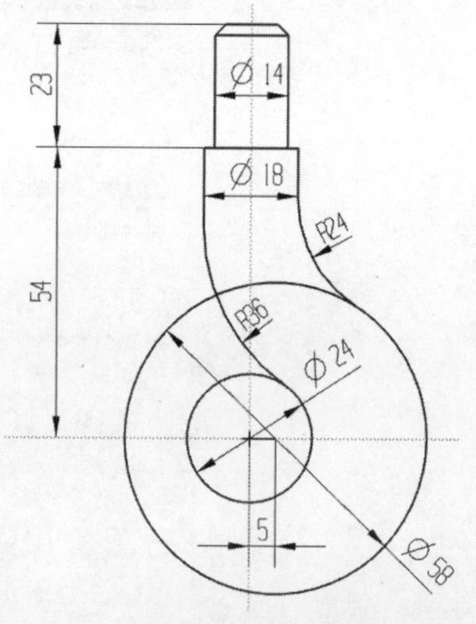

图 2-22 倒过渡圆角

2.3.5　绘制圆弧

通过【圆弧】命令或【圆】命令绘制吊钩前端的两段圆弧，如图 2-23 所示。

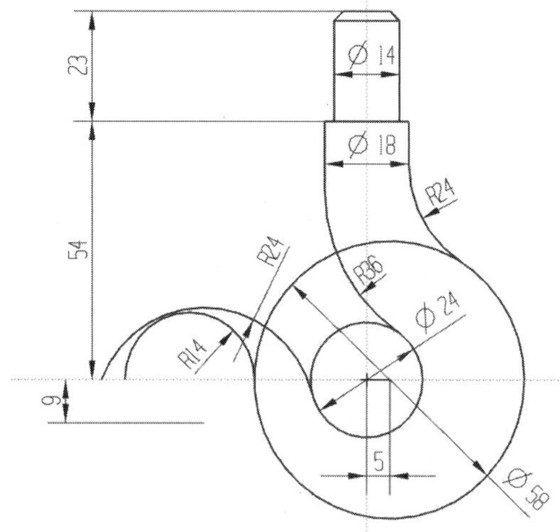

图 2-23　圆弧绘制

2.3.6　倒圆角

最后倒前端 R2 的圆角并修剪曲线，最终的吊钩草图如图 2-24 所示。

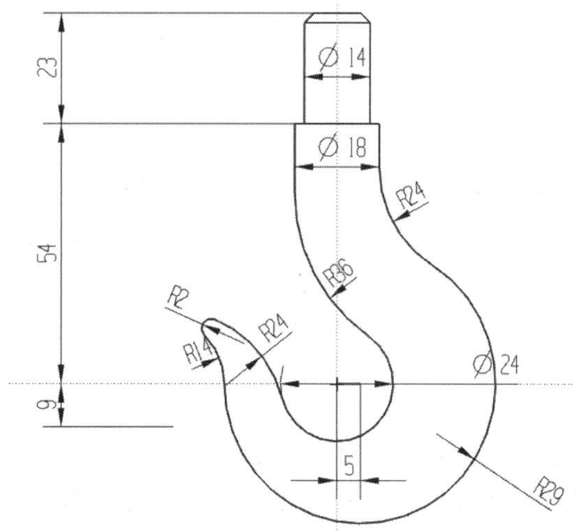

图 2-24　最终的吊钩草图

2.4　拓展练习

垫片零件的绘制。要求：创建草图任务，绘制如图 2-25 所示的零件草图。利用【直线】和【圆弧】命令绘制图形，并且设置正确的几何约束和尺寸约束。

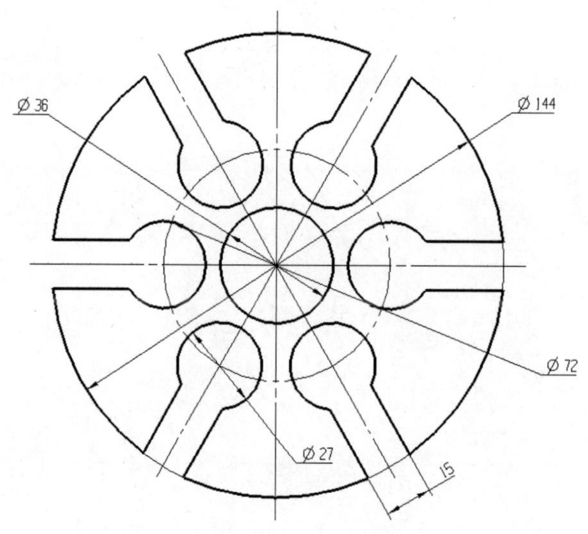

图 2-25　垫片零件

引导问题：请简要叙述拓展练习案例的操作思路。

____

____

____

____

2.5　总结

吊钩零件草图的绘制主要通过草图任务中的【直线】【圆】和【圆弧】三个命令完成。在绘制出基本的形状之后，可以通过【修剪】【圆角】和【倒斜角】命令对草图进行细节处理，从而得到最终的草图。通过对本案例的学习，读者可以了解和掌握吊钩草图的绘制方法，为后面的草图绘制打下良好的基础。

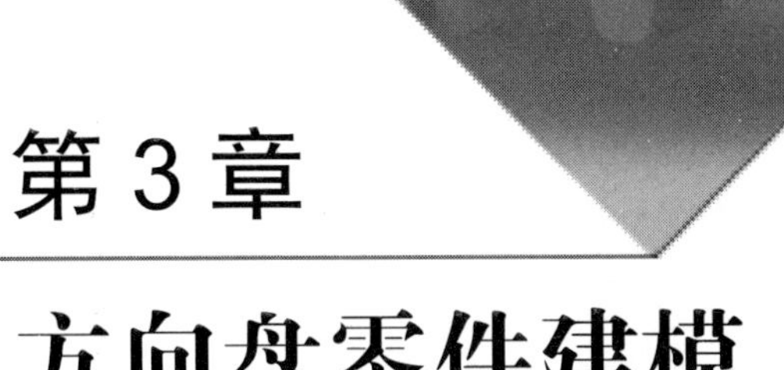

第 3 章

方向盘零件建模

项目要求

- ✧ 熟练使用 NX 软件的草图和实体命令。
- ✧ 了解和掌握草图与实体结合使用的建模思路。
- ✧ 熟练完成方向盘零件的建模。

3.1 案例分析

3.1.1 案例说明

本案例根据立体资源库图纸 ShiTi03.jpg 所示完成方向盘零件建模，如图 3-1 所示。

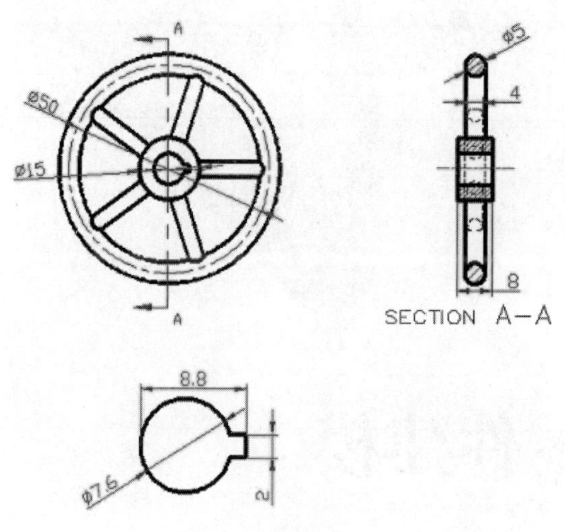

图 3-1 建模示意图

3.1.2 思路分析

通过观察图纸，可以发现方向盘主要由圆环和圆柱等基本几何元素组成，这些几何元素都可以由基本的 NX 命令直接获得。根据零件的特征，确定建模思路为，先创建各基本元素，再根据布尔运算求和得到最终模型。具体建模流程如图 3-2 所示。

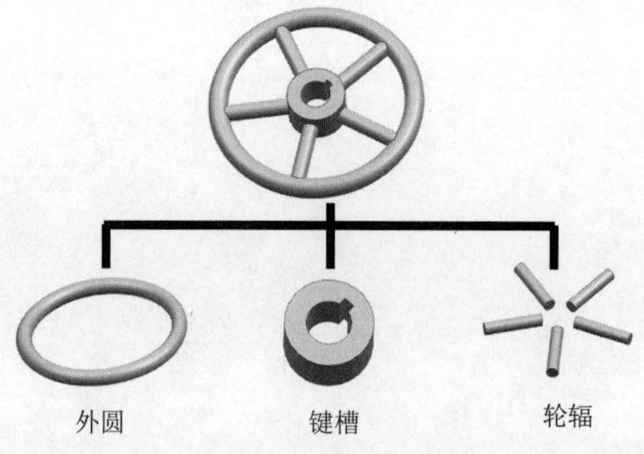

图 3-2 建模流程示意

绘制方向盘零件使用的建模命令及命令索引如表 3-1 所示。

表 3-1　方向盘零件使用的建模命令及命令索引

特征	建模命令	命令索引
外圆	草图	2.2.1
	管	3.2.3
键槽	草图	2.2.1
	拉伸	3.2.2
轮辐	管	3.2.3
	移动对象	3.2.4

3.2　知识链接

3.2.1　实体建模概述

实体建模的基本术语介绍如下。

(1) 特征：是由具有一定几何、拓扑信息，以及功能和工程语义信息组成的集合。

特征是定义产品模型的基本单元，如孔、凸台等。特征的基本属性包括尺寸属性、精度属性、装配属性、功能属性、工艺属性、管理属性等。使用特征建模技术提高了表达设计的层次，使实际信息可以用工程特征来定义，从而提高了建模速度。在 NX 中，特征可分为以下三大类。

- ✧ 参考几何特征：三维建模过程中使用的辅助面、辅助轴线等是一种特征，这些特征就是参考几何特征。这类特征在最终产品中并没有体现，因此又称为虚体特征。
- ✧ 实体特征：零件的构成单元(见图 3-3)，可通过各种建模方法得到，如拉伸、旋转、扫描、放样、孔、倒角、圆角、拔模及抽壳等。

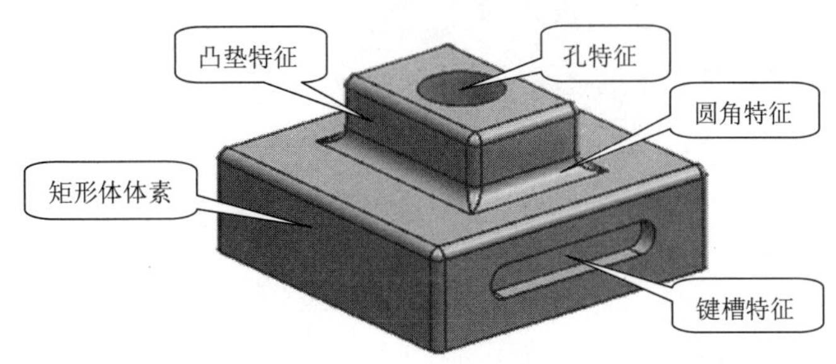

图 3-3　实体特征

- ✧ 高级特征：高级特征包括通过曲线建模、曲面建模等生成的特征。

(2) 片体、壳体：指一个或多个没有厚度概念的面的集合。

(3) 实体：指具有三维形状和质量的，能够真实、完整和清楚地描述物体的几何模型。在基于特征的造型系统中，实体是各类特征的集合。

(4) 体：包括实体和片体两大类。

(5) 面：由边缘封闭而成的区域。面可以是实体的表面，也可以是一个壳体。

(6) 截面线：即扫描特征截面的曲线，可以是曲线、实体边缘、草图。

(7) 对象：包括点、曲线、实体边缘、表面、特征、曲面等。

NX 的特征建模可以理解为是一个仿真零件加工的过程，如图 3-4 所示，图中表达了零件加工与特征建模的一一对应关系。

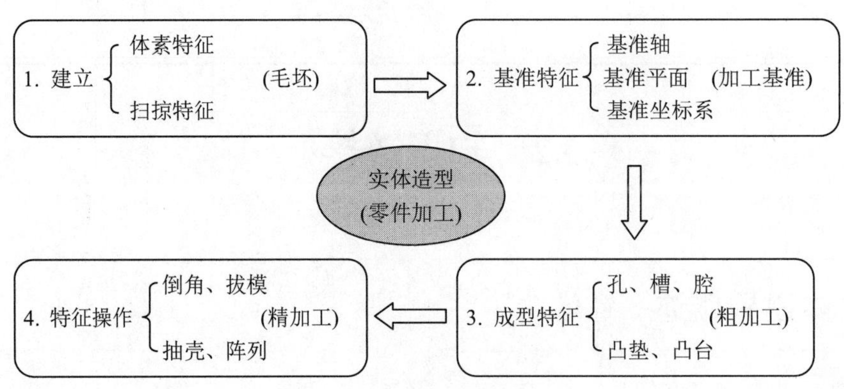

图 3-4　NX 的建模操作流程

3.2.2　拉伸命令解析

使用【拉伸】命令可以沿指定方向扫掠曲线、边、面、草图或曲线特征的 2D、3D 部分的一段直线距离，由此来创建体，如图 3-5 所示。拉伸过程中需要指定截面线、拉伸方向、拉伸距离。

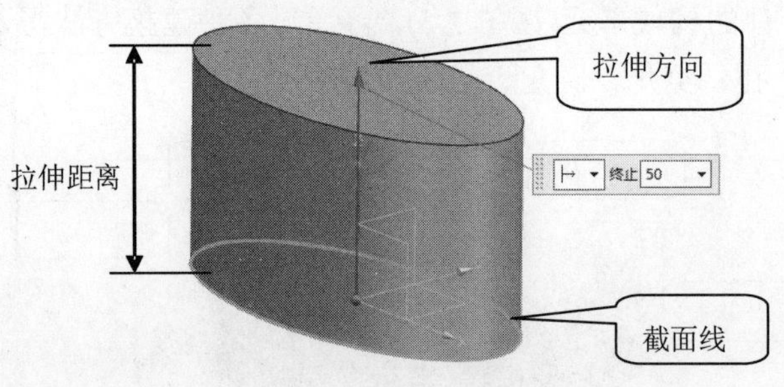

图 3-5　拉伸示意图

单击【主页】选项卡的【基本】功能区中的【拉伸】命令，弹出如图 3-6 所示的【拉伸】对话框，该对话框中各选项的含义如下。

图 3-6　【拉伸】对话框

(1) 截面：指定要拉伸的曲线或边。

✧ 绘制截面：单击此图标，系统打开草图生成器，在其中可以创建一个处于特征内部的截面草图。在退出草图生成器时，草图被自动选作要拉伸的截面。

✧ 选择曲线：选择曲线、草图或面的边缘进行拉伸。系统默认选中该图标。在选择截面时，注意配合【选择意图工具条】使用。

(2) 方向：指定要拉伸截面曲线的方向。

✧ 默认方向为选定截面曲线的法向，也可以通过【矢量对话框】和【自动判断的矢量】类型列表中的方法构造矢量。

✧ 单击反向按钮☒或直接双击矢量方向箭头，可以改变拉伸方向。

(3) 限制：定义拉伸特征的整体构造方法和拉伸范围。

✧ 值：指定拉伸起始或结束的值。

✧ 对称值：开始的限制距离与结束的限制距离相同。

✧ 直至下一个：将拉伸特征沿路径延伸到下一个实体表面，如图 3-7(a)所示。

✧ 直至选定：将拉伸特征延伸到选择的面、基准平面或体，如图 3-7(b)所示。

✧ 直至延伸部分：截面在拉伸方向超出被选择对象时，将其拉伸到被选择对象延伸位置为止，如图 3-7(c)所示。

✧ 贯通：沿指定方向的路径延伸拉伸特征，使其完全贯通所有的可选体，如图 3-7(d)所示。

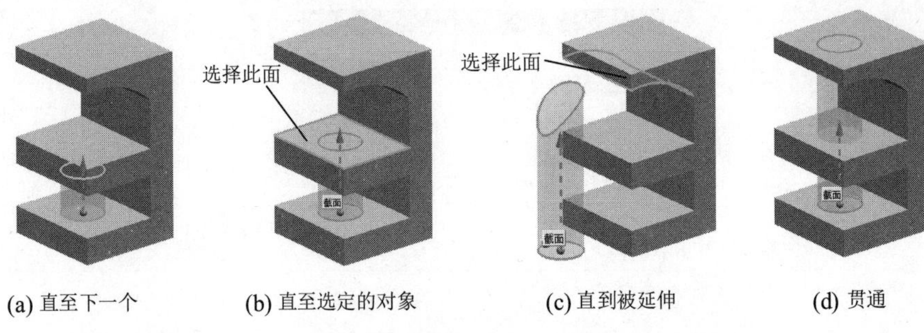

(a) 直至下一个　(b) 直至选定的对象　(c) 直到被延伸　(d) 贯通

图 3-7　限制限项实现方式

(4) 布尔：在创建拉伸特征时，还可以与存在的实体进行布尔运算。

注意，如果当前界面只存在一个实体，选择布尔运算时，自动选中实体；如果存在多个实体，则需要选择进行布尔运算的实体。

(5) 拔模：在拉伸时，为了方便出模，通常会对拉伸体设置拔模角度，共有 6 种拔模方式。

- ✧ 无：不创建任何拔模。
- ✧ 从起始限制：从拉伸开始位置进行拔模，开始位置与截面形状一样，如图 3-8(a)所示。
- ✧ 从截面：从截面开始位置进行拔模，截面形状保持不变，开始和结束位置进行变化，如图 3-8(b)所示。
- ✧ 从截面-不对称角：截面形状不变，起始和结束位置分别进行不同的拔模，两边拔模角可以设置不同角度，如图 3-8(c)所示。
- ✧ 从截面-对称角：截面形状不变，起始和结束位置进行相同的拔模，两边拔模角度相同，如图 3-8(d)所示。
- ✧ 从截面匹配的终止处：截面两端分别进行拔模，拔模角度不一样，起始端和结束端的形状相同，如图 3-8(e)所示。

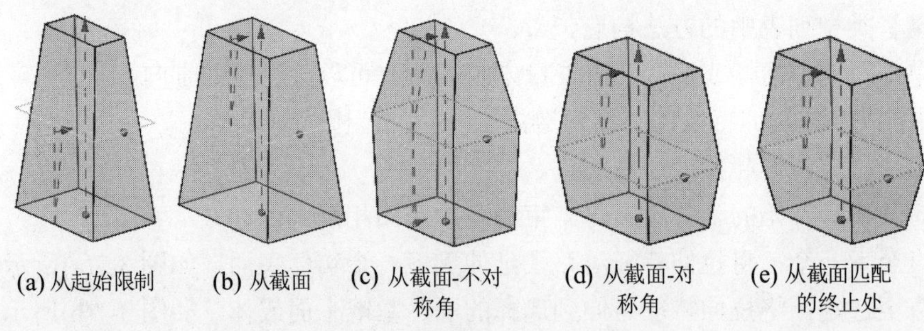

(a) 从起始限制　(b) 从截面　(c) 从截面-不对称角　(d) 从截面-对称角　(e) 从截面匹配的终止处

图 3-8　拔模项实现方式

(6) 偏置：用于设置拉伸对象在垂直于拉伸方向上的延伸，共有 4 种方式。

- ✧ 无：不创建任何偏置。
- ✧ 单侧：向拉伸添加单侧偏置，如图 3-9(a)所示。
- ✧ 两侧：向拉伸添加具有起始和终止值的偏置，如图 3-9(b)所示。

✧　对称：向拉伸添加具有完全相等的起始值和终止值(从截面相对的两侧测量)的偏置，如图 3-9(c)所示。

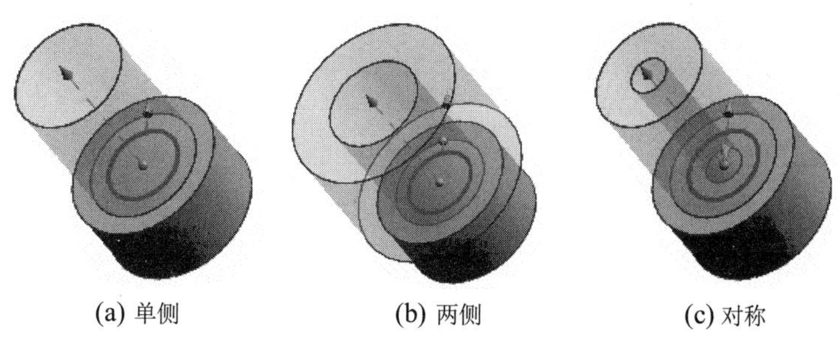

(a) 单侧　(b) 两侧　(c) 对称

图 3-9　偏置项实现方式

(7) 设置：用于设置拉伸特征为片体或实体。要获得实体，截面曲线必须为封闭曲线或带有偏置的非闭合曲线。

(8) 预览：用于观察设置参数后的变化情况。

3.2.3　管命令解析

单击【曲面】选项卡的【基本】功能区中的【管】命令，也可通过搜索调用【管】命令，命令图标为 ，它可以通过沿着一个或多个相切连续的曲线或边扫掠一个圆形横截面来创建单个实体，如图 3-10(a)所示。管道有以下两种输出类型。

✧　单段：在整个样条路径长度上只有一个管道面(存在内直径时为两个)。这些表面是 B 曲面，如图 3-10(b)所示。

✧　多段：多段管道用一系列圆柱和圆环面沿路径逼近管道表面，如图 3-10(c)所示。其依据是用直线和圆弧逼近样条路径(使用建模公差)。对于直线路径段，把管道创建为圆柱；对于圆形路径段，则创建为圆环。

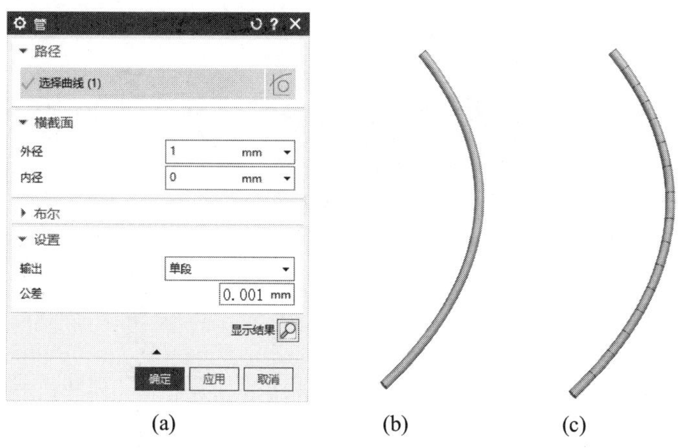

(a)　(b)　(c)

图 3-10　管命令示意图

3.2.4 移动对象命令解析

使用【移动对象】命令(命令图标为)可对选择的对象进行位置移动或复制等 10 种移动方式，分别是距离、角度、点之间的距离、径向距离、点到点、根据三点旋转、将轴与矢量对齐、坐标系到坐标系、动态和增量 XYZ，如图 3-11 所示。变换的结果具有参数关联性，可动态改变编辑效果。

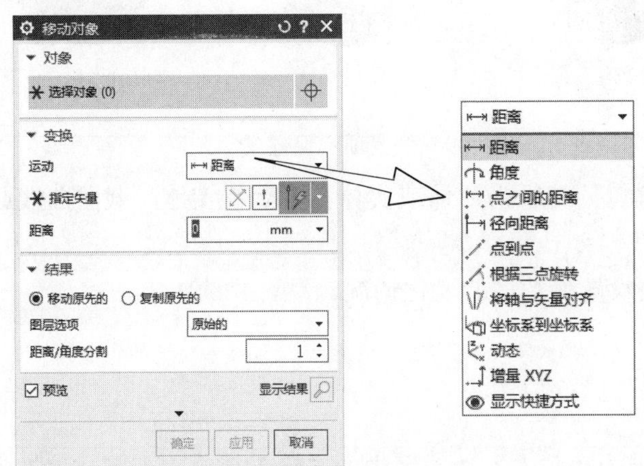

图 3-11 移动对象命令的移动方式

下面介绍四种常用的移动对象的使用方式。

✧ 距离：指定矢量方向后，根据输入的距离值实现选定实体的移动，如图 3-12 所示。

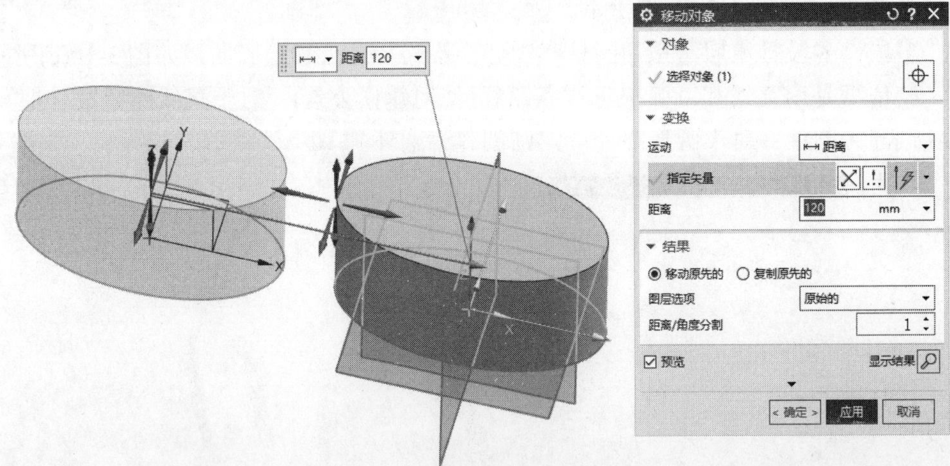

图 3-12 按照距离方式移动

✧ 角度：指定矢量方向和轴点后，根据输入的角度值实现选定实体的移动，如图 3-13 所示。

✧ 点到点：指定出发点和终止点后，选定的实体依照出发点和终止点相对的位置关系进行移动，如图 3-14 所示。

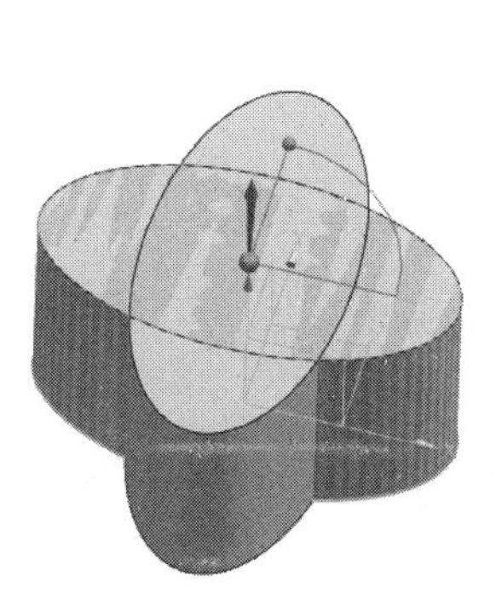
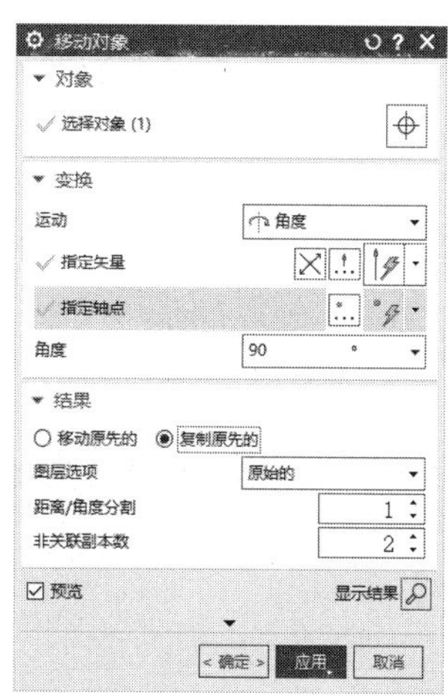

图 3-13　按照角度方式移动

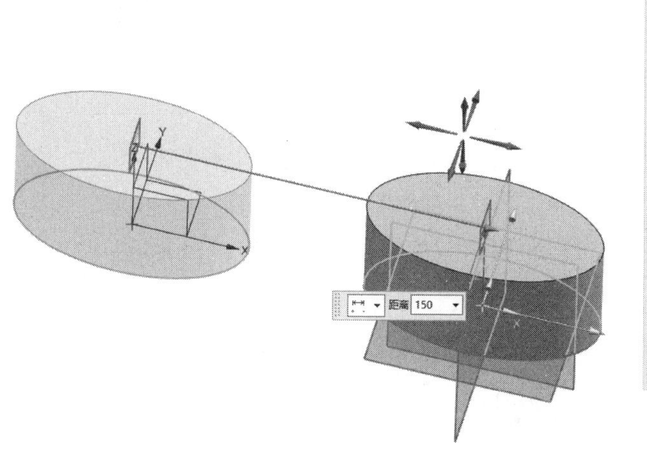

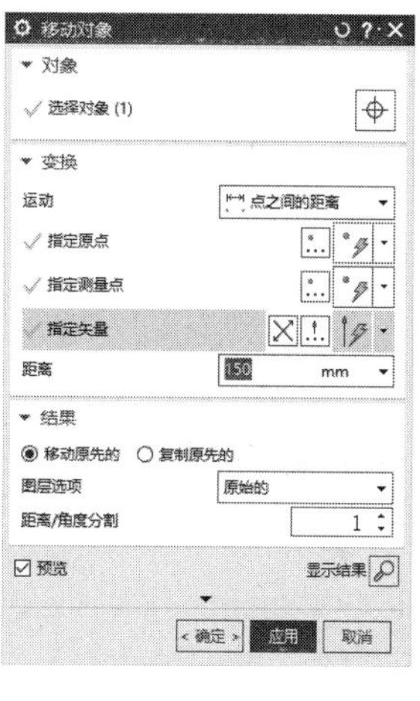

图 3-14　按照点到点方式移动

✧　动态：通过“坐标系”手柄，实时移动或旋转选定的实体，如图 3-15 所示。

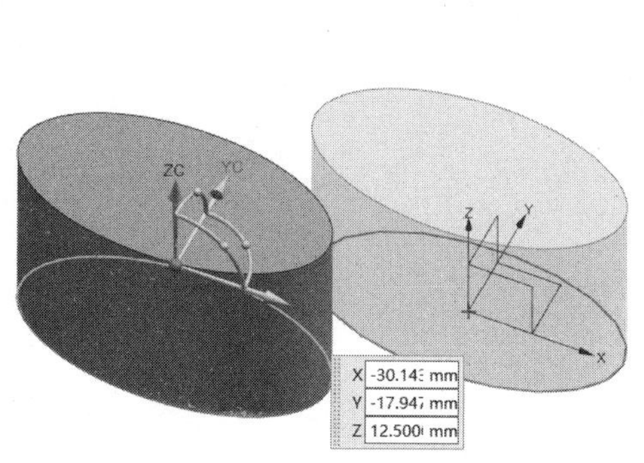

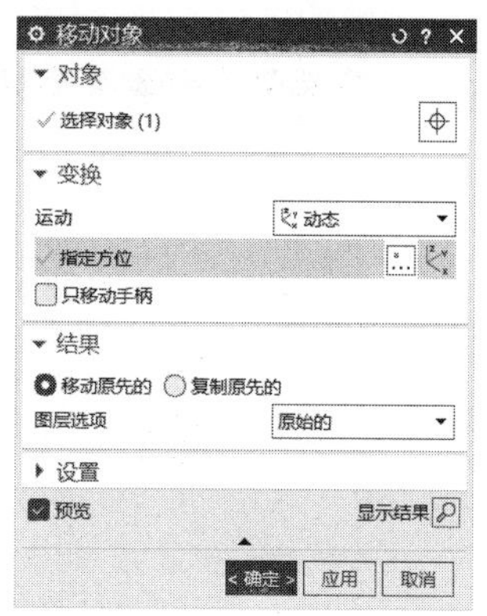

图 3-15　通过“坐标系”手柄移动

3.3 案例实施

方向盘零件建模

3.3.1 外圆的创建

(1) 打开 NX 软件，在【新建】对话框中打开【模型】选项卡，创建新的部件，如图 3-16 所示。

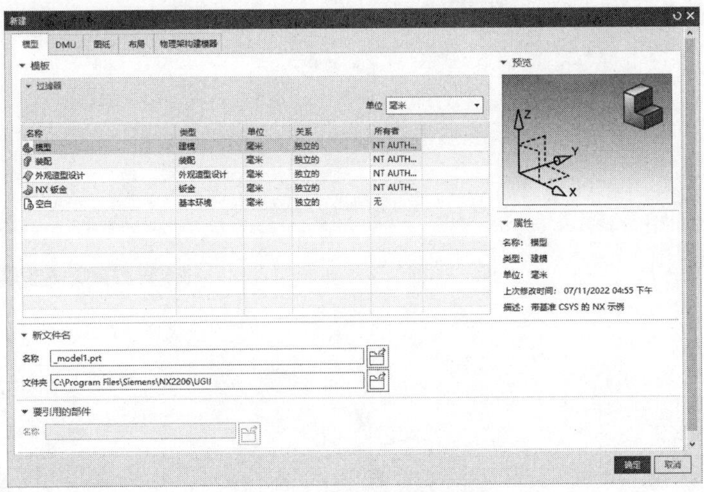

图 3-16 创建新部件建模

(2) 使用【草图】命令，在 XC-YC 平面内创建草图，如图 3-17 所示。

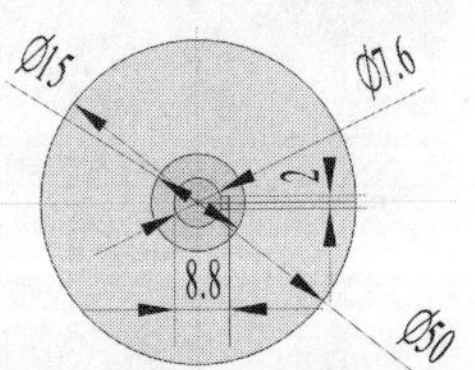

图 3-17 创建草图

(3) 使用【管】命令，选取草图中 ϕ 50 的尺寸得到外圆，如图 3-18 所示。

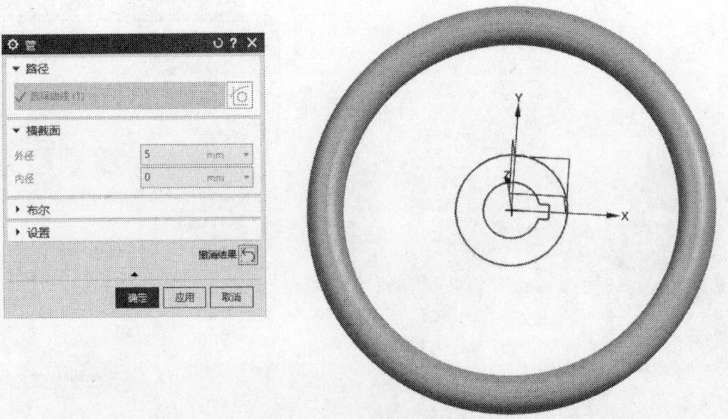

图 3-18 创建外圆

3.3.2　键槽的创建

使用【拉伸】命令，获取内部圆柱及销孔，如图 3-19 所示。

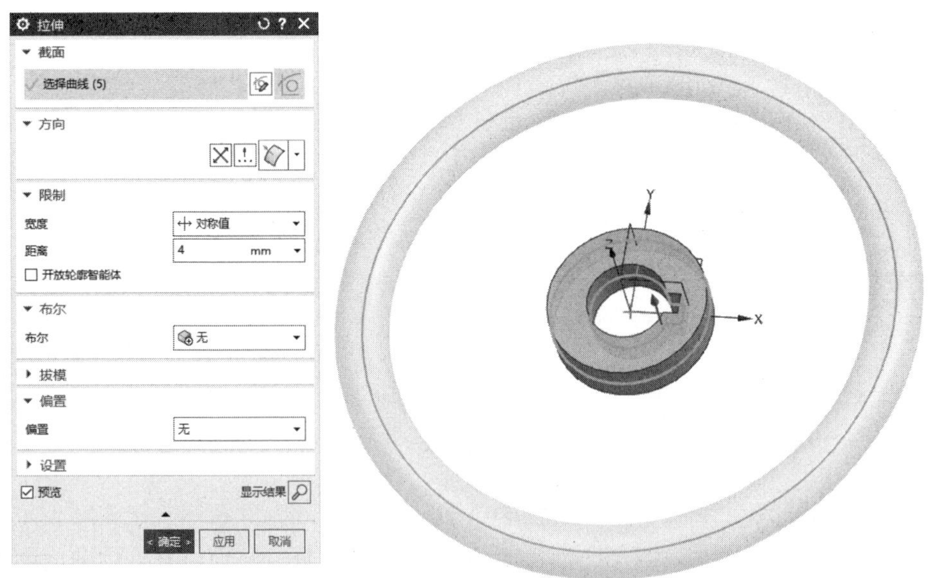

图 3-19　创建内部圆柱及销孔

3.3.3　轮辐的创建

(1) 使用【管】命令，选取轮辐直线制作出第一根轮辐，如图 3-20 所示。

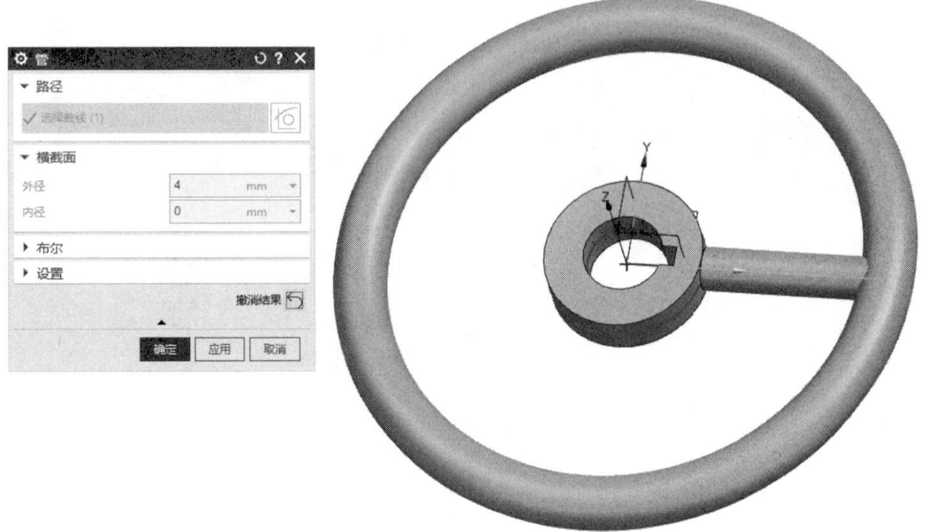

图 3-20　创建第一根轮辐

(2) 使用【移动对象】命令，制作出其他轮辐，如图 3-21 所示。

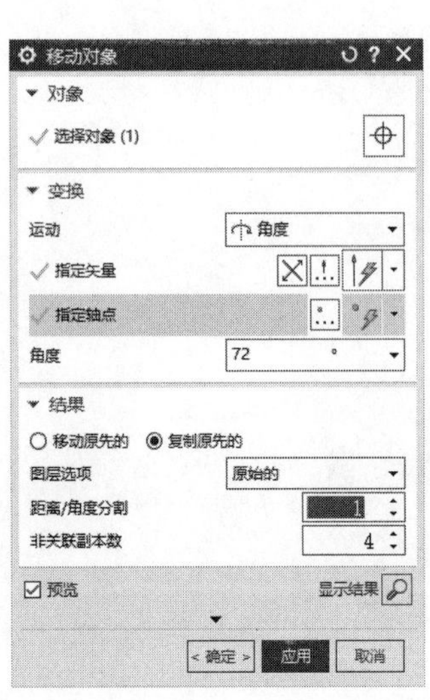

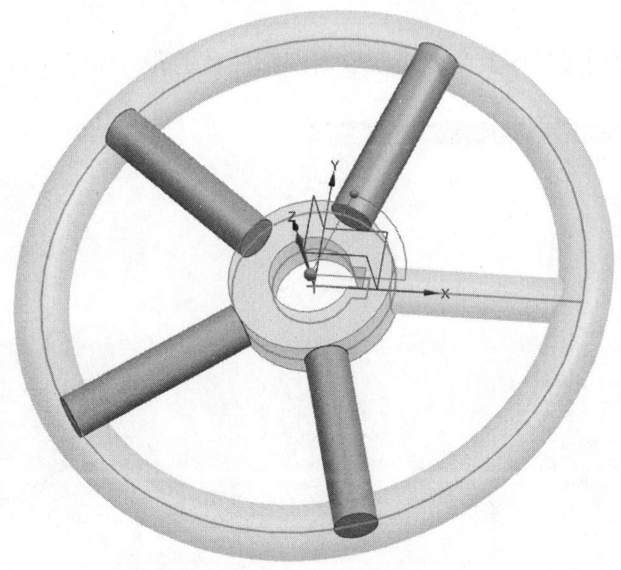

图 3-21　创建其他轮辐

(3) 使用【合并】命令，将多个单独的实体进行布尔运算，从而将它们合并成一个整体，如图 3-22 所示。最终模型如图 3-23 所示。

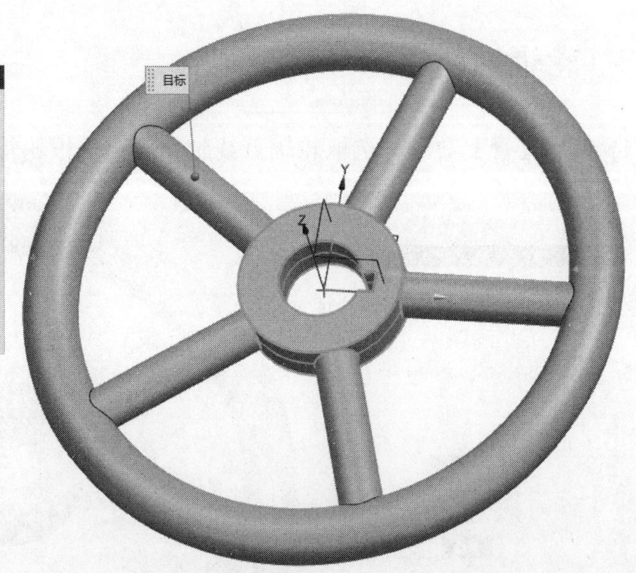

图 3-22　布尔运算

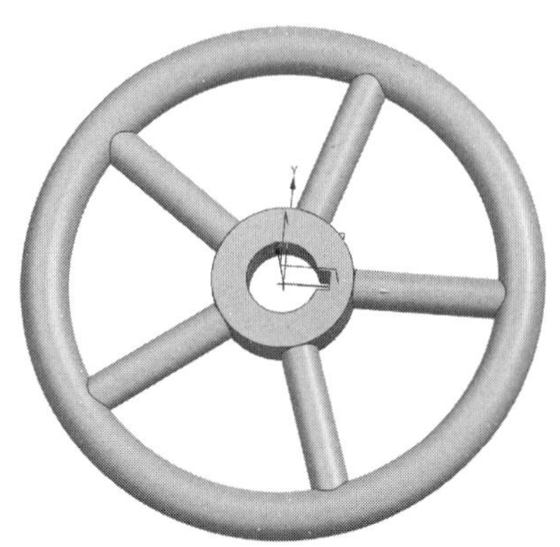

图 3-23　最终模型

3.4　拓展练习

完成如图 3-24 所示的零件建模。要求：单位为公制，保留全部建模特征，文件名自定。

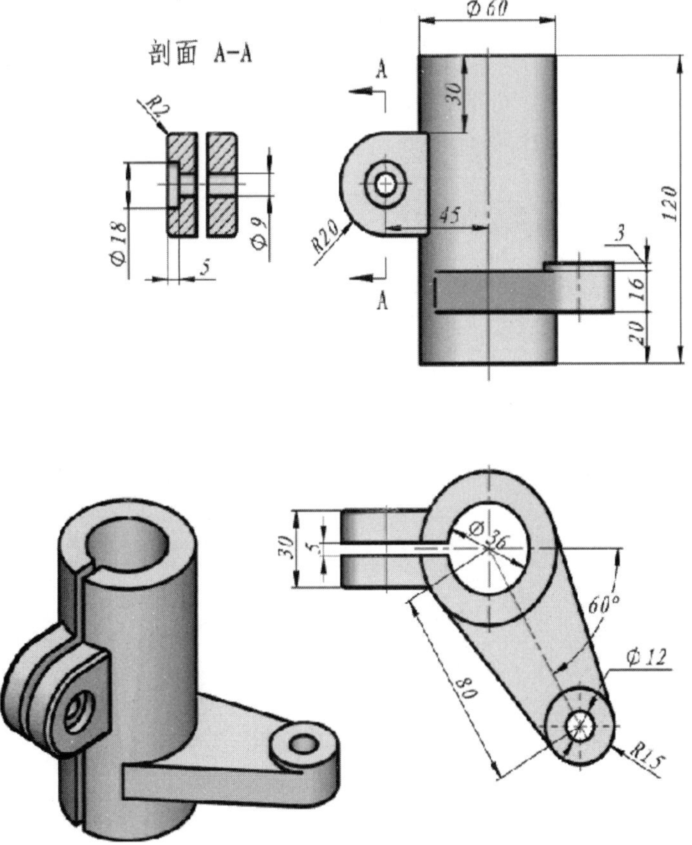

图 3-24　零件建模示意图

引导问题：请简要叙述拓展练习案例的操作思路。

3.5 总结

方向盘零件建模实例主要是先根据图纸通过草图命令构建产品轮廓，然后再通过实体命令生成零件主体。这个建模思路是产品设计的基本思路，通过草图构建产品轮廓可以方便地进行零件的修改和改进。通过对本案例的学习，熟练掌握这个方法，读者就可以打下良好的产品建模的基础。

第 4 章

反射镜零件建模

项目要求

- ✧ 熟练使用 NX 软件的草图和实体命令。
- ✧ 掌握草图和实体结合使用的建模思路。
- ✧ 熟练完成反射镜零件的建模。

4.1 案例分析

4.1.1 案例说明

本案例根据图纸 ShiTi04.jpg 所示完成反射镜零件建模，如图 4-1 所示。

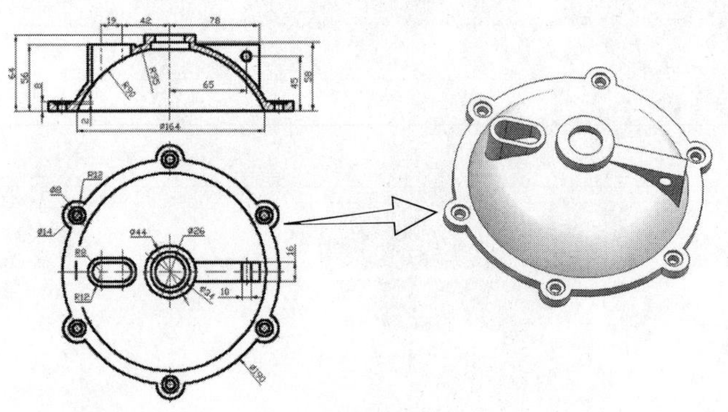

图 4-1 建模示意图

4.1.2 思路分析

通过观察图纸，可以看出反射镜由基本的几何元素(球体、圆柱体、长方体和孔)组成，这些几何元素都可以由软件成型命令直接获得。根据零件的特征，可以采取叠加法建模，即先创建一个零件主体，然后再创建其他的特征基本体，并把这些基本体通过布尔运算合并到一起，最后在主体上进行打孔处理，得到最终模型。具体建模流程如图 4-2 所示。

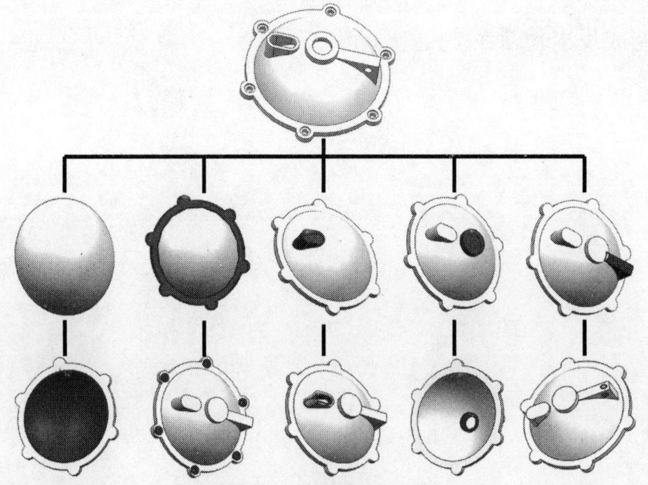

图 4-2 建模流程示意

反射镜零件使用的建模命令及其命令索引如表 4-1 所示。

表 4-1　反射镜零件使用的建模命令及其命令索引

特征	建模命令	命令索引
外圆主体	草图	2.2.1
	旋转	4.2.3
零件细节特征	草图	2.2.1
	拉伸	3.2.2
	旋转	4.2.3
孔特征	孔	4.2.2

4.2　知识链接

4.2.1　基准特征

基准，就是建模过程中的参考，也是一种特征，但与实体或曲面特征不同，基准在模型的建立过程中主要起辅助作用。基准分为基准轴、基准平面、基准坐标系，如图 4-3 所示。

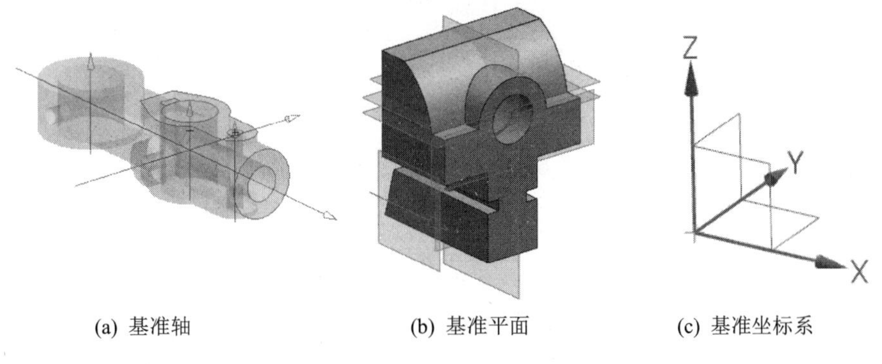

(a) 基准轴　(b) 基准平面　(c) 基准坐标系

图 4-3　基准特征

1. 基准轴

通过【基准轴】命令可以定义线性参考对象，以辅助创建其他对象，如基准平面、旋转特征和圆形阵列等。这里需要说明的是，基准轴与矢量的创建方法基本相同，其区别如下。

- ✧ 基准轴在 NX 中作为特征存在(每个基准轴在【部件导航器】中都会有一个节点)。
- ✧ 矢量只表示一个方向，而基准轴除能表示方向外，还含有位置的信息。例如，矢量 YC 仅表示平行于 YC 轴；而基准轴 YC 则不仅表示该轴平行于 YC 轴，还表示通过坐标原点。

2. 基准平面

通过【基准平面】命令可以创建平面参考特征，以辅助定义其他特征。基准平面与

平面的创建方法基本相同，其区别在于，通过【基准平面】命令创建的平面是作为特征处理的，每创建一个基准平面，【部件导航器】中都会增加一个相应的节点。

3. 基准坐标系

通过【基准坐标系】命令可以创建关联的坐标系，它包含一组参考对象。用户可以利用参考对象来关联地定义下游特征的位置与方向。

一个基准坐标系包括下列参考对象：整个基准 CSYS，三个基准平面，三个基准轴，原点。

4.2.2 孔命令解析

通过【孔】命令可以在部件或装配中添加各种类型的孔特征，单击【主页】选项卡的【基本】功能区中的【孔】命令图标，弹出如图 4-4 所示的【孔】对话框，该对话框中各选项的含义如下。

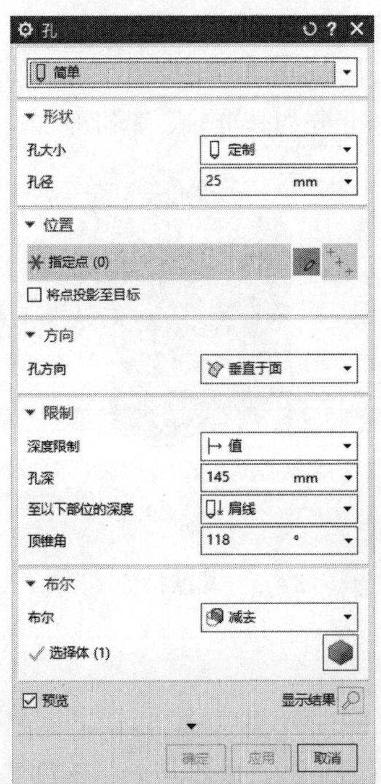

图 4-4 【孔】对话框

(1) 类型：孔的种类，包括简单、沉头、埋头、锥孔、有螺纹和孔系列，不同种类的孔如图 4-5 所示。

(2) 位置：孔的中心点位置，可以通过草绘或选择参考点的方式来获得。

(3) 方向：孔的生成方向，包括垂直于面和沿矢量两种指定方向。

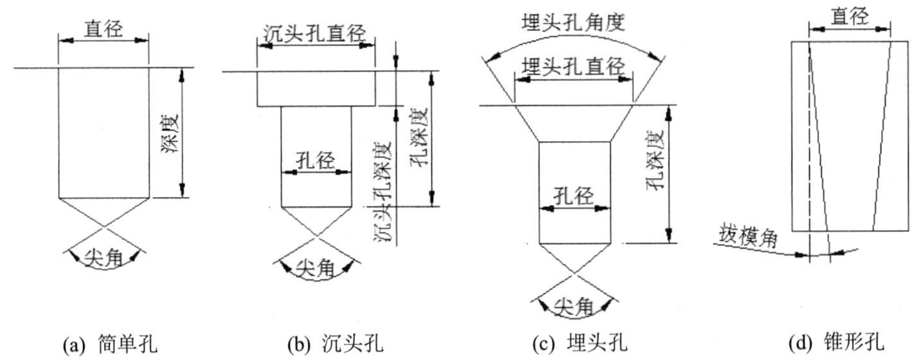

图 4-5　不同种类的孔

(4) 限制：孔的尺寸，包括深度、尖角等。

✧　深度限制：限制孔深度的方法包括值、直至选定对象、直至下一个和贯通体。

✧　顶锥角：孔的尖角锥度。

4.2.3　旋转命令解析

使用【旋转】命令可以使截面曲线绕指定轴回转一个非零角度，以此创建一个特征。单击【主页】选项卡上【基本】功能区中的【旋转】命令图标，弹出如图 4-6 所示的【旋转】对话框，该对话框中各选项的含义如下。

图 4-6　【旋转】对话框

(1) 截面：截面曲线可以是基本曲线、草图、实体或片体的边，并且可以封闭也可以不封闭。截面曲线必须在旋转轴的一边，不能相交。

(2) 轴：指定旋转轴和旋转中心点。

- ✧ 指定矢量：指定旋转轴。系统提供了两类指定旋转轴的方式，即矢量构造器和自动判断。
- ✧ 指定点：指定旋转中心点。系统提供了两类指定旋转中心点的方式，即点构造器和自动判断。

(3) 限制：用于设定旋转的起始角度和结束角度，有以下两种方法。

- ✧ 值：通过指定旋转对象相对于旋转轴的起始角度和终止角度来生成实体，在其后面的文本框中输入数值即可。
- ✧ 直至选定对象：通过指定对象来确定旋转的起始角度或结束角度，所创建的实体绕旋转轴接于选定对象表面。

(4) 偏置：用于设置旋转体在垂直于旋转轴方向上的延伸。

- ✧ 无：不向回转截面添加任何偏置。
- ✧ 两侧：向回转截面的两侧添加偏置。

(5) 设置：在体类型设置为实体的前提下，以下情况将生成实体。

- ✧ 封闭的轮廓。
- ✧ 不封闭的轮廓，旋转角度为 360 度。
- ✧ 不封闭的轮廓，有任何角度的偏置或增厚。

4.3 案例实施

反射镜零件建模

4.3.1 外圆主体特征建模

(1) 使用【草图】命令，在 YC-ZC 平面内创建草图一，根据图纸制作零件的最大轮廓曲线，如图 4-7 所示。

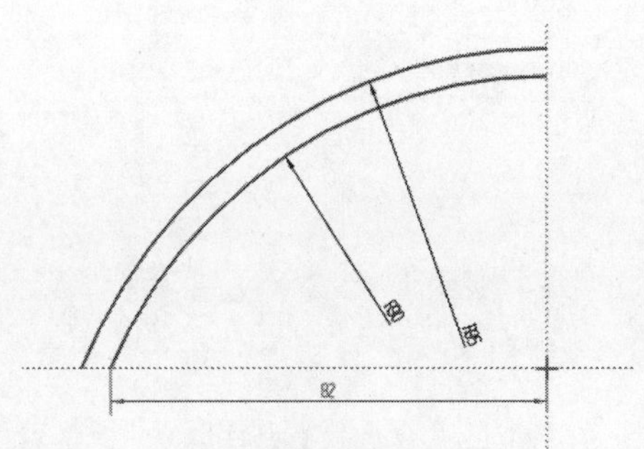

图 4-7 创建草图一

(2) 使用【旋转】命令，选取草图一中 R95 的圆弧，使其绕 Z 轴旋转 360°，得到旋转体，如图 4-8 所示。

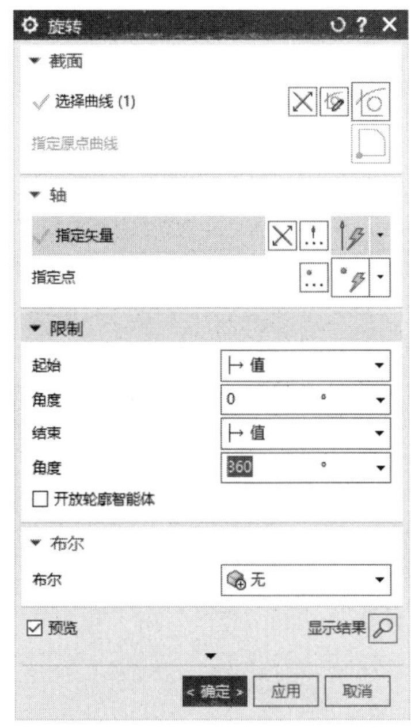

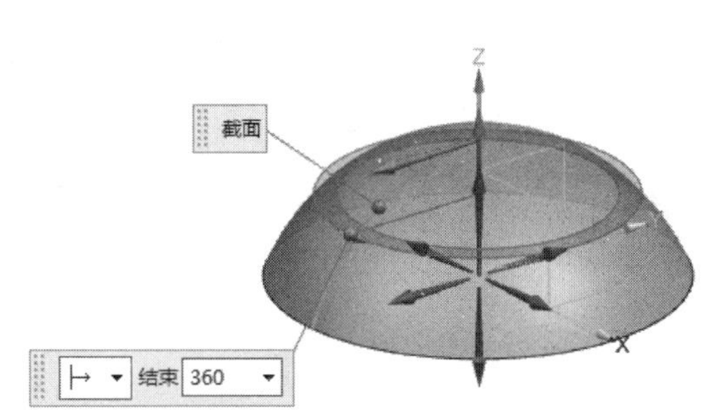

图 4-8　创建旋转体

(3) 使用【草图】命令，在 XC-YC 平面内创建草图二，根据图纸制作零件细节特征的轮廓曲线，如图 4-9 所示。

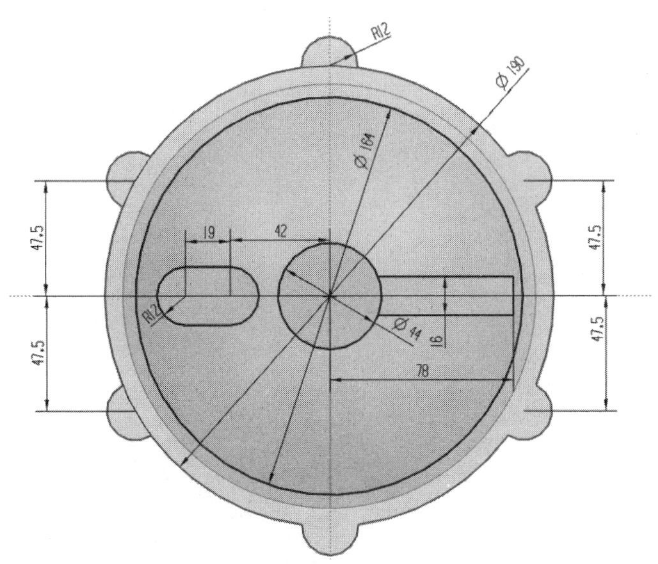

图 4-9　创建草图二

(4) 使用【拉伸】命令，先将草图二的边缘曲线进行拉伸，然后进行布尔合并运算，将其和旋转体合并成一个整体，如图 4-10 所示。

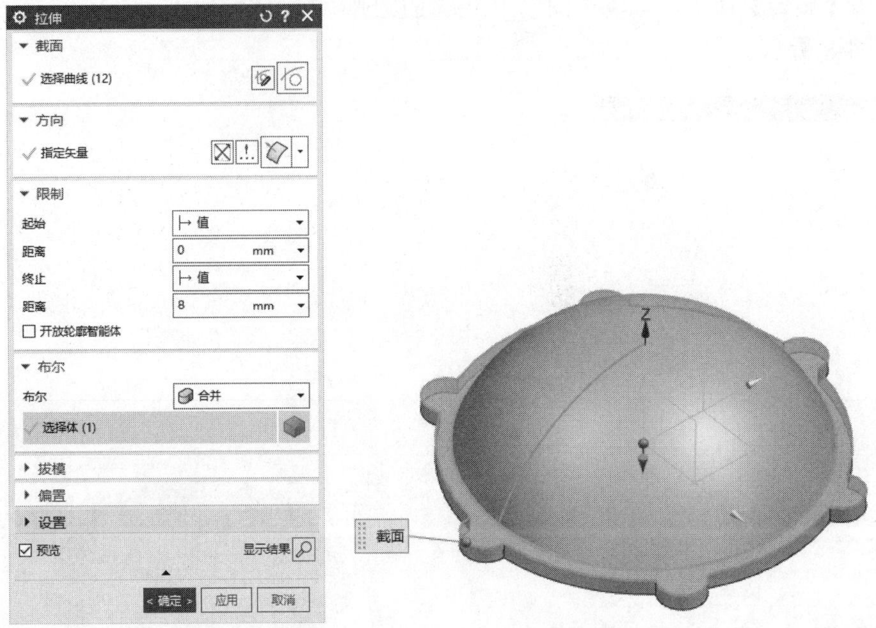

图4-10　创建主体外圈特征

4.3.2　零件细节特征建模

(1) 使用【拉伸】命令，先将草图二中的跑道形曲线进行拉伸，然后进行布尔合并运算，将其和零件主体合并成一个整体，如图4-11所示。

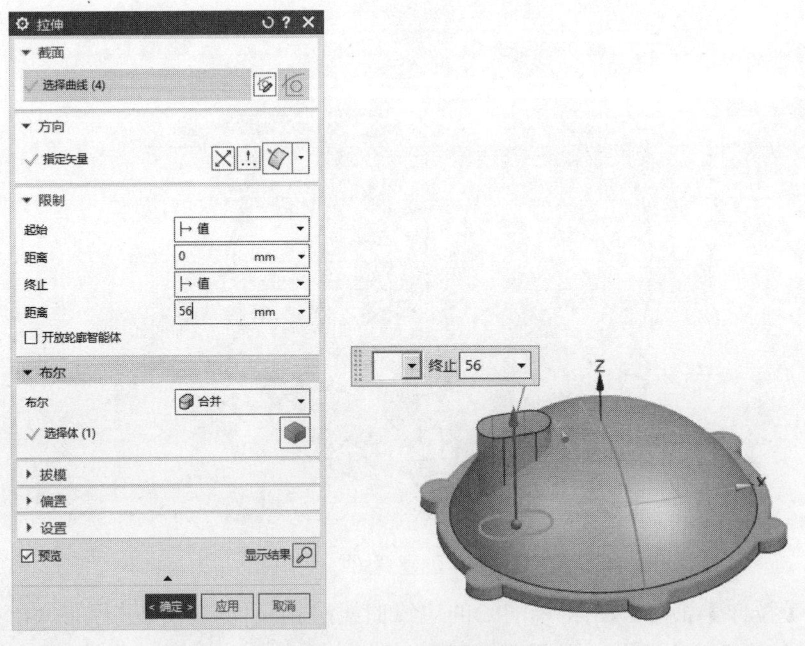

图4-11　创建主体细节特征

(2) 使用【拉伸】命令，先将草图二中的圆根据图纸尺寸进行拉伸，然后进行布尔合并运算，使其和零件主体合并成一个整体，得到凸台特征，如图 4-12 所示。

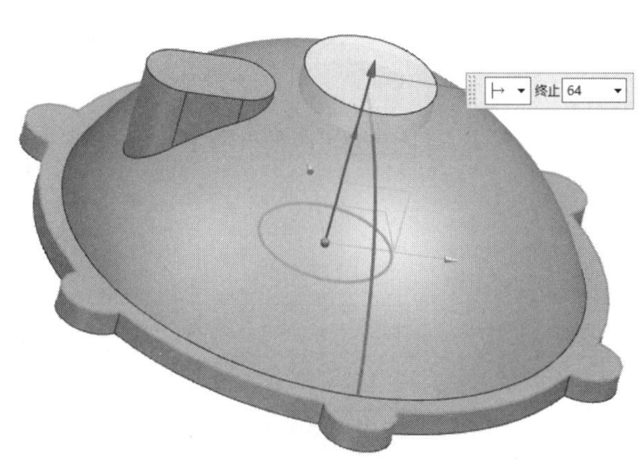

图 4-12　创建凸台特征

(3) 使用【拉伸】命令，先将草图二中的矩形曲线根据图纸尺寸进行拉伸，然后进行布尔合并运算，使其和零件主体合并成一个整体，如图 4-13 所示。

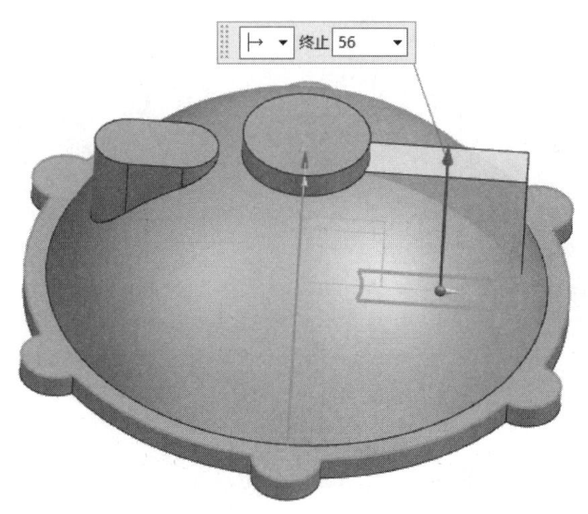

图 4-13　创建主体筋板特征

(4) 使用【旋转】命令，选取草图一中 R90 的圆弧，使其绕 Z 轴旋转 360°，然后在零件主体上进行布尔减去运算，从而得到主体上的凹形，如图 4-14 所示。

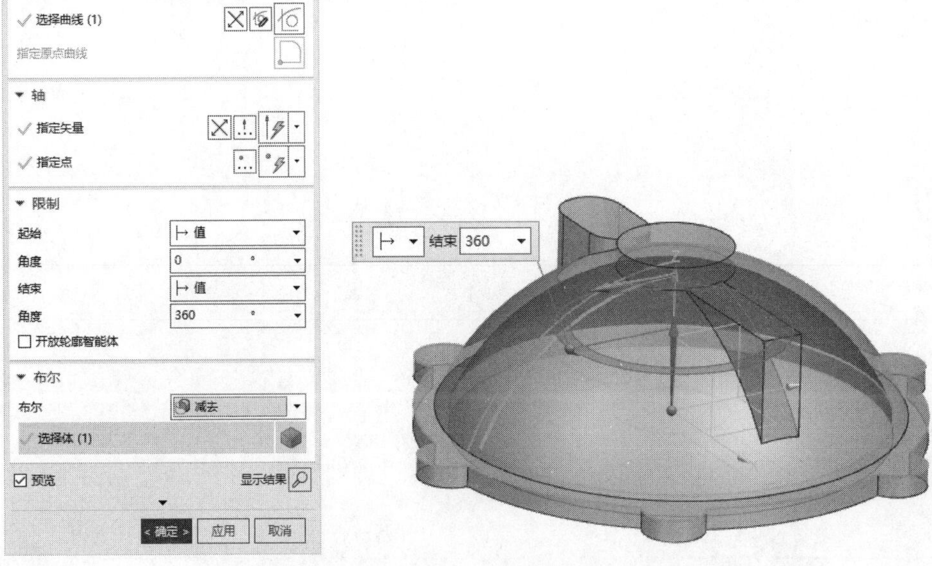

图 4-14　创建凹形特征

(5) 使用【拉伸】命令，选择零件跑道形凸台的边缘进行拉伸，并通过布尔减去运算得到凸台上的缺口，尺寸参照图纸指示，如图 4-15 所示。

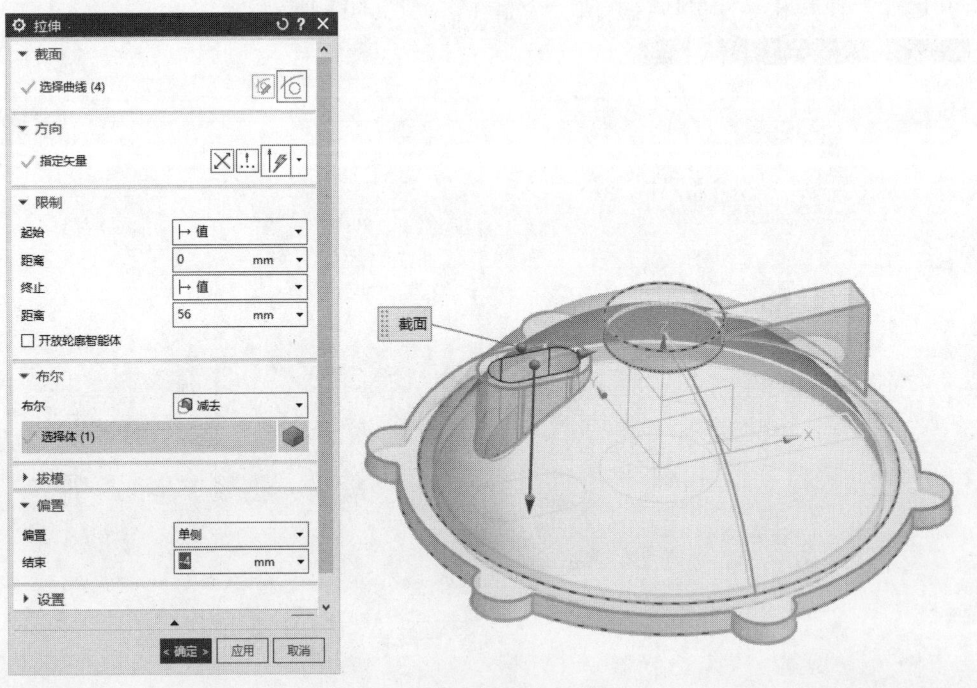

图 4-15　创建跑道形凸台缺口

(6) 使用【拉伸】命令，选择零件圆形凸台的边缘进行拉伸并通过布尔减去运算得到凸台上的缺口，尺寸参照图纸指示，如图 4-16 所示。

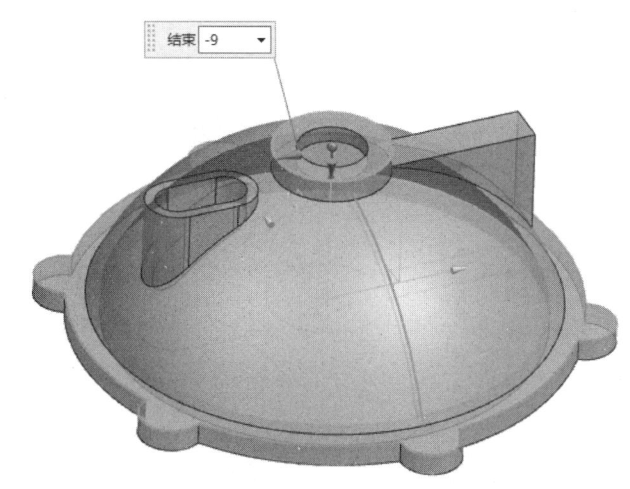

图 4-16　创建圆形凸台缺口

(7) 使用【拉伸】命令，再次选择圆形凸台的边缘进行拉伸并通过布尔减去运算得到贯穿的缺口，尺寸参照图纸指示，如图 4-17 所示。

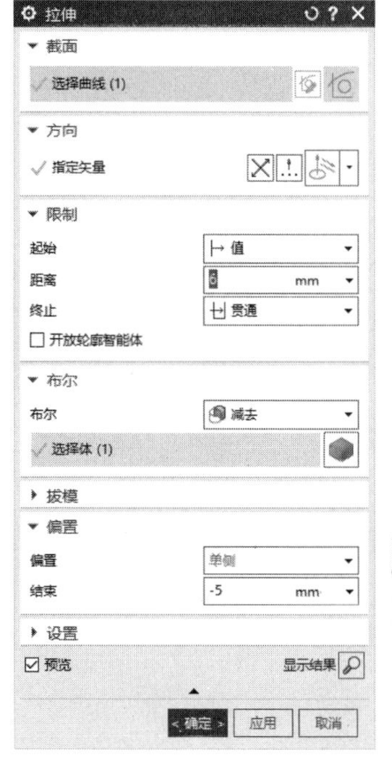

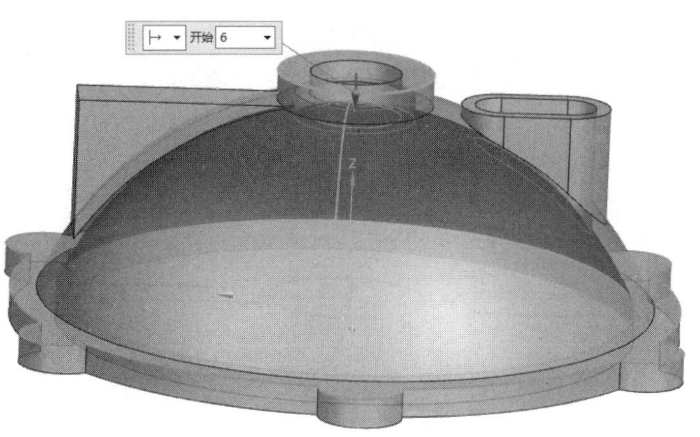

图 4-17　创建内表面台阶

4.3.3 孔特征创建

(1) 使用【孔】命令，类型选择【沉头】，选取外围轮廓的圆弧中心，根据图纸指示尺寸创建 6 个沉头孔，如图 4-18 所示。

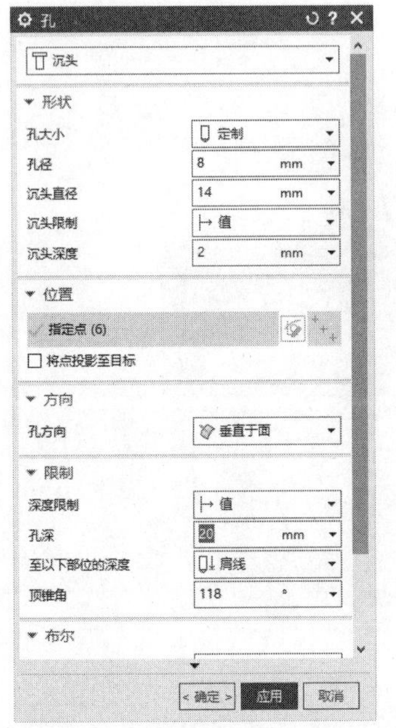

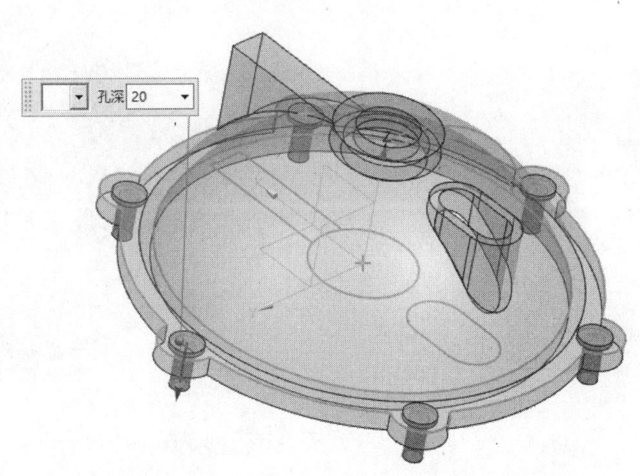

图 4-18　创建沉头孔

(2) 使用【孔】命令，类型选择【简单】，根据图纸指示尺寸制作出打孔位置点，并创建通孔，如图 4-19 所示。

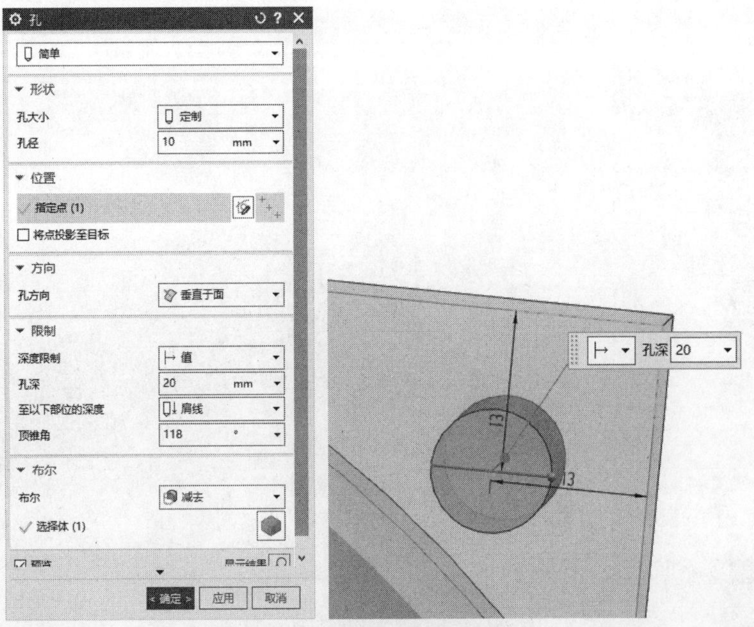

图 4-19　创建简单孔

(3) 最终模型，如图 4-20 所示。

图 4-20　最终模型

4.4　拓展练习

完成如图 4-21 所示的零件建模。要求：单位为公制(mm)，保留全部建模特征，文件名自定。

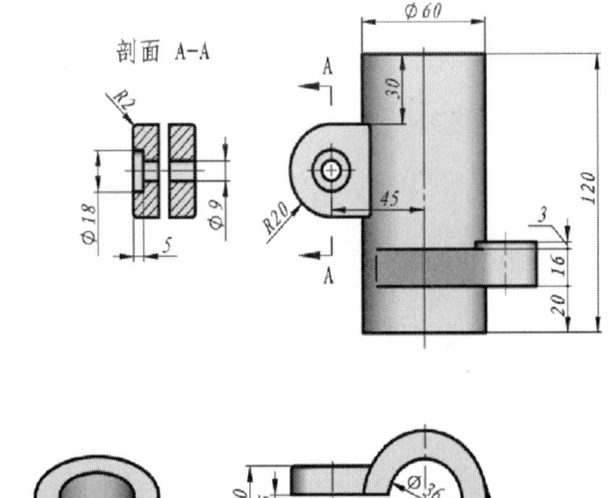

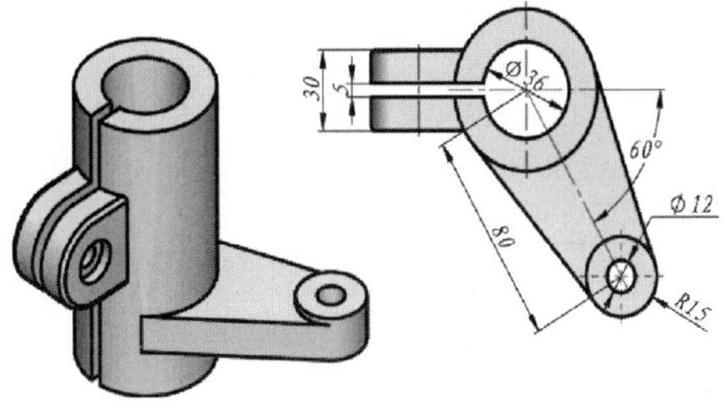

图 4-21　拓展练习示意图

引导问题：请简要叙述拓展练习案例的操作思路。

____

____

____

____

4.5　总结

反射镜零件建模实例主要讲解了叠加形式的建模思路，即先创建一个基本体，然后通过实体命令得到其他主体特征，并通过布尔运算把所有主体求和到一起，最后再通过【孔】命令创建细节特征得到最终的反射镜模型。本案例中引入了【旋转】命令，这个命令可以通过草图控制旋转体的形状和特征，非常便于后期产品设计变更和修改。通过对本案例的学习，读者可以学到一种新的建模方法。

第 5 章

支撑桥零件建模

项目要求

- ✧ 熟练使用 NX 软件的部分命令。
- ✧ 掌握案例中的建模思路。
- ✧ 熟练完成支撑桥零件的建模。

5.1 案例分析

5.1.1 案例说明

本案例根据图纸 ShiTi05.jpg 所示完成支撑桥零件建模，如图 5-1 所示。

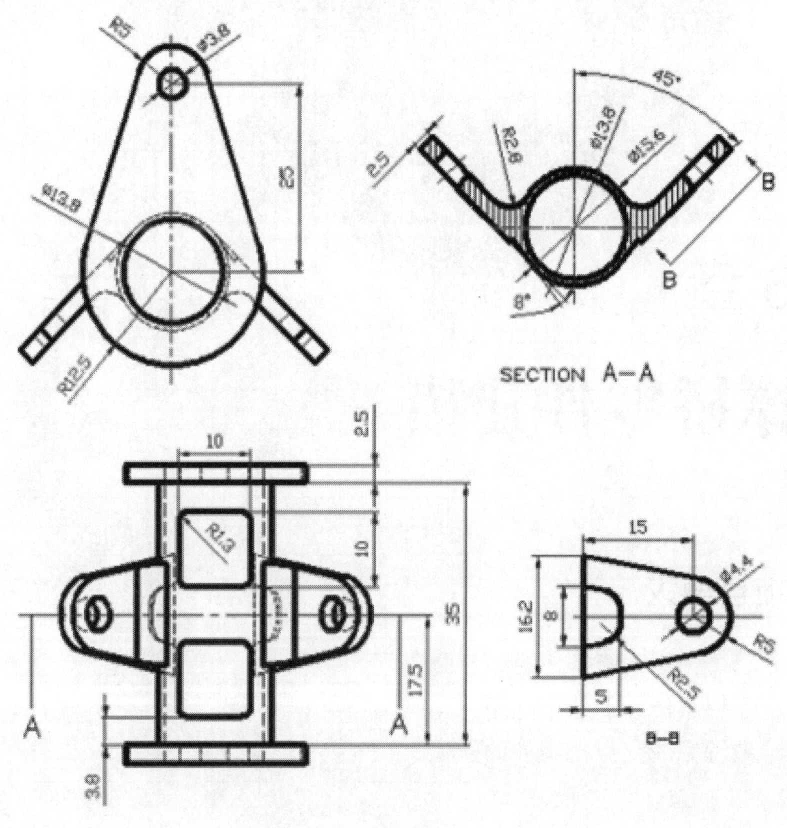

图 5-1 建模示意图

5.1.2 思路分析

通过观察图纸，可以看出支撑桥零件主要由连接柱、主体和侧耳三部分组成，而主体和侧耳有两个，同时连接柱上也有两个方形孔，这些都分布在连接柱的两侧，为镜像关系。根据零件的特征，确定建模思路为，先制作出连接柱、主体和侧耳的基本形状，然后在其上面制作出相应的特征，再使用布尔运算求和，最后再去倒主体相贯处的圆角得到最终模型。具体建模流程如图 5-2 所示。

支撑桥零件使用的建模命令及命令索引如表 5-1 所示。

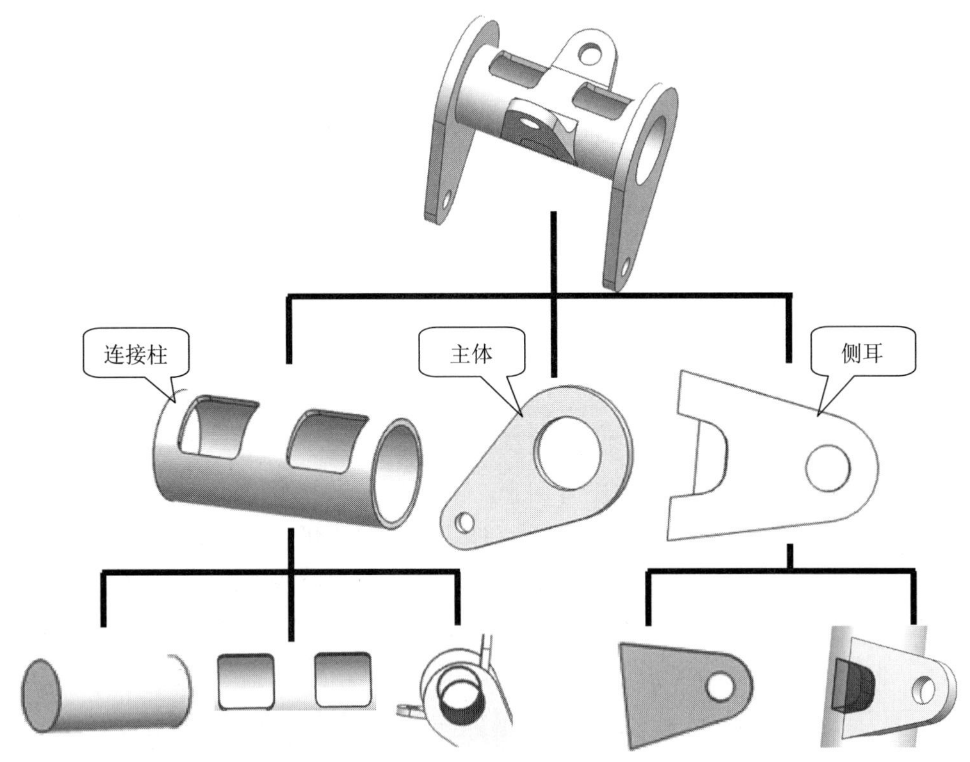

图 5-2　建模流程示意图

表 5-1　支撑桥零件使用的建模命令及命令索引

特征	建模命令	命令索引
连接柱	草图	2.2.1
	管	3.2.3
主体	草图	2.2.1
	拉伸	3.2.2
侧耳	管	3.2.3
	移动对象	3.2.4

5.2　知识链接

5.2.1　圆柱体命令解析

使用【圆柱体】命令，可以通过定义轴位置和尺寸来创建圆柱形实体，圆柱与其定位对象相关联，【圆柱】对话框如图 5-3 所示。

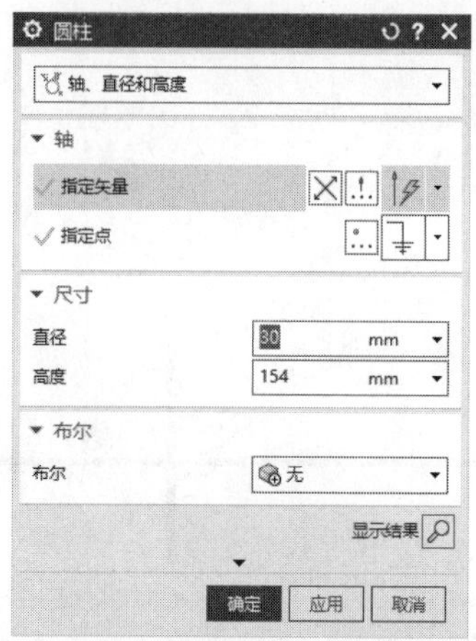

图 5-3 【圆柱】对话框

创建圆柱体的方法有两种，如图 5-4 所示。

✧ 轴、直径和高度：使用方向矢量、直径和高度创建圆柱。
✧ 圆弧和高度：使用圆弧和高度创建圆柱。软件由选定的圆弧获得圆柱的方位，圆柱的轴垂直于圆弧的平面，且穿过圆弧中心；矢量会指示该方位。选定的圆弧不必为整圆，软件会根据任一圆弧对象创建完整的圆柱。

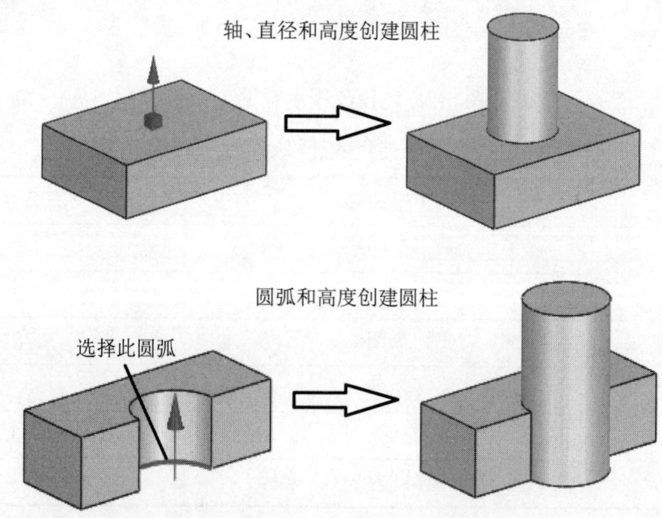

图 5-4 圆柱体的两种创建方法

5.2.2 边倒圆命令解析

【边倒圆】命令可以使至少由两个面共享的边缘变光顺。倒圆时就像沿着被倒圆角的边缘滚动一个球，同时使球始终与在此边缘处相交的各个面接触。倒圆球在面的内侧滚动会创建圆形边缘(去除材料)，在面的外侧滚动会创建圆角边缘(添加材料)，如图 5-5 所示。

单击【特征】工具条上的【边倒圆】命令图标，弹出如图 5-6 所示的【边倒圆】对话框，该对话框中各选项的含义如下。

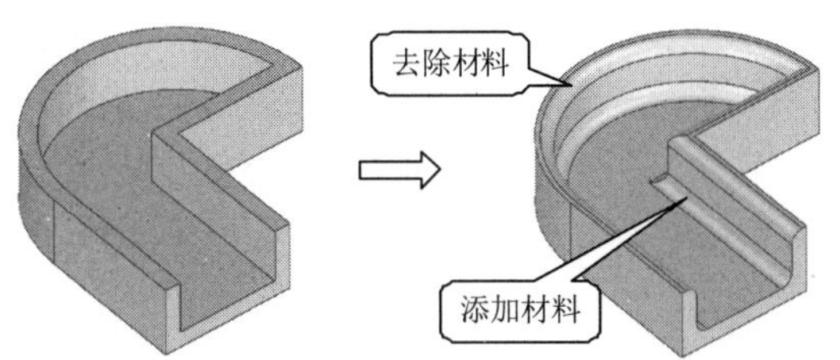

图 5-5　边倒圆示意图

图 5-6　【边倒圆】对话框

(1) 边。

此选项区主要用于倒圆边的选择与添加，以及半径的输入。若要对多条边进行不同圆角的倒角处理，则单击【列表】进行添加，列表框中列出了不同倒角的名称、值和表达式等信息，如图 5-7 所示。

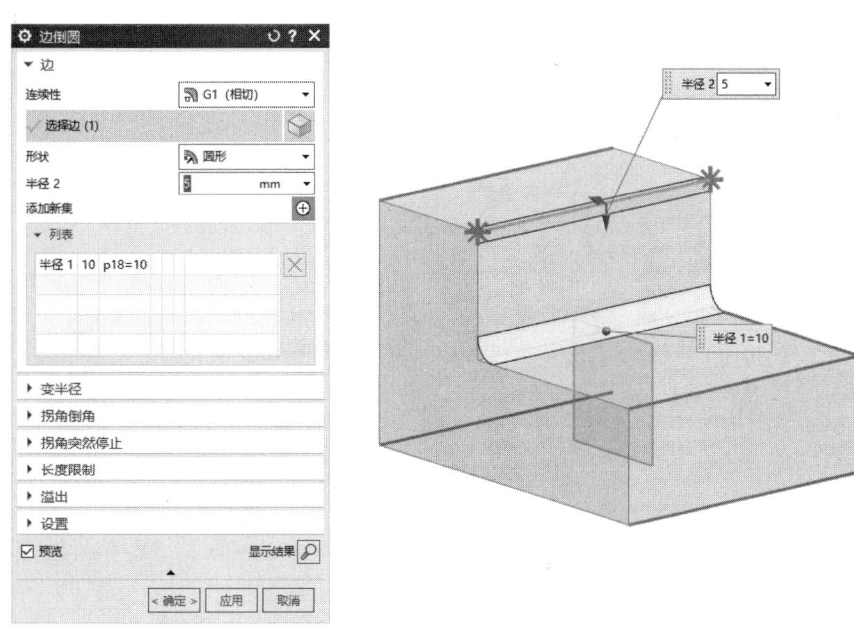

图 5-7　要倒圆的边项示意

(2) 变半径。

通过向边倒圆添加半径值唯一的点来创建可变半径圆角，如图 5-8 所示。

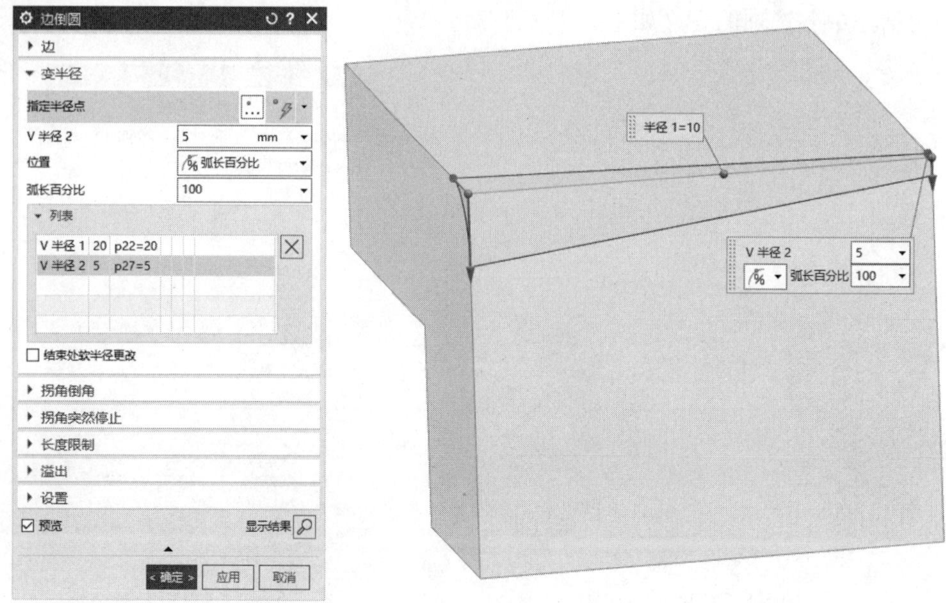

图 5-8　可变半径点项示意

(3) 拐角倒角。

在三条线相交的拐角处进行拐角处理。选择三条边线后，切换至拐角栏，选择三条线的交点，即可进行拐角处理。可以通过改变三个位置的参数值来改变拐角的形状，如图 5-9 所示。

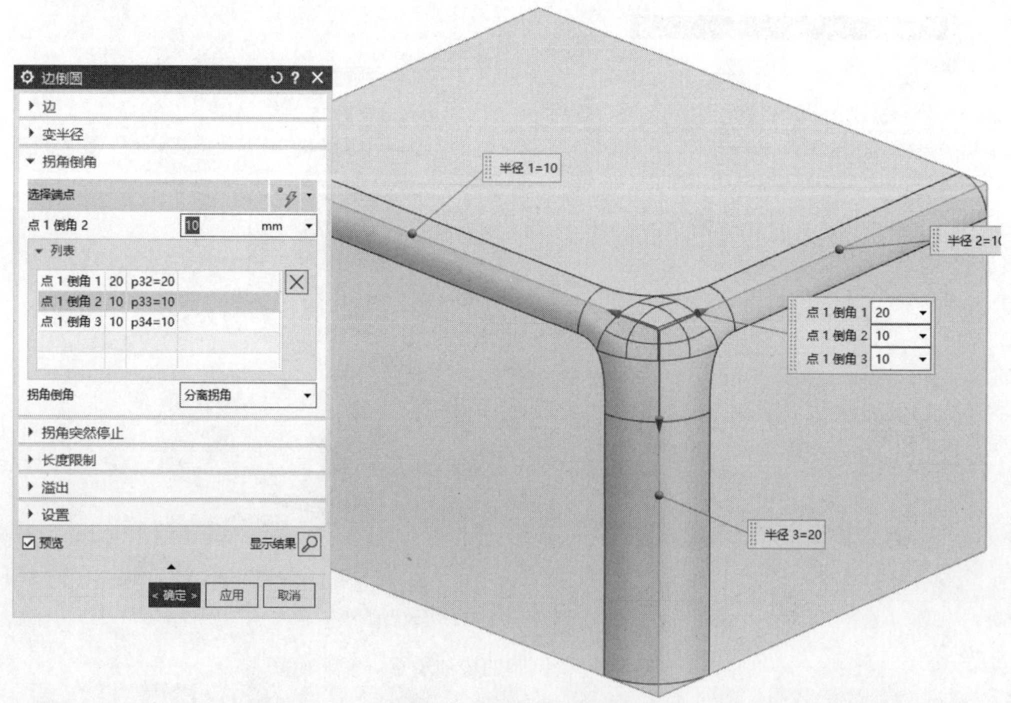

图 5-9　拐角倒角项示意

(4) 拐角突然停止。

使某点处的边倒圆在边的末端突然停止，如图 5-10 所示。

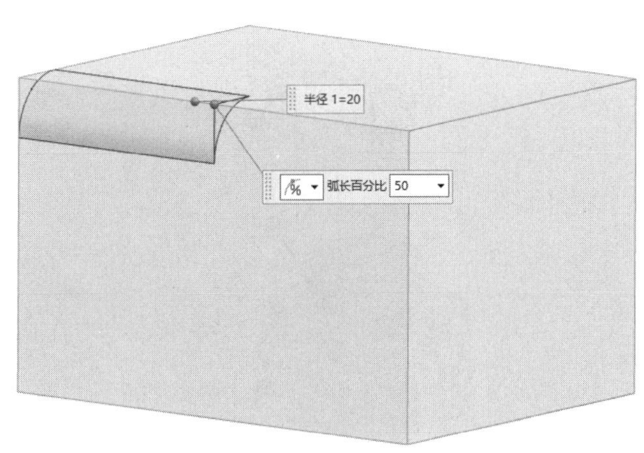

图 5-10　拐角突然停止项示意

(5) 长度限制。

可将边倒圆修剪至明确选定的面或平面，而不是依赖软件通常使用的默认修剪面，如图 5-11 所示。

(6) 溢出。

当圆角的相切边缘与该实体上的其他边缘相交时，就会发生圆角溢出。选择不同的溢出解，得到的效果会不一样，可以尝试组合使用这些选项来获得不同的结果。如图 5-12 所示为溢出解的选项区。

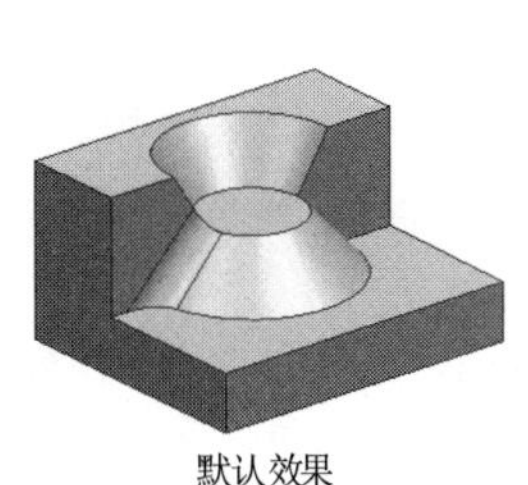

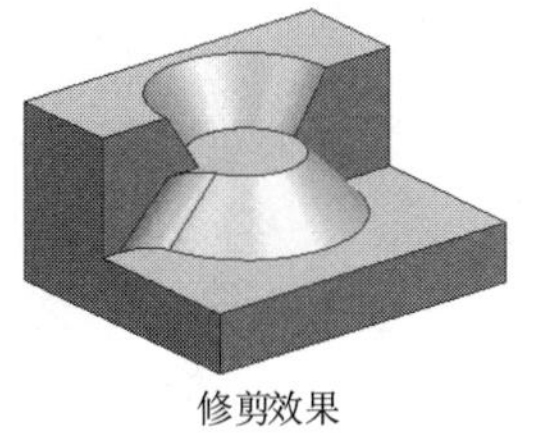

图 5-11　修剪项示意

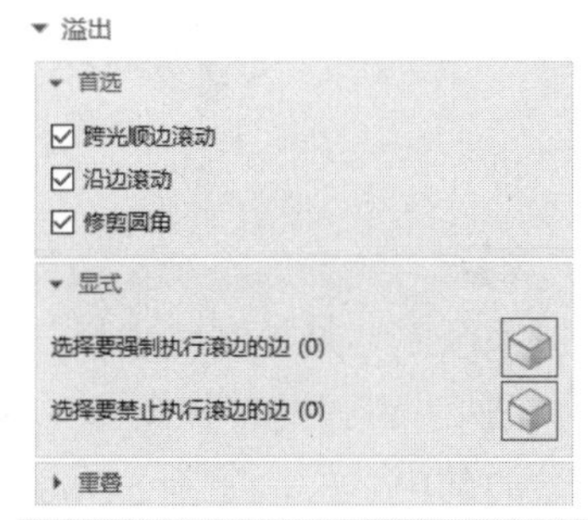

图 5-12　溢出解项示意

- ✧ 跨光顺边滚动：允许圆角延伸到其遇到的光顺连接(相切)面上。如图 5-13 所示，①溢出现有圆角的边的新圆角；②选择时，在光顺边上滚动会在圆角相交处生成光顺的共享边；③未选择在光顺边上滚动时，结果为锐共享边。
- ✧ 沿边滚动(光顺或尖锐)：允许圆角在与定义面之一相切之前发生，并展开到任何边(无论光顺还是尖锐)上。如图 5-14 所示，①选择在边上滚动(光顺或尖锐)时，遇到的边不更改，而与该边所在面的相切会被超前；②未选择在边上滚动(光顺或尖锐)时，遇到的边发生更改，且保持与该边所属面的相切。

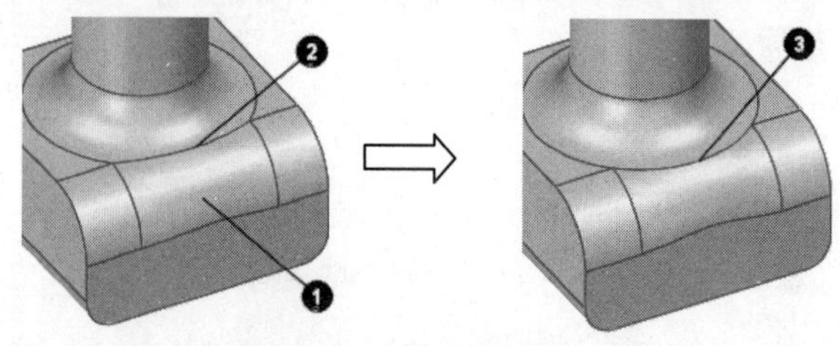

图 5-13　溢出解项示意一

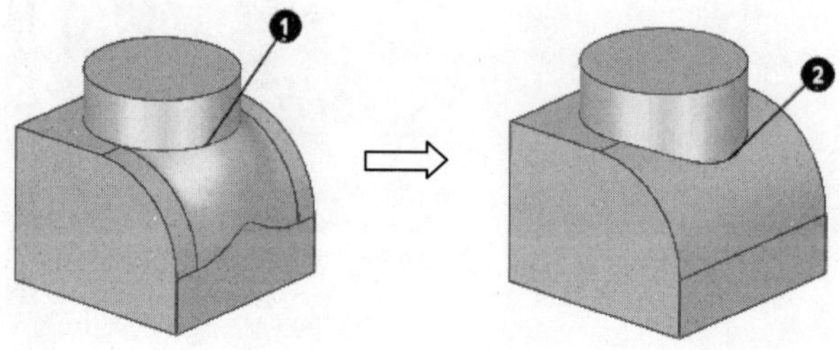

图 5-14　溢出解项示意二

✧　修剪圆角：允许圆角保持与定义面的相切，并将任何遇到的面移动到圆角面。如图 5-15 所示，①选择在锐边上保持圆角选项的情况下预览边倒圆过程中遇到的边；②生成的边倒圆显示保持了圆角相切。

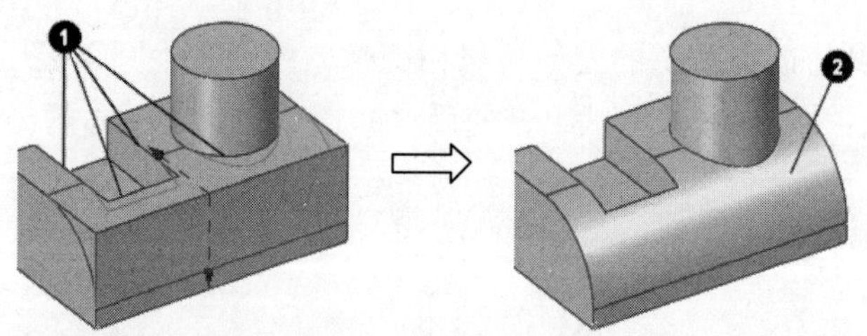

图 5-15　溢出解项示意三

(7) 设置。

该选项区主要是控制输出操作的结果。

✧　凸/凹 Y 处的特殊圆角：使用该复选框，允许对某些情况选择使用两种 Y 形圆角的其中之一，如图 5-16 所示。

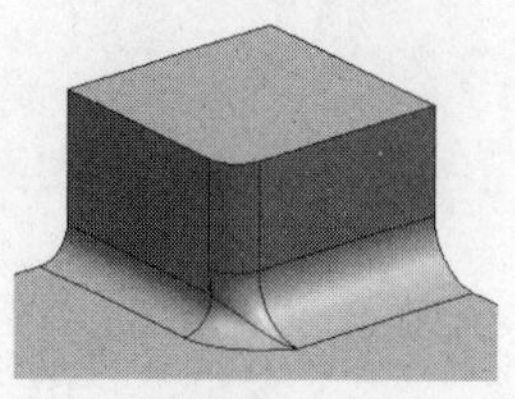

不选择

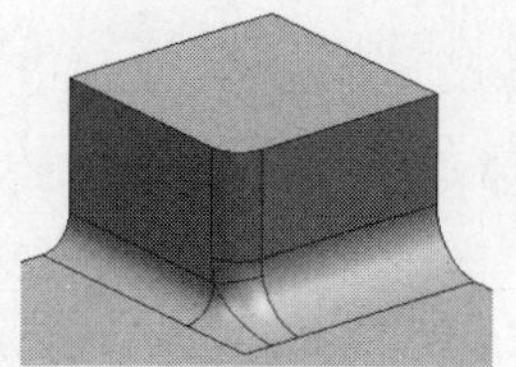

选择

图 5-16　Y 形圆角示意

✧ 移除自相交：在一个圆角特征内部如果产生自相交，可以使用该选项消除自相交的情况，增加圆角特征创建的成功率。

✧ 拐角回切：在产生拐角特征时，可以对拐角的样子进行改变，如图 5-17 所示。

从拐角分离　　带拐角包含

图 5-17　拐角回切示意

5.2.3　镜像特征命令解析

【镜像特征】命令的图标为，是指通过基准平面或平面镜像的方法来得到选定特征的对称模型，使用该命令弹出如图 5-18 所示的对话框。

图 5-18　【镜像特征】对话框

✧ 要镜像的特征：选择特征，实体或片体作为镜像的特征。

✧ 镜像平面：坐标面、基准平面或平面可作为镜像的中心面，选项包括【现有平面】和【新平面】。

5.3　案例实施

支撑桥零件建模

5.3.1　创建连接柱

使用【圆柱体】命令，创建一个直径 15.6、高度 35 的圆柱体，如图 5-19 所示。

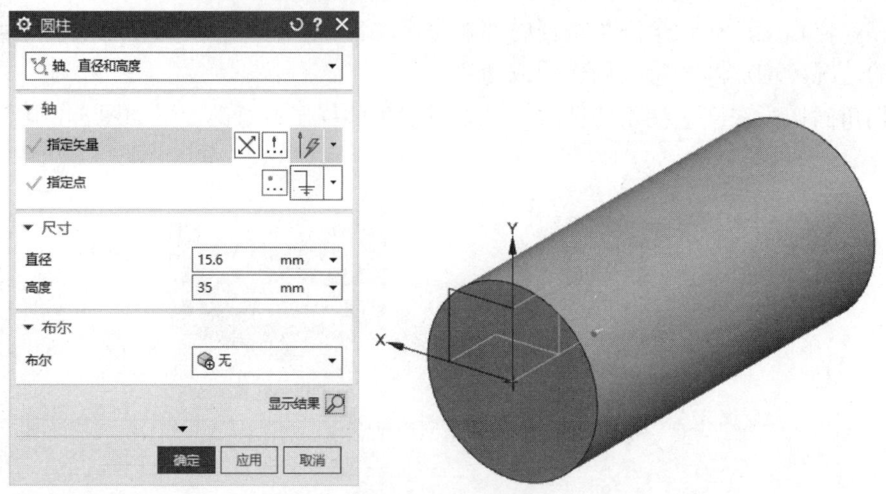

图 5-19　创建圆柱体

5.3.2　创建主体特征

(1) 使用【草图】命令，在 XC-YC 平面内，根据图纸创建草图一，如图 5-20 所示。

(2) 使用【拉伸】命令，在连接桥一侧创建主体特征，如图 5-21 所示。

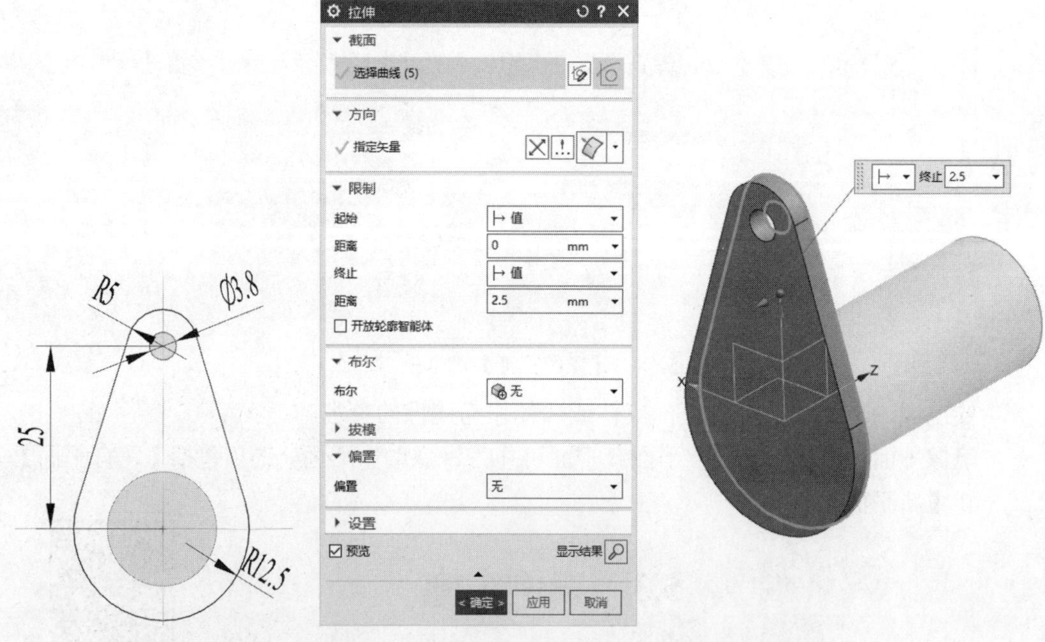

图 5-20　创建草图一

图 5-21　创建主体特征

(3) 使用【镜像特征】命令，以连接柱的中心面为镜像面，镜像连接桥另一侧特征，如图 5-22 所示。

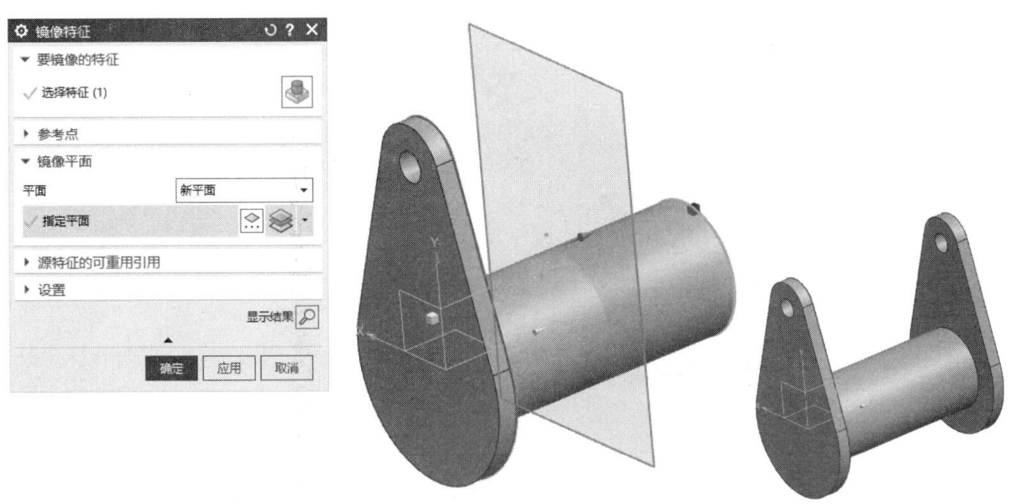

图 5-22　镜像主体

5.3.3　创建侧耳特征

(1) 使用【基准平面】命令，创建基准平面一，与基准坐标的 XZ 平面成 45°夹角，如图 5-23 所示。

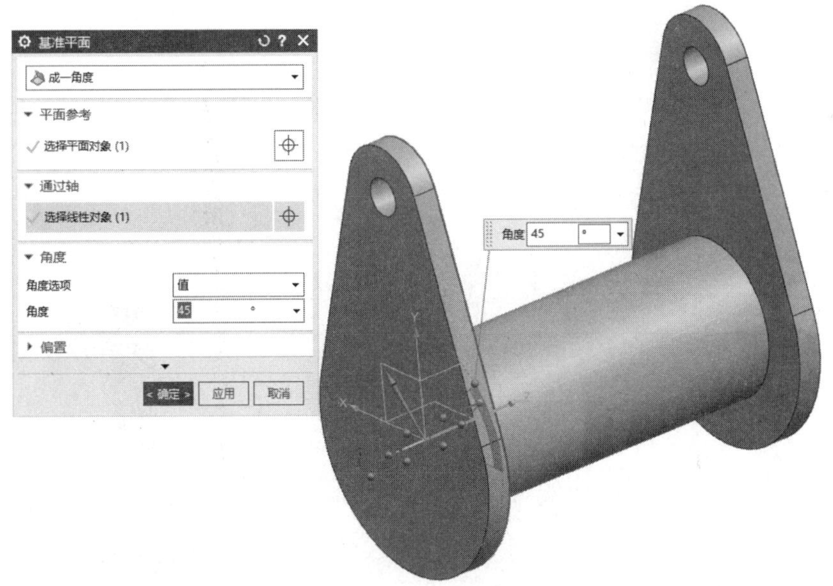

图 5-23　创建基准平面一

(2) 使用【草图】命令，根据图纸创建草图二，如图 5-24 所示。

(3) 使用【拉伸】命令，根据草图二的曲线创建侧耳主体，如图 5-25 所示。

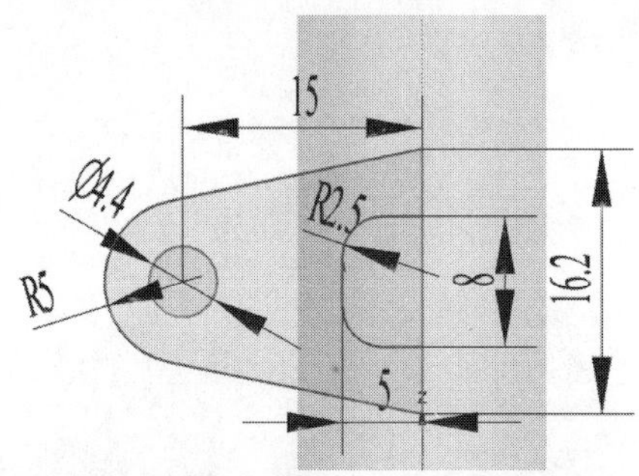

图 5-24　创建草图二

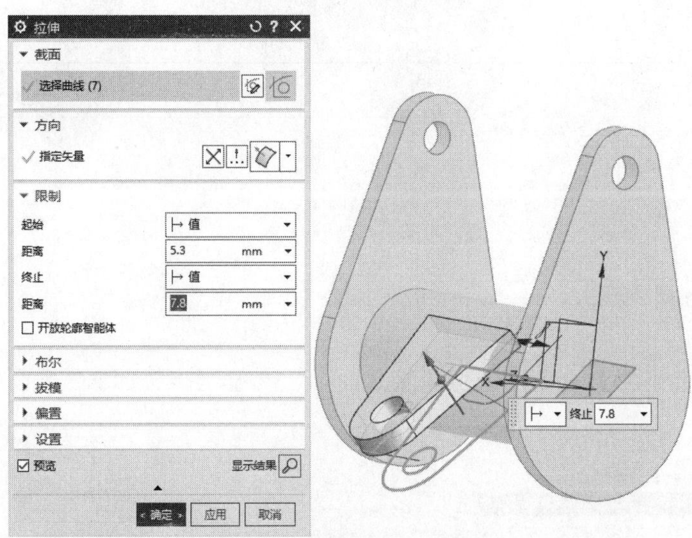

图 5-25　创建侧耳主体

(4) 使用【镜像特征】命令，以基准坐标的 YZ 平面为镜像面，镜像连接桥一侧的侧耳主体，如图 5-26 所示。

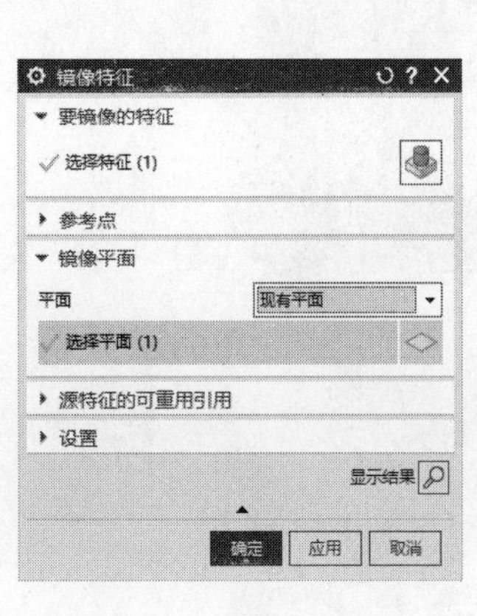

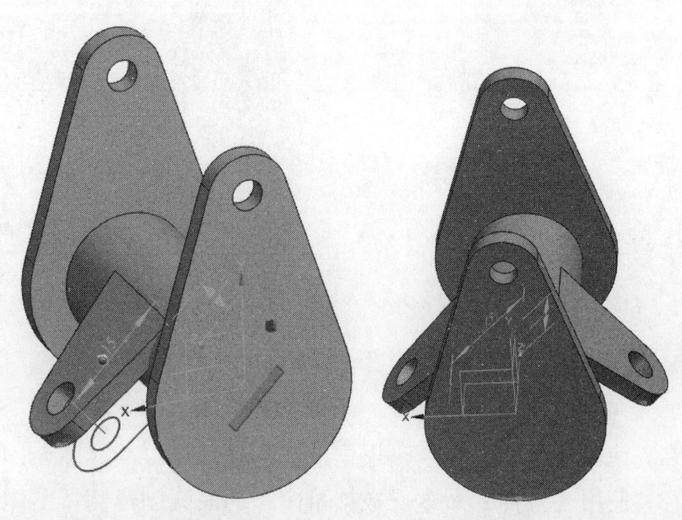

图 5-26　镜像侧耳主体

(5) 使用【合并】命令，把各个主体布尔运算成一个实体，如图 5-27 所示。

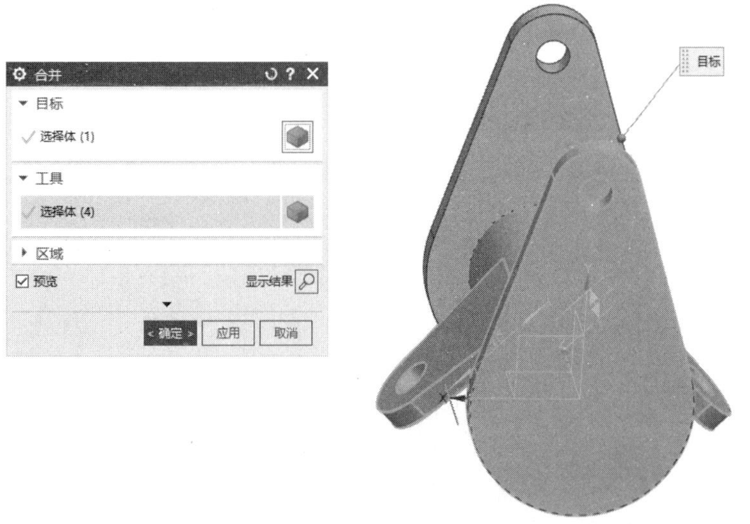

图 5-27　求和成一个实体

(6) 使用【基准平面】命令，创建基准平面二，与侧耳平面成 8° 夹角，如图 5-28 所示。

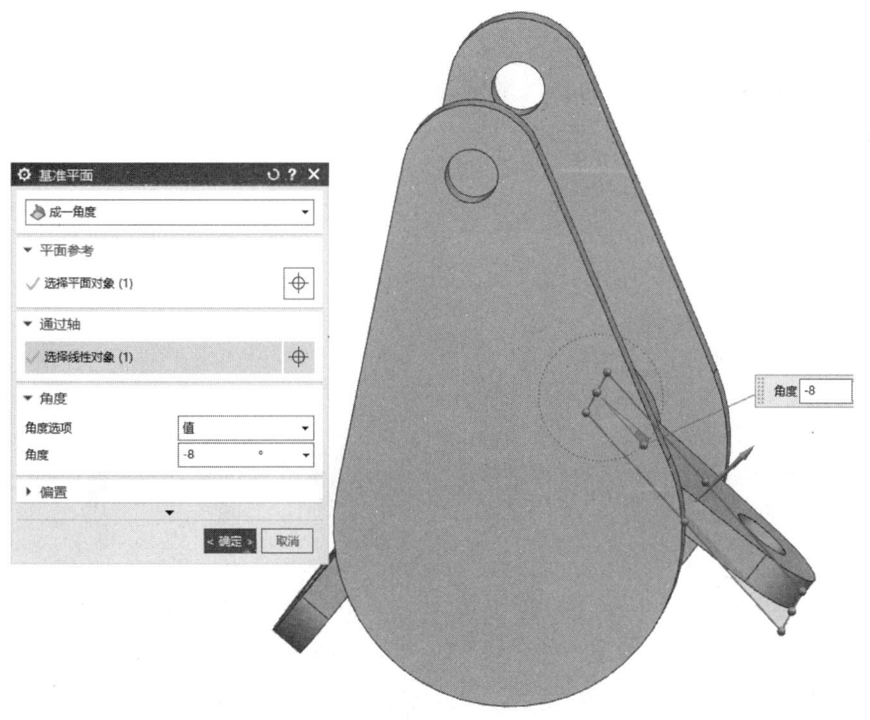

图 5-28　创建基准平面二

(7) 使用【拉伸】命令，拉伸草图二的曲线，指定矢量选取上一步骤的基准平面的法向，并直接和主体通过布尔运算求差，得到侧耳缺口特征，如图 5-29 所示。

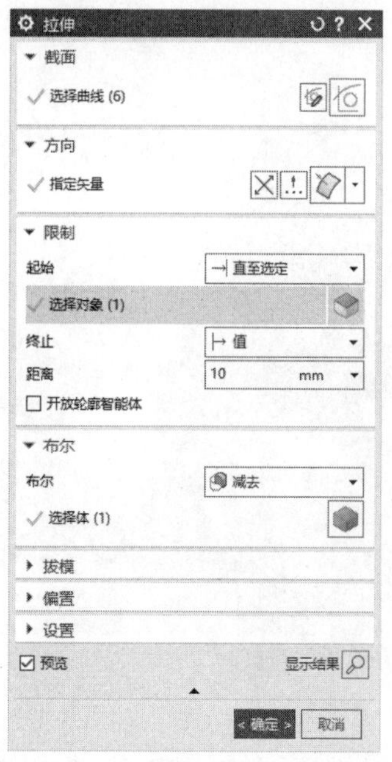

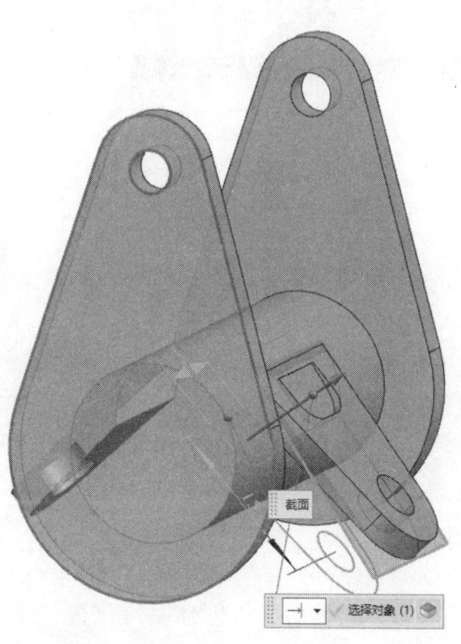

图 5-29　创建侧耳缺口特征

(8) 使用【镜像特征】命令，以基准坐标的 YZ 平面为镜像面，镜像连接桥另一侧的侧耳缺口特征，如图 5-30 所示。

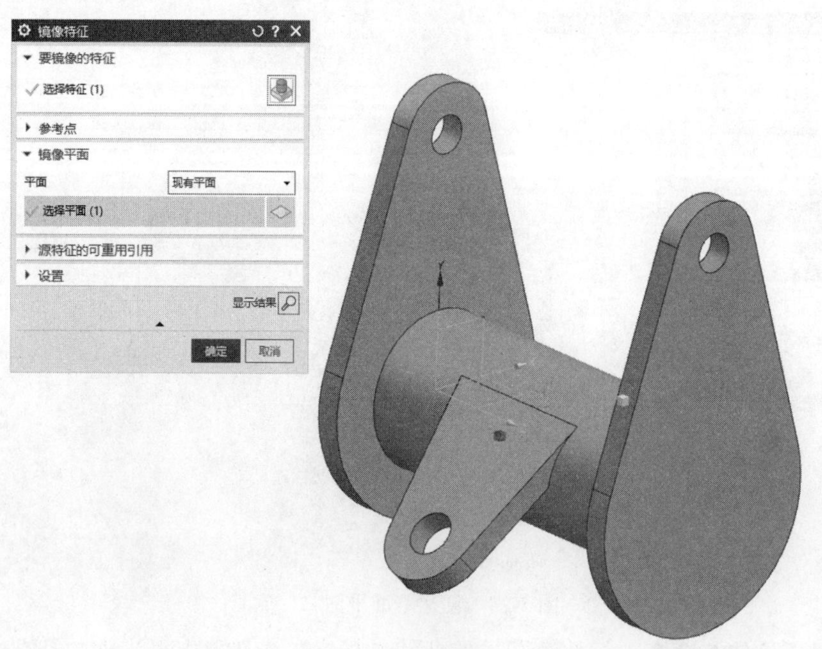

图 5-30　镜像特征

(9) 使用【孔】命令，创建一个直径为 13.8 的孔特征，如图 5-31 所示。

(10) 使用【草图】命令，在基准坐标系的 XC-ZC 平面内，根据图纸创建草图三，如图 5-32 所示。

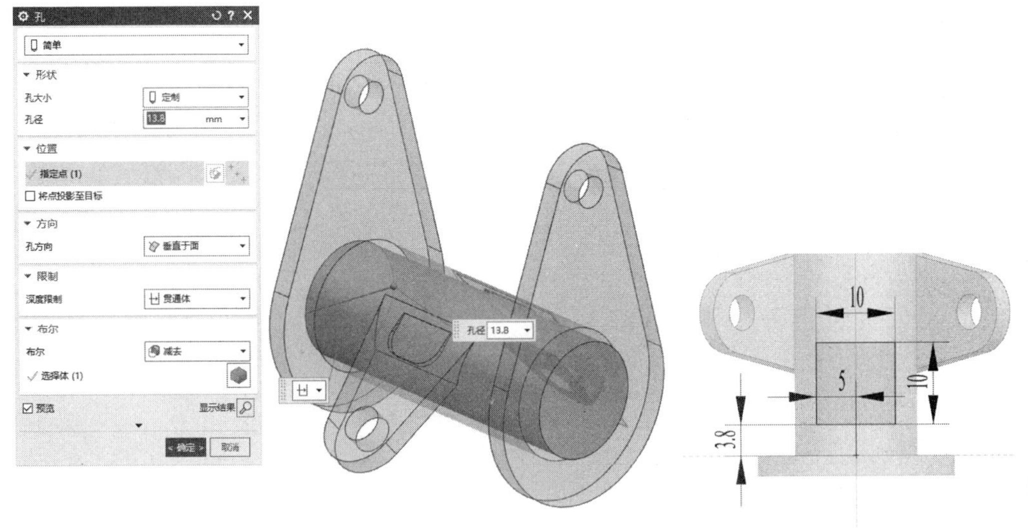

图 5-31　创建孔特征　　　　图 5-32　创建草图三

(11) 使用【拉伸】命令，拉伸草图三的曲线，并直接和主体通过布尔运算求差，得到连接桥上的方形孔特征，如图 5-33 所示。

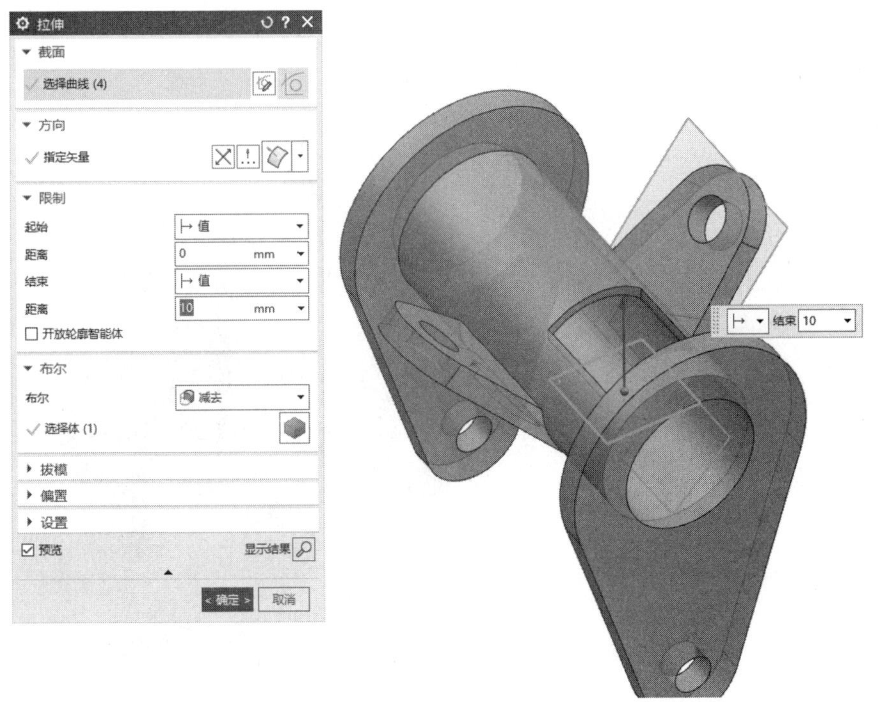

图 5-33　创建方形孔特征

(12) 使用【边倒圆】命令，按照图纸选取 R1.3 的方孔断边进行倒圆，如图 5-34 所示。

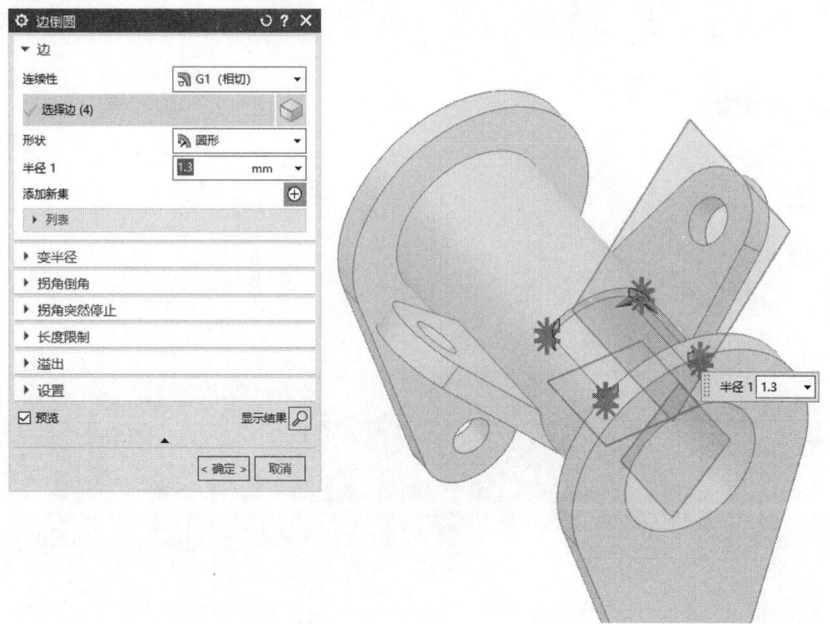

图 5-34　创建 R1.3 的圆角

(13) 使用【镜像特征】命令，以连接柱的平分面为镜像面，镜像方形孔的拉伸和倒圆角特征，如图 5-35 所示。

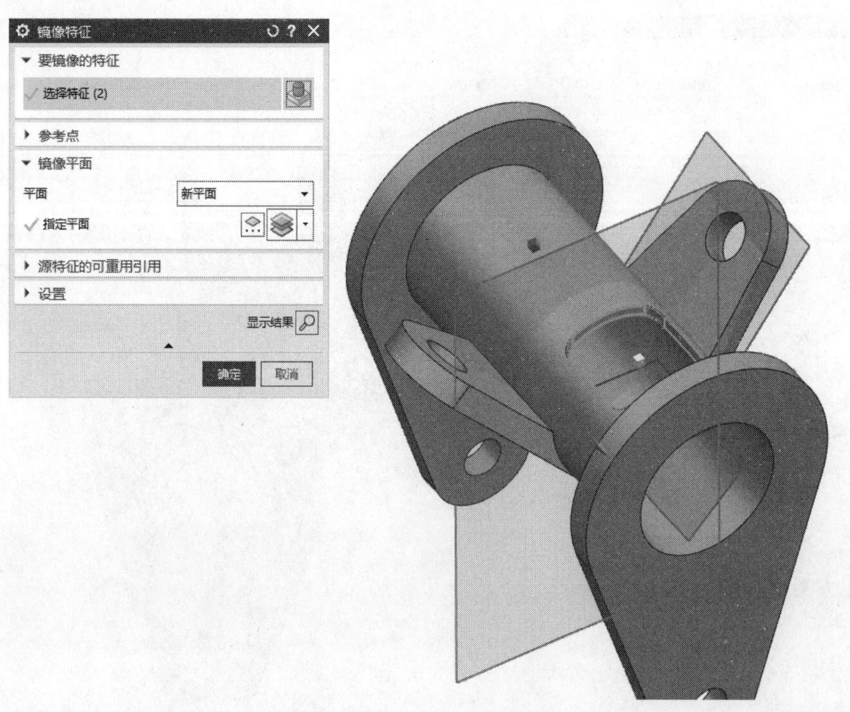

图 5-35　创建方孔镜像特征

(14) 使用【边倒圆】命令，按照图纸选取 R2.8 的方孔断边进行倒圆，如图 5-36 所示。

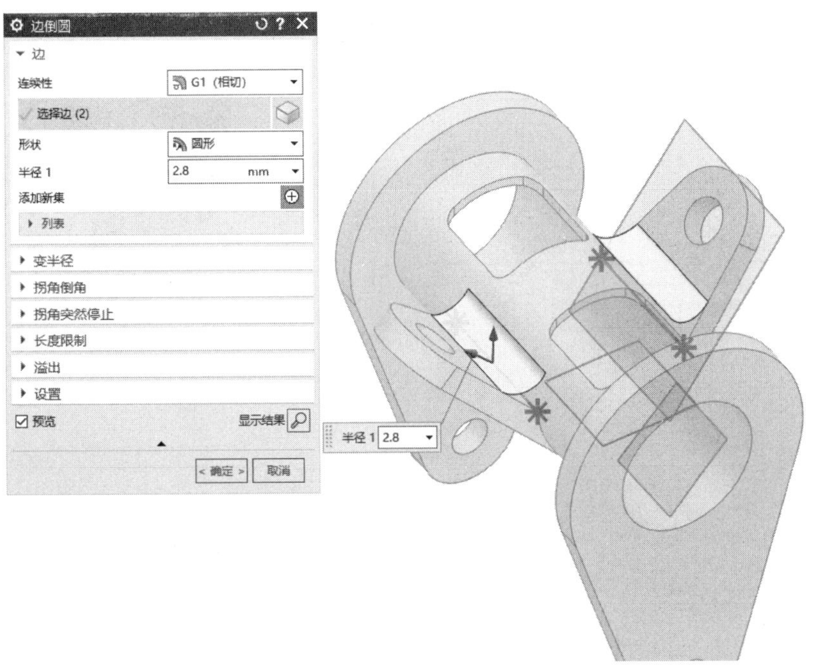

图 5-36　创建 R2.8 的圆角

(15) 最终模型如图 5-37 所示。

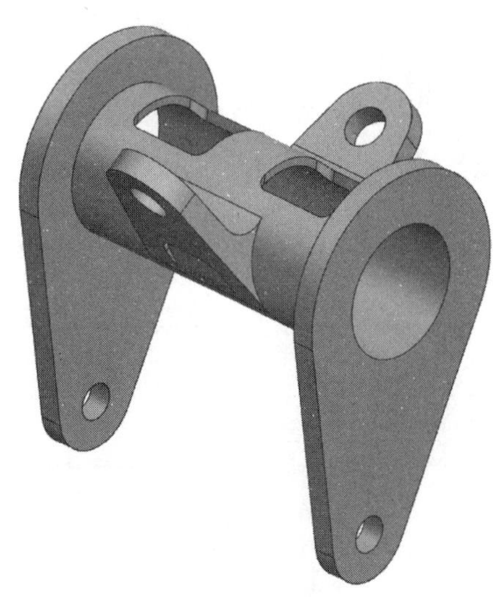

图 5-37　最终模型

5.4　拓展练习

完成如图 5-38 所示的零件建模。要求：单位为公制，保留全部建模特征，文件名自定。

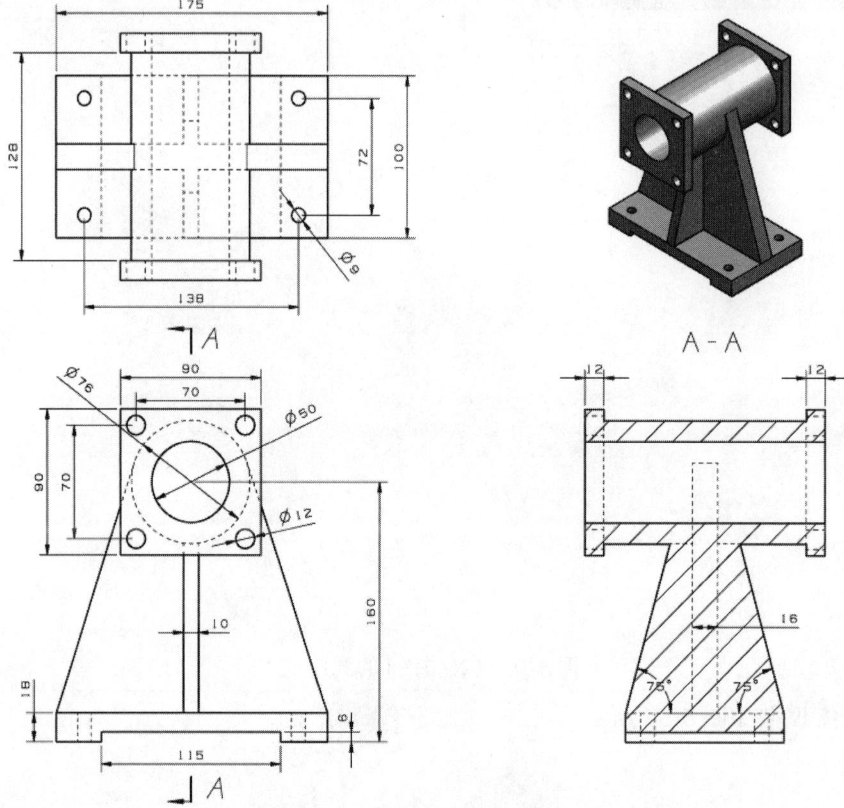

图 5-38　拓展练习零件图纸

引导问题：请简要叙述拓展练习案例的操作思路。

5.5　总结

在支撑桥零件建模实例中，通过结合草图与实体命令完成了零件建模。本案例比较复杂，需要多次制作草图；同时，本案例中引入了【镜像特征】命令，使用该命令便于进行对称特征和对称结构的制作。通过对本案例的学习，读者可以进一步掌握草图制作和实体命令相结合的零件建模方法。

第 6 章

导向块零件建模

项目要求

✧ 熟练使用 NX 软件的草图和实体命令。

✧ 了解和掌握草图和实体结合使用的建模思路。

✧ 熟练完成导向块零件的建模。

6.1 案例分析

6.1.1 案例说明

本案例根据图纸 ShiTi06.jpg 所示完成导向块零件建模，如图 6-1 所示。

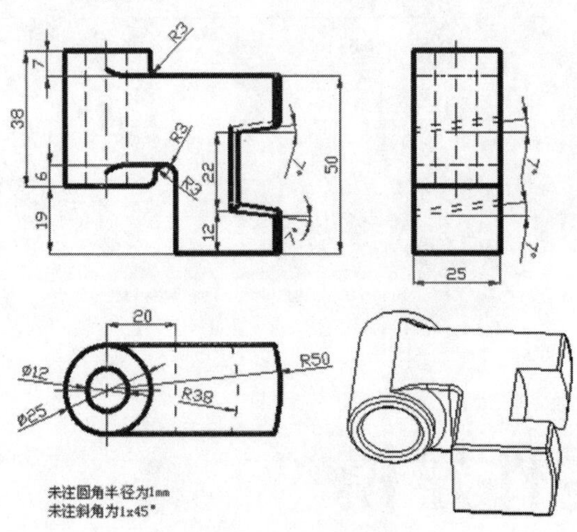

图 6-1 建模示意图

6.1.2 思路分析

通过观察图纸，可以看出导向块零件由主体一、主体二和连接桥三部分组成，这三部分都可以由基本的 NX 命令直接获得。根据零件的特征，确定建模思路为，先创建主体特征，再创建细节特征，最后使用倒角和拔模命令进行修饰，从而得到最终的实体。具体建模流程如图 6-2 所示。

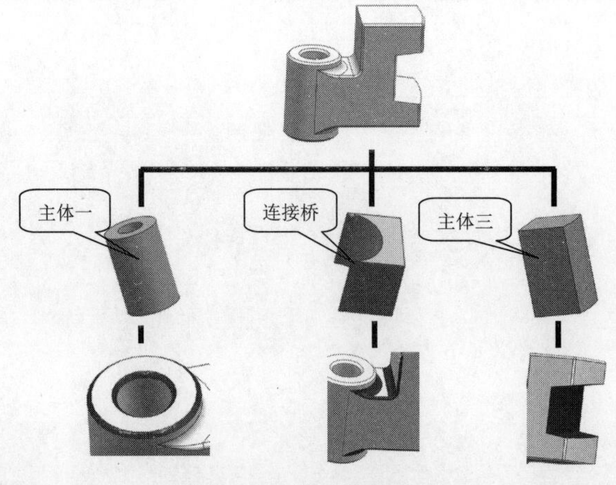

图 6-2 建模流程示意

导向块零件使用的建模命令及命令索引如表 6-1 所示。

表 6-1　导向块零件使用的建模命令及命令索引

特征	建模命令	命令索引
主体特征	草图	2.2.1
	拉伸	3.2.2
	布尔运算	9.2.5
细节特征	边倒圆	5.2.2
	倒斜角	6.2.2

6.2　知识链接

6.2.1　拔模命令解析

【拔模】命令可以将实体模型上的一张或多张面修改成带有一定倾角的面。拔模操作在模具设计中非常重要，产品通过拔模的处理，可使成型后的产品容易脱模。

单击【主页】选项卡上【基本】功能区中的【拔模】命令图标 拔模，弹出如图 6-3 所示的【拔模】对话框。

图 6-3　【拔模】对话框及拔模类型

共有四种拔模操作类型：从平面、从边、与多个面相切及至分型边，其中前两种操作最为常用。

(1) 从平面。

从固定平面开始，与拔模方向成一定的拔模角度，对指定的实体进行拔模操作，如图 6-4 所示。

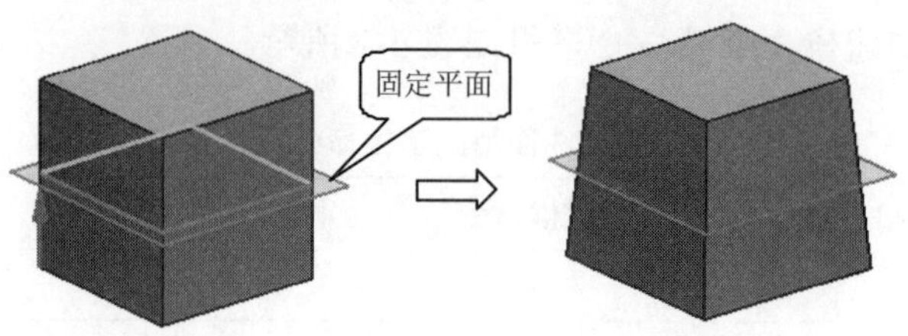

图 6-4　从平面拔模

所谓固定平面是指该处的尺寸不会改变。

(2) 从边。

从一系列实体的边缘开始，与拔模方向成一定的拔模角度，对指定的实体进行拔模操作，如图 6-5 所示。

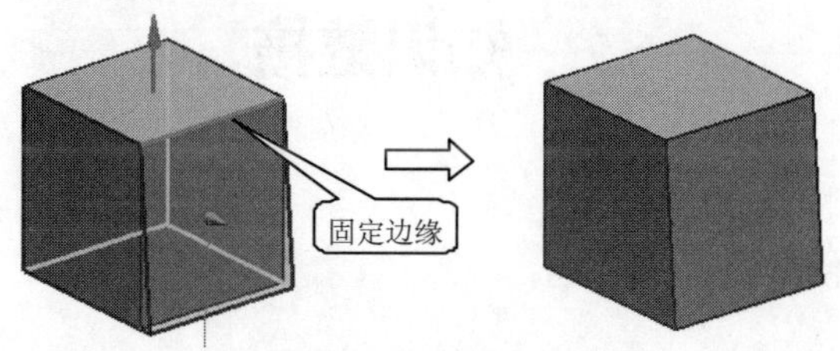

图 6-5　从边拔模

(3) 与多个面相切。

如果需要在拔模操作后保持要拔模的面与邻近面相切，则可使用此类型。此处，固定边缘未被固定，而是移动的，以保持选定面之间的相切约束，选择相切面时一定要将拔模面和相切面一起选中，这样才能创建拔模特征。与多个面相切拔模的效果如图 6-6 所示。

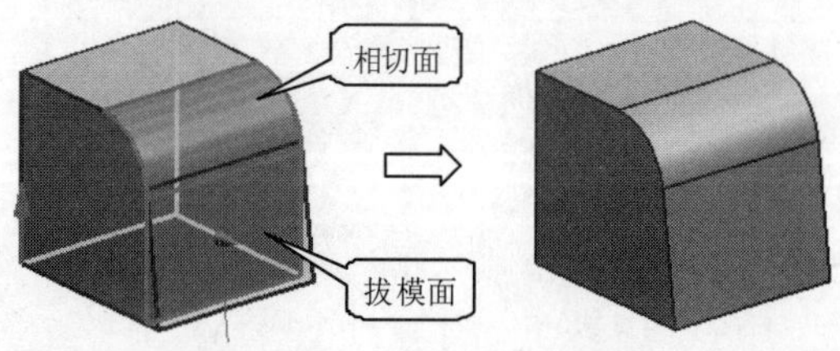

图 6-6　与多个面相切拔模

(4) 至分型边。

主要用于分型线在一个面内，对分型线的单边进行拔模，在创建拔模之前，必须通过【分割面】命令用分型线分割其所在的面。按照分型边拔模的效果如图 6-7 所示。

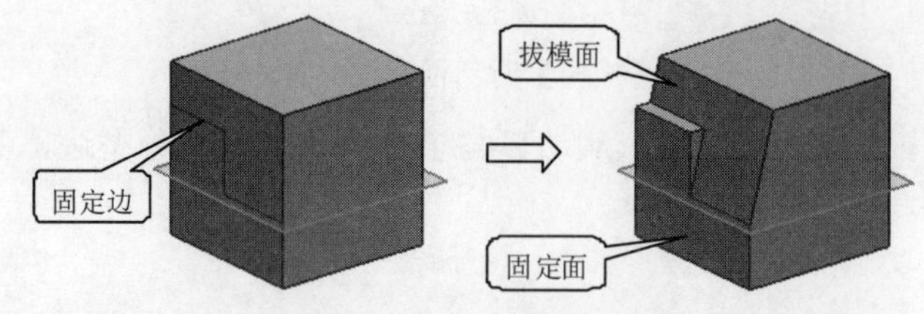

图 6-7　按照分型边拔模

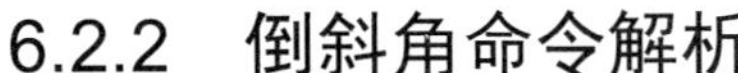

6.2.2　倒斜角命令解析

【倒斜角】命令可以将实体模型上的边进行倒斜角处理。倒斜角操作在机械加工的零件中非常重要，产品通过倒斜角进行工艺处理。

单击【主页】选项卡上【基本】功能区中的【倒斜角】命令图标，弹出如图 6-8 所示的【倒斜角】对话框。

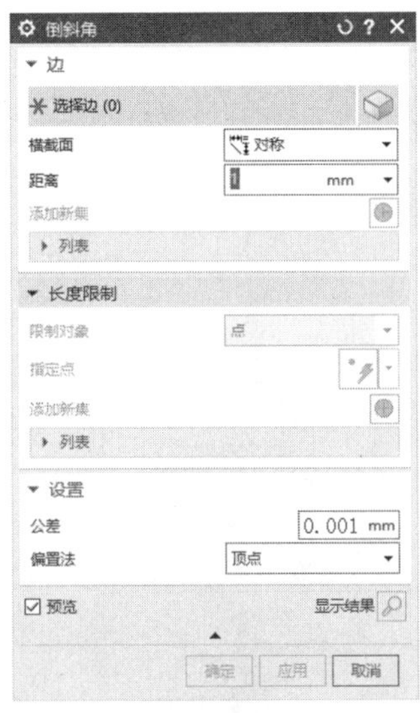

图 6-8　【倒斜角】对话框

- ✧ 边：用于选择要倒斜角的一条或多条边。在【横截面】中设置倒斜角的生成方式，包括对称、非对称、偏置和角度。根据选定方式，完成相应倒斜角的参数设置，此时会显示倒斜角的预览。
- ✧ 长度限制：用于将倒斜角跨距限制为小于边全长的长度，限制方式包括点、平面、面和边。
- ✧ 设置：默认倒斜角的偏置法为顶点偏置，也可根据需要切换为“偏置面”。

6.3　案例实施

导向块零件建模

6.3.1　实体特征创建

(1) 使用【草图】命令，在 YC-ZC 平面内，根据图纸创建草图，如图 6-9 所示。

(2) 使用【拉伸】命令，选取草图中的圆创建主体一，如图 6-10 所示。

(3) 使用【拉伸】命令，创建主体一和主体二中间的连接桥，如图 6-11 所示。

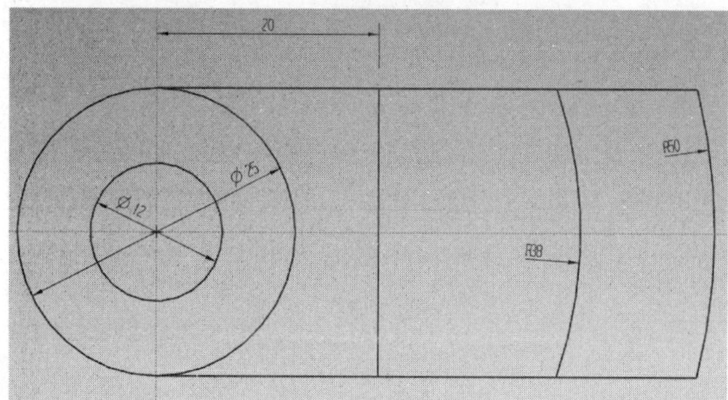

图 6-9　创建草图

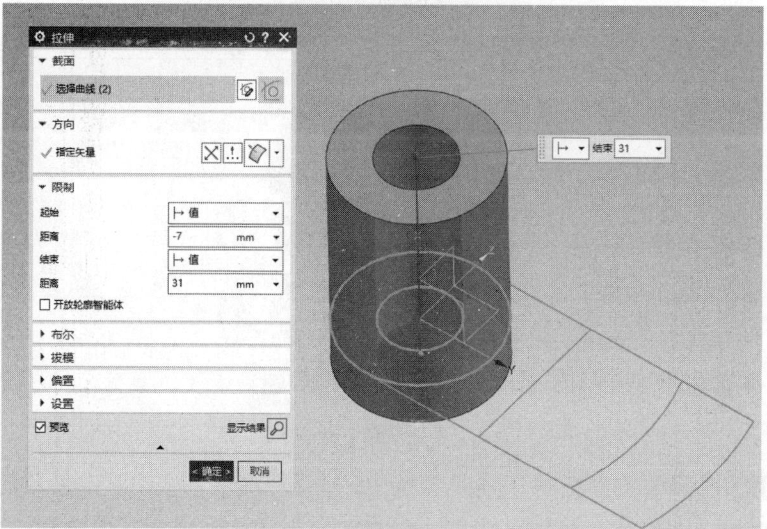

图 6-10　创建主体一

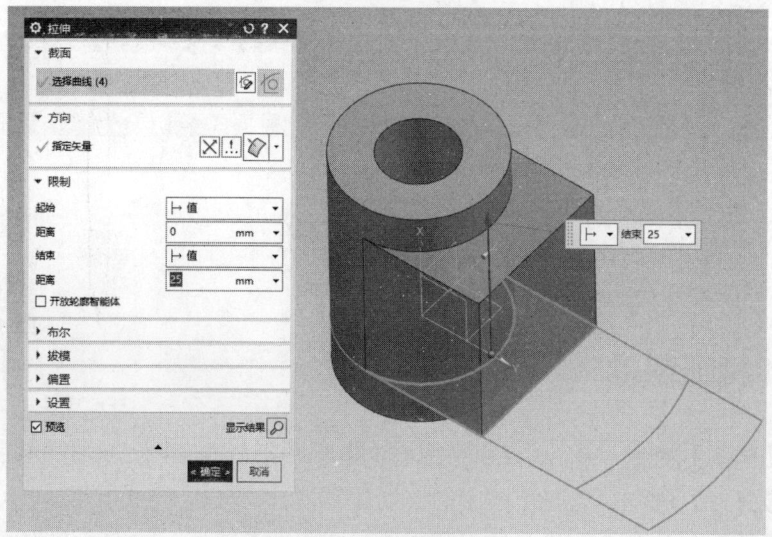

图 6-11　创建连接桥

(4) 使用【拉伸】命令，创建主体二，如图 6-12 所示。

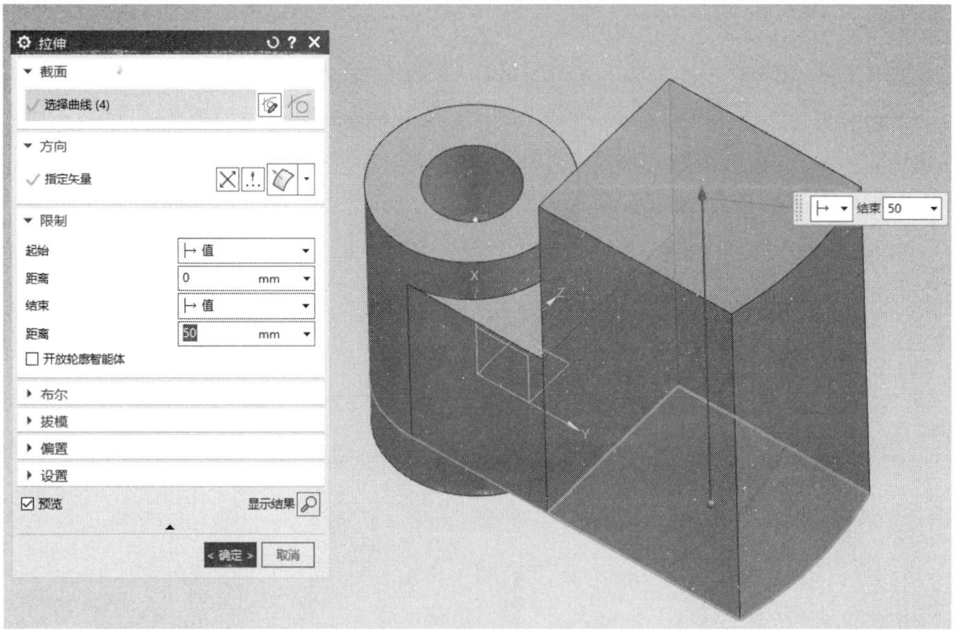

图 6-12　创建主体二实体

(5) 使用【拉伸】命令，通过命令中的布尔运算，得到主体二中的缺口特征，如图 6-13 所示。

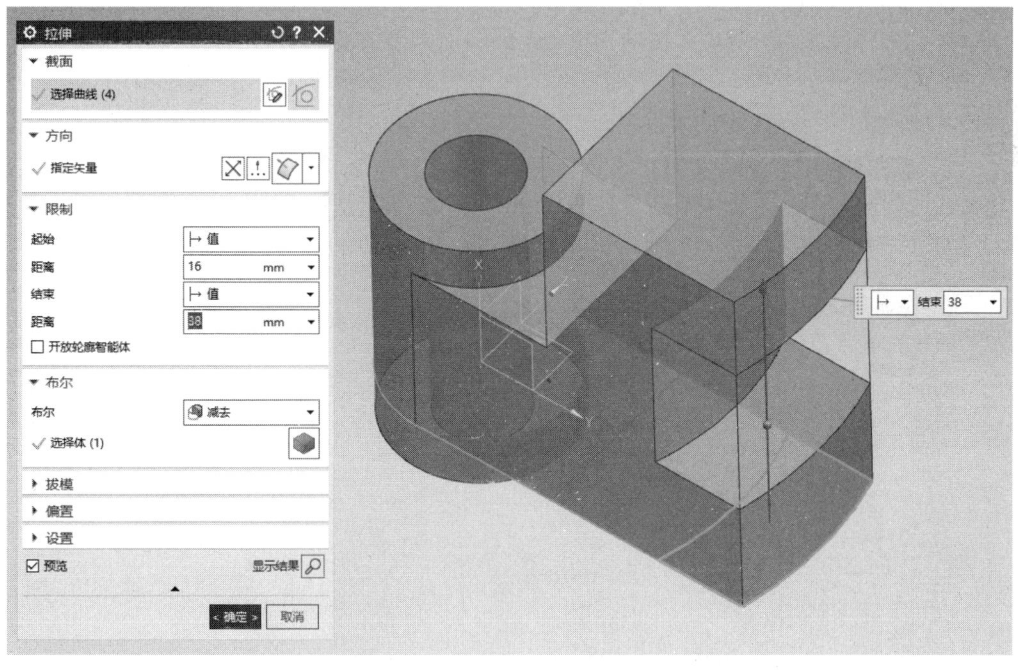

图 6-13　创建主体二的缺口特征

6.3.2 细节特征调整

(1) 使用【拔模】命令，对主体二的两个缺口面沿着 Y 方向进行拔模，如图 6-14 所示。

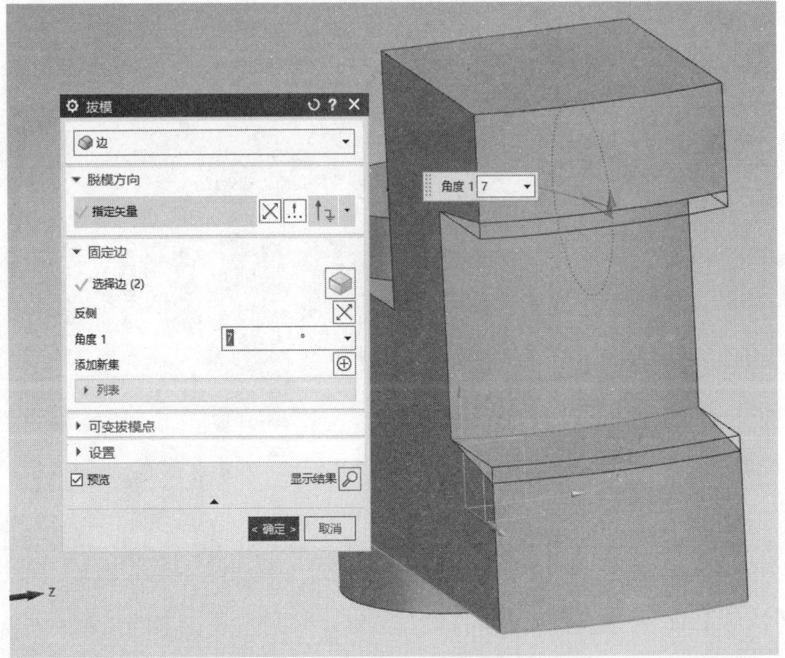

图 6-14　沿 Y 方向拔模

(2) 使用【拔模】命令，对主体二的其中一个缺口面沿着 Z 方向进行拔模，如图 6-15 所示。

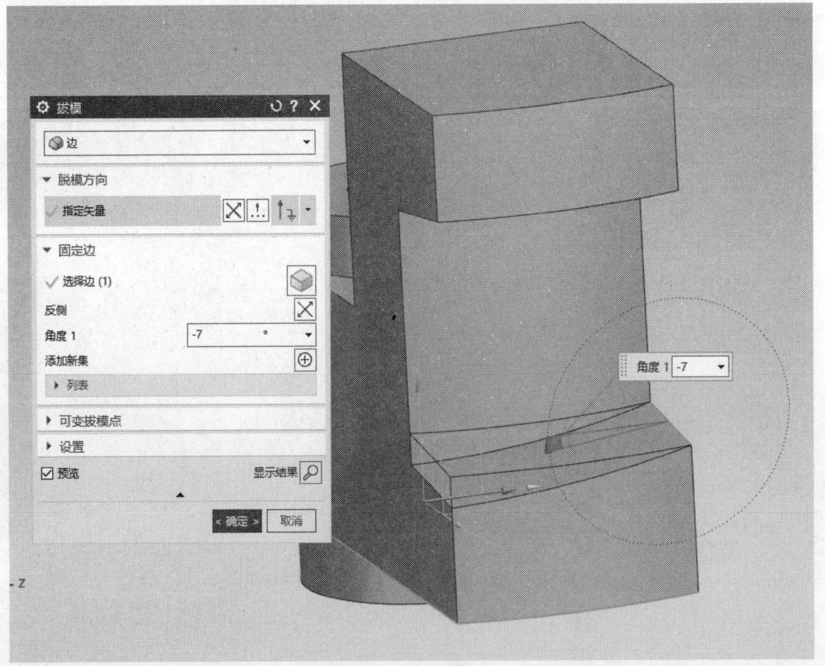

图 6-15　对其中一缺口面沿 Z 方向拔模

(3) 使用【拔模】命令，对主体二的另一个缺口面沿着 Z 方向进行拔模，如图 6-16 所示。

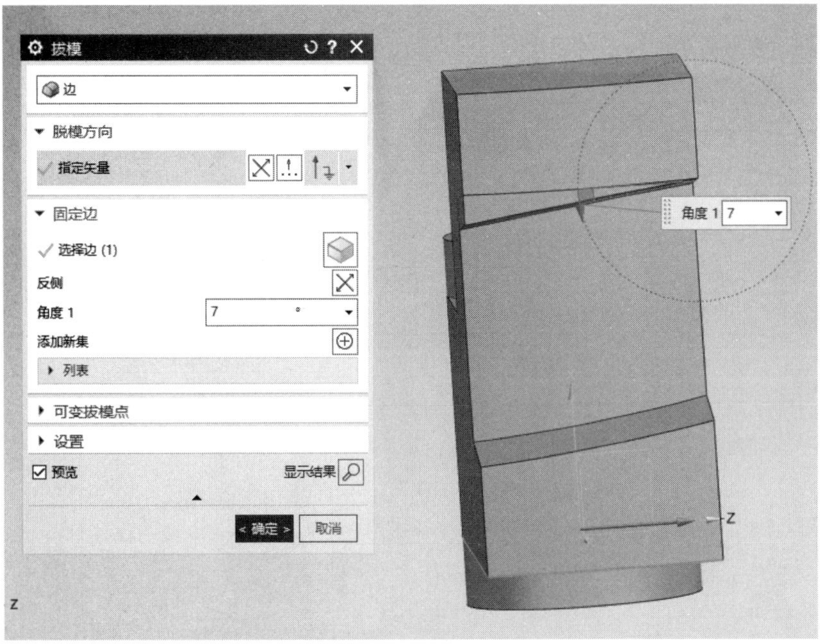

图 6-16　对另一个缺口面拔模

(4) 使用【边倒圆】命令，对与连接桥相交的部分进行圆角处理，如图 6-17 所示。

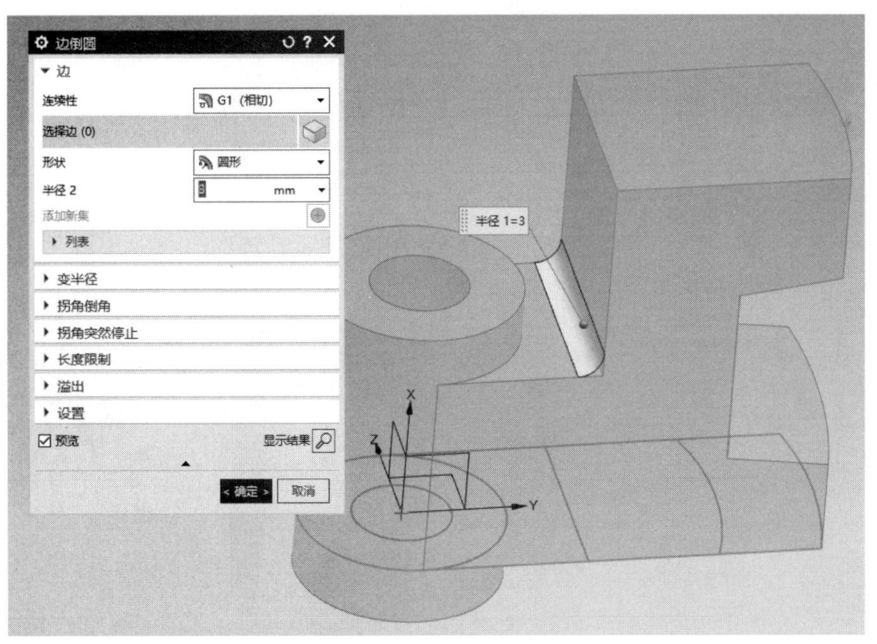

图 6-17　创建倒圆角

(5) 使用【边倒圆】命令，对主体二的断边进行圆角处理，如图 6-18 所示。

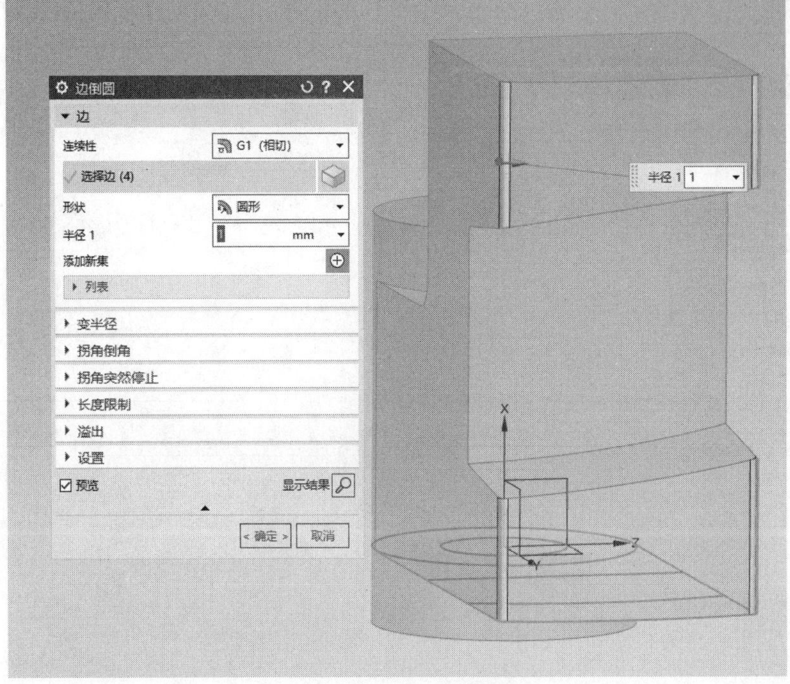

图 6-18　创建倒圆角

(6) 使用【边倒圆】命令，对主体二的上、下连边进行圆角处理，如图 6-19 和图 6-20 所示。

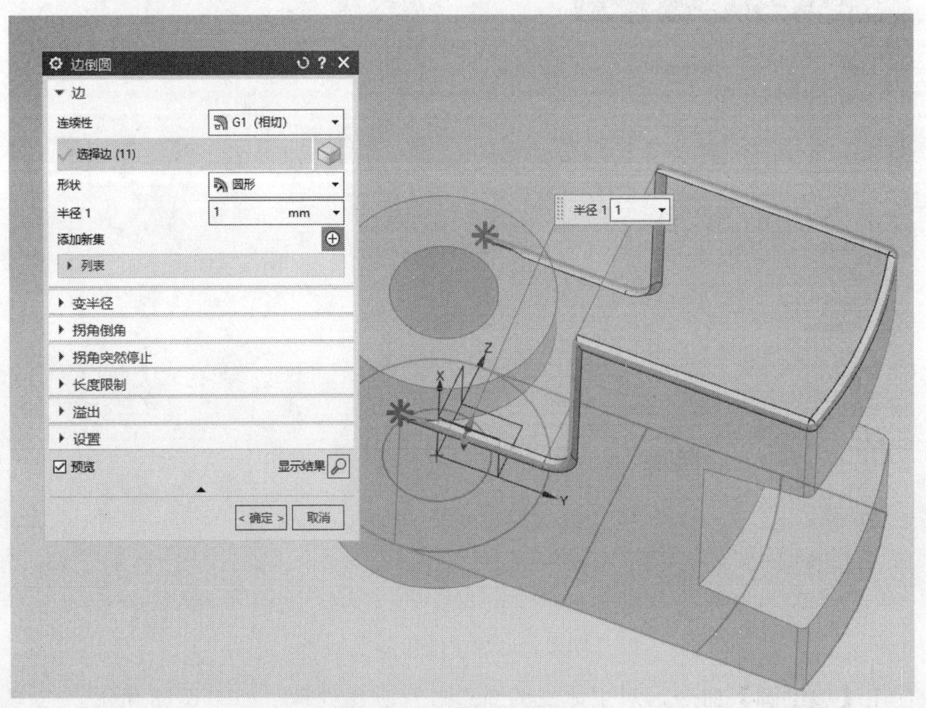

图 6-19　创建上部倒圆角

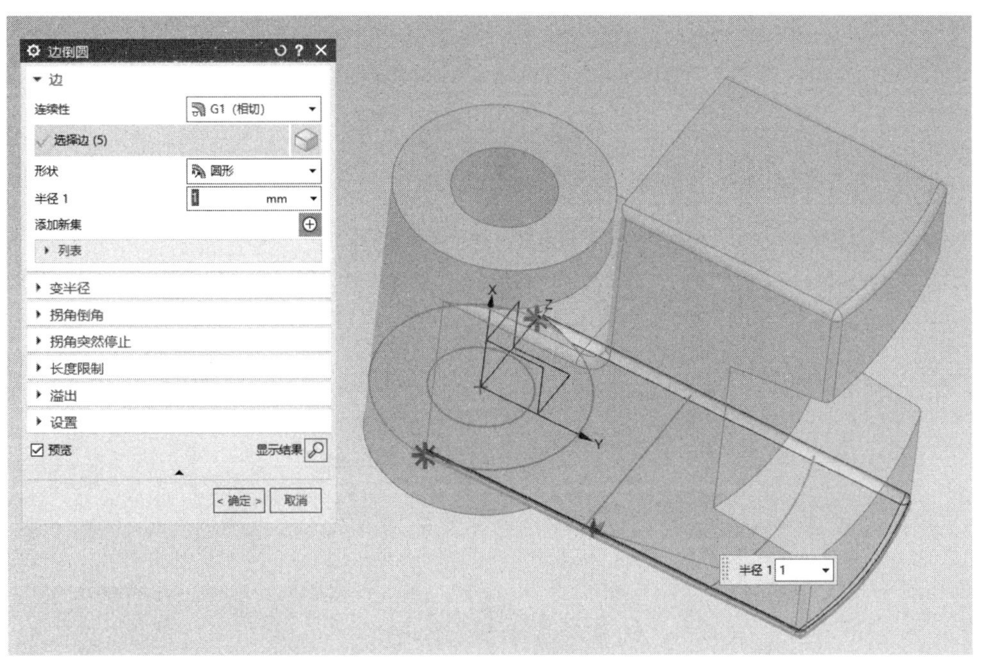

图 6-20　创建下部倒圆角

(7) 使用【倒斜角】命令，对主体一进行斜角处理，如图 6-21 所示。

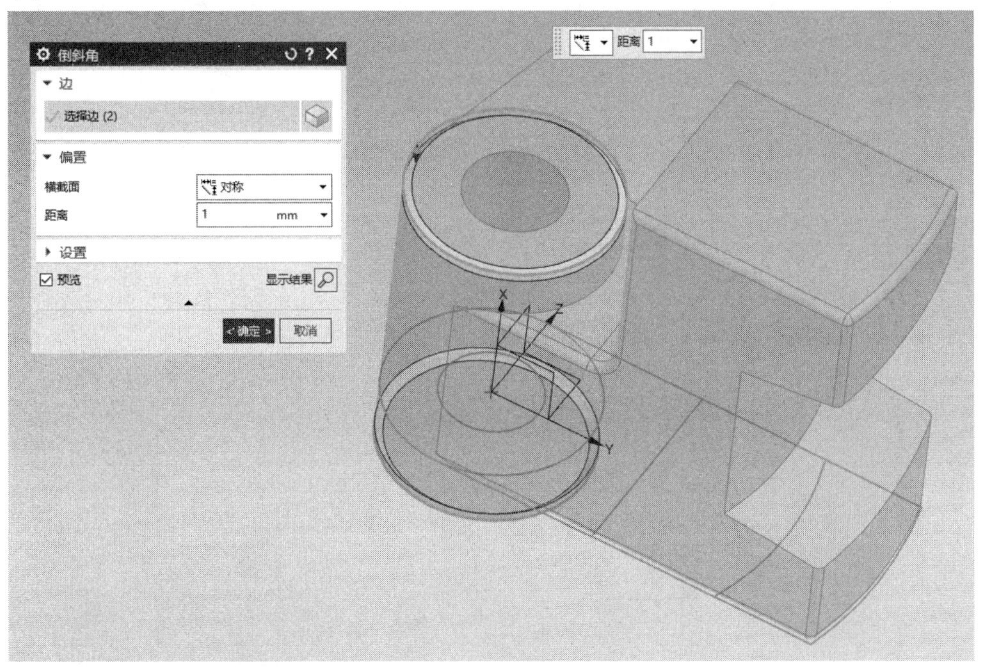

图 6-21　创建倒斜角

(8) 最终模型如图 6-22 所示。

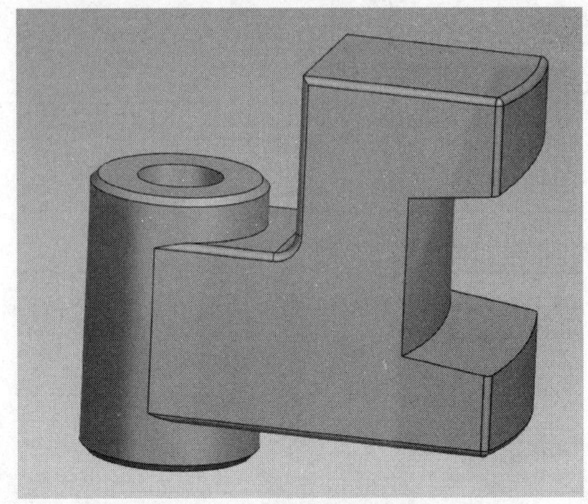

图 6-22　最终模型

6.4　拓展练习

完成如图 6-23 所示的零件建模。要求：单位为英制，保留全部建模特征。

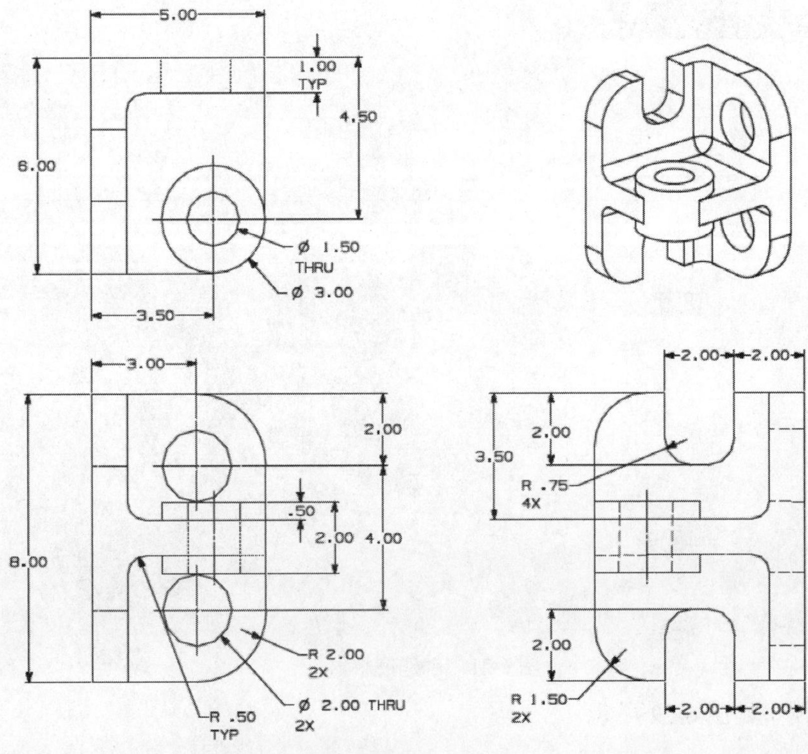

图 6-23　拓展练习模型图

引导问题：请简要叙述拓展练习案例的操作思路。

____

____

____

____

6.5　总结

在导向块零件建模实例中，通过结合草图与实体命令完成了建模，本案例中引入了【拔模】命令，这个命令可以将实体模型上的一张或多张面修改成带有一定倾角的面，它常用于注塑模的零件设计，方便进行产品的脱模处理。通过对本案例的学习，读者可以更深入地了解草图制作与实体命令结合的产品设计的基本思路，同时掌握新命令【拔模】的操作方法。

第 7 章

心形零件建模

项目要求

- ✧ 熟练使用 NX 软件的实体建模命令。
- ✧ 掌握实体建模的基本思路。
- ✧ 熟练完成心形零件的实体建模。

7.1　案例分析

7.1.1　案例说明

本案例根据图纸 ShiTi07.jpg 所示完成心形零件建模，如图 7-1 所示。

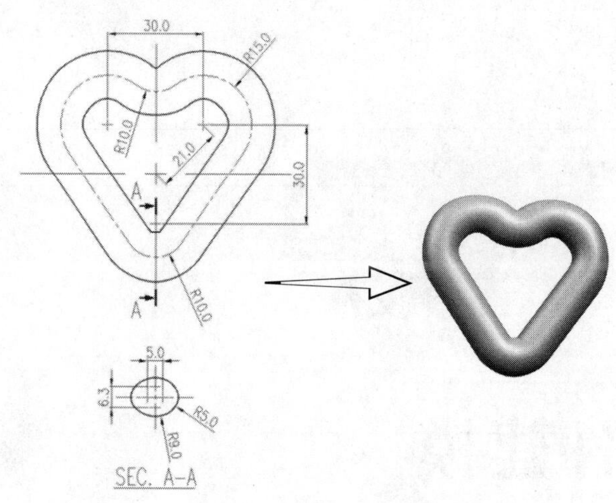

图 7-1　建模示意图

7.1.2　思路分析

通过观察图纸，发现心形零件可以由【扫掠】命令直接生成，因此心形零件建模主要是建构心形引导线和环形截面曲线。需注意的是，引导线和截面曲线都呈对称特性，所以在制作草图时学会使用镜像命令可以简化制作步骤。同时，草图约束也是本案例的重点内容。具体建模流程如图 7-2 所示。

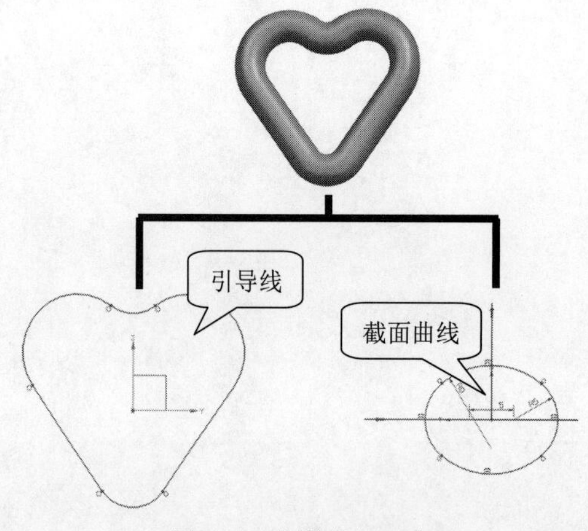

图 7-2　建模流程示意

7.2　知识链接

扫掠命令解析

【扫掠】命令就是将轮廓曲线沿空间路径曲线扫描，从而形成一个曲面。扫描路径称为引导线串，轮廓曲线称为截面线串。单击【曲面】选项卡的【基本】功能区中的【扫掠】命令图标，弹出如图 7-3 所示的【扫掠】对话框。

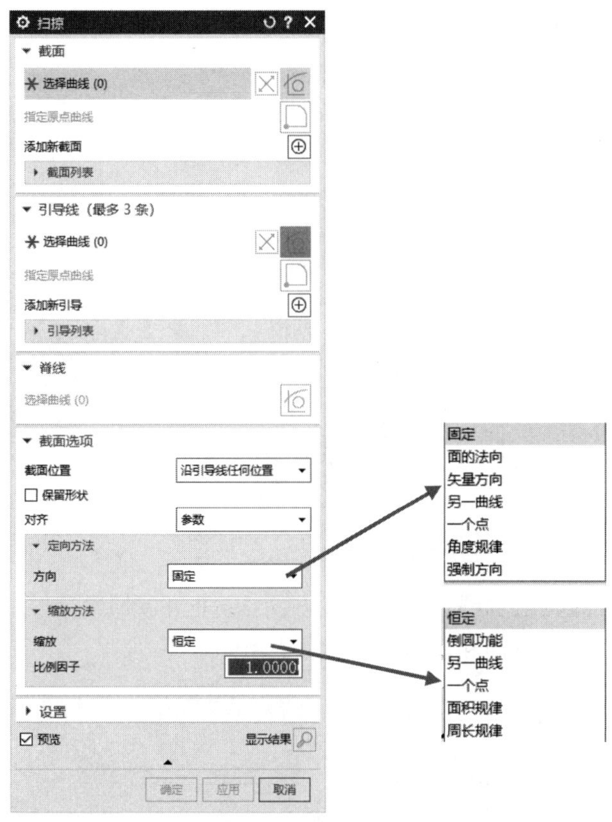

图 7-3　【扫掠】对话框

(1) 引导线。

引导线(guide)可以由单段或多段曲线(各段曲线间必须相切连续)组成，引导线控制了扫掠特征沿着 V 方向(扫掠方向)的方位和尺寸变化。扫掠曲面功能中，引导线可以有 1~3 条。

✧　若只使用一条引导线，则在扫掠过程中，无法确定截面线在沿引导线方向扫掠时的方位(例如可以平移截面线，也可以平移的同时旋转截面线)和尺寸变化，如图 7-4 所示。因此，当只使用一条引导线进行扫掠时，需要指定扫掠的方位和放大比例两个参数。

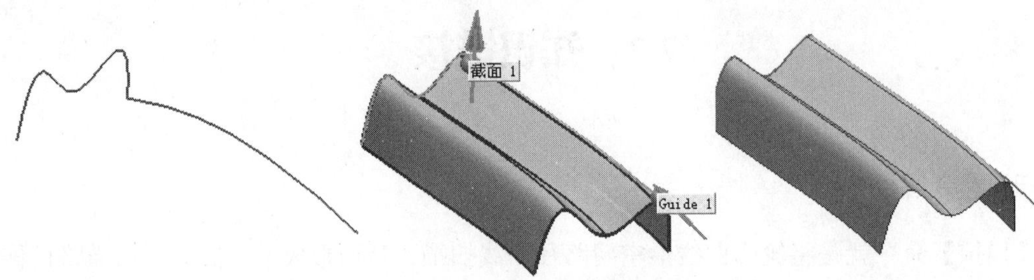

图 7-4　一条引导线示意图

✧ 若使用两条引导线，截面线沿引导线方向扫掠时的方位由两条引导线上各对应点之间的连线来控制，因此其方位是确定的，如图 7-5 所示。由于截面线沿引导线扫掠时，截面线与引导线始终接触，因此位于两引导线之间的横向尺寸的变化也得到了确定，但高度方向(垂直于引导线的方向)的尺寸变化未得到确定，需要指定高度方向尺寸的缩放方式：横向缩放方式，仅缩放横向尺寸，高度方向不进行缩放；均匀缩放方式，则截面线沿引导线扫掠时，各个方向都被缩放。

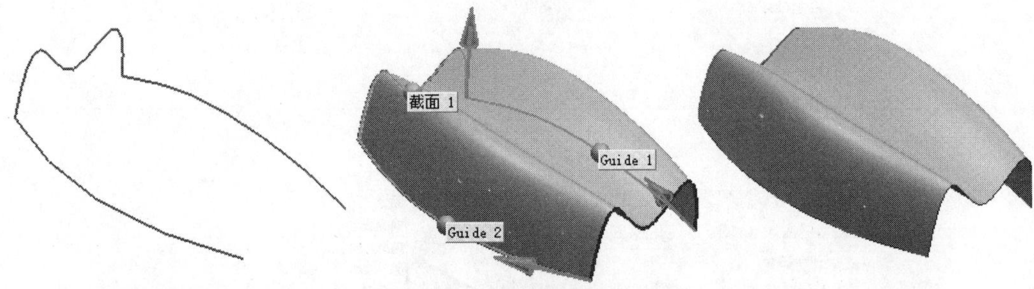

图 7-5　两条引导线示意图

✧ 使用三条引导线，截面线在沿引导线方向扫掠时的方位和尺寸变化得到了完全确定，无需另外指定方向和比例，如图 7-6 所示。

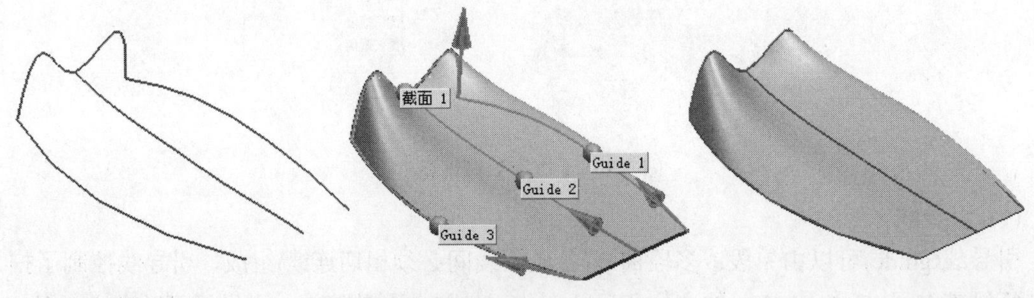

图 7-6　三条引导线示意图

(2) 截面线。

截面线可以由单段或多段曲线(各段曲线间不一定需要相切连续，但必须保持整体的连续性)组成，截面线串可以有 1~150 条。如果所有引导线都是封闭的，则可以重复选择第一组截面线串，将它作为最后一组截面线串，如图 7-7 所示。

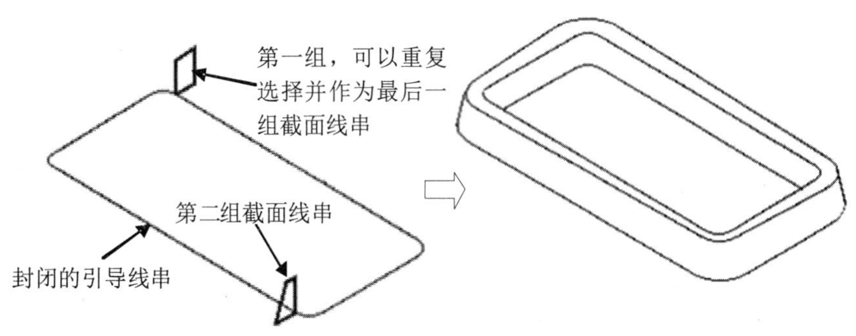

图 7-7　截面线示意图

如果选择两条以上的截面线串，则扫掠时需要指定插值方式，插值方式用于确定两组截面线串之间扫描体的过渡形状。两种插值方式的差别如图 7-8 所示。

✧　线性：在两组截面线之间以线性过渡。

✧　三次：在两组截面线之间以三次函数形式过渡。

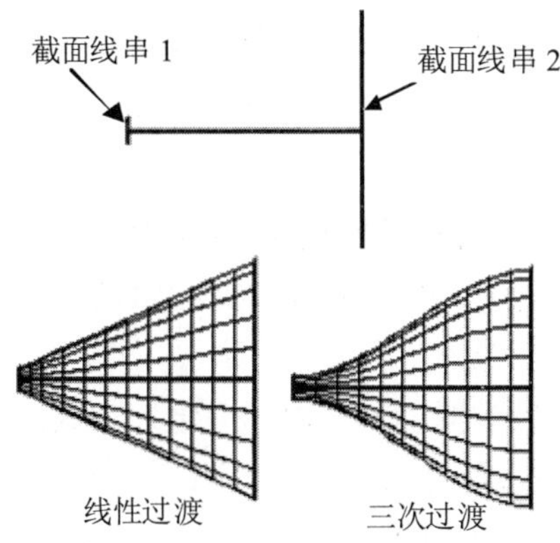

图 7-8　两种插值方式示意图

(3) 方向控制。

在两条引导线或三条引导线的扫掠方式中，方位已完全确定，因此，方向控制只存在于单条引导线扫掠方式。关于方向控制的原理，扫掠工具中提供了 7 种方位控制方法。

✧　固定：扫掠过程中，局部坐标系的各个坐标轴始终保持固定的方向，轮廓线在扫掠过程中也将始终保持固定的姿态。

✧　面的法向：局部坐标系的 Z 轴与引导线相切，局部坐标系的另一轴的方向与面的法向方向一致，当面的法向与 Z 轴方向不垂直时，以 Z 轴为主要参数，即在扫掠过程中 Z 轴始终与引导线相切。“面的法向”从本质上来说就是“矢量方向”方式。

✧　矢量方向：局部坐标系的 Z 轴与引导线相切，局部坐标系的另一轴指向所指定的矢量的方向。需注意的是，此矢量不能与引导线相切，而且若所指定的方向与 Z 轴方向不垂直，则以 Z 轴方向为主，即 Z 轴始终与引导线相切。

- ✧ 另一曲线：相当于两条引导线的退化形式，只是第二条引导线不起控制比例的作用，而只起方位控制的作用，即引导线与所指定的另一曲线对应点之间的连线控制截面线的方位。
- ✧ 一个点：与“另一曲线”相似，只是曲线退化为一点。这种方式下，局部坐标系的某一轴始终指向一点。
- ✧ 角度规律：扫掠过程中，使用规律函数定义一个角度来控制方向。
- ✧ 强制方向：局部坐标系的 Z 轴与引导线相切，局部坐标系的另一轴始终指向所指定的矢量的方向。需注意的是，此矢量不能与引导线相切，而且若所指定的方向与 Z 轴方向不垂直，则以所指定的方向为主，即 Z 轴与引导线并不始终相切。

(4) 比例控制。

三条引导线方式中，方向与比例均已经确定；两条引导线方式中，方向与横向缩放比例已确定，所以两条引导线中比例控制只有两个选择：横向缩放方式及均匀缩放方式。因此，这里所说的比例控制只适用于单条引导线扫掠方式。单条引导线的比例控制有以下 6 种方式。

- ✧ 恒定：扫掠过程中，沿着引导线以同一个比例进行放大或缩小。
- ✧ 倒圆功能：此方式下，需先定义起始与终止位置处的缩放比例，中间的缩放比例按线性或三次函数关系来确定。
- ✧ 另一条曲线：与方位控制类似，设引导线起始点与“另一曲线”起始点处的长度为 a，引导线上任意一点与“另一曲线”对应点的长度为 b，则引导线上任意一点处的缩放比例为 b/a。
- ✧ 一个点：与“另一曲线”类似，只是曲线退化为一点。
- ✧ 面积规律：指定截面(必须是封闭的)面积变化的规律。
- ✧ 周长规律：指定截面周长变化的规律。

(5) 脊线。

使用脊线可控制截面线串的方位，并避免在导线上因不均匀分布参数导致的变形。当脊线串处于截面线串的法向时，该线串状态最佳。在脊线的每个点上，系统构造垂直于脊线并与引导线串相交的剖切平面，将扫掠所依据的等参数曲线与这些平面对齐，如图 7-9 所示。

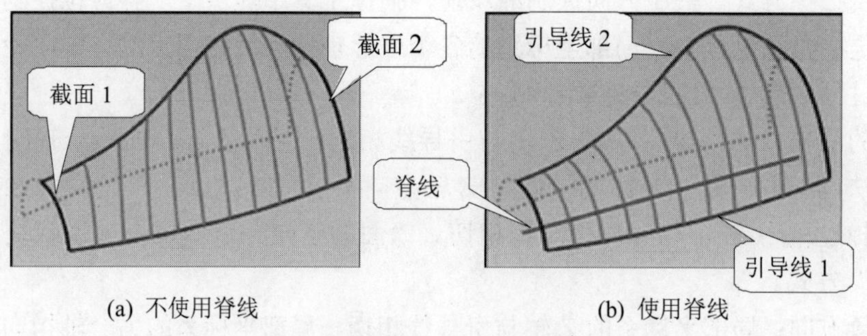

(a) 不使用脊线　　(b) 使用脊线

图 7-9　脊线使用是否使用示意图

7.3　案例实施

心形零件建模

7.3.1　零件草图绘制

(1) 创建草图，如图 7-10 所示，选中 YC-ZC 平面作为草图平面，进入草图绘制环境。

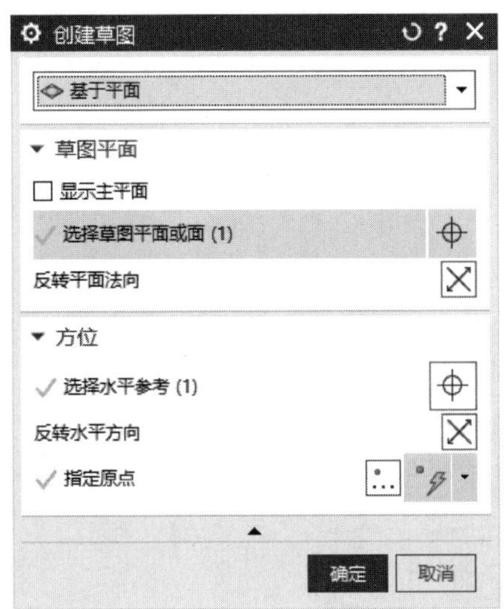

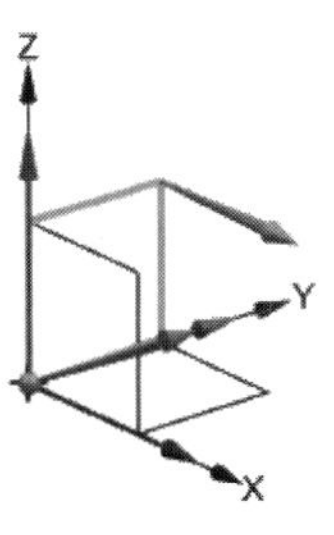

图 7-10　进入草图绘制环境

(2) 在草图任务环境中，选择【曲线】命令，参照图纸绘制心形草图，可使用【圆弧】【直线】【镜像】等命令，如图 7-11 所示。

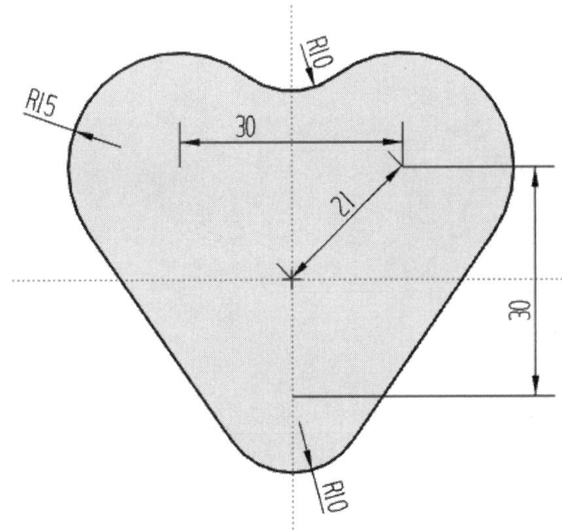

图 7-11　创建草图曲线

(3) 使用【草图】命令，在基准的 XC-ZC 平面内创建草图二，原点选择在草图一下端圆弧中心位置，如图 7-12 所示。

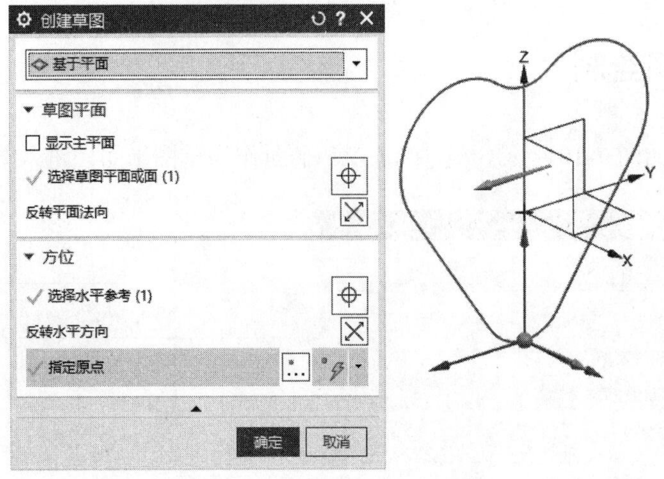

图 7-12　创建草图二辅助线

(4) 使用【圆】【圆弧】命令，根据图纸绘制四段圆弧，如图 7-13 所示。

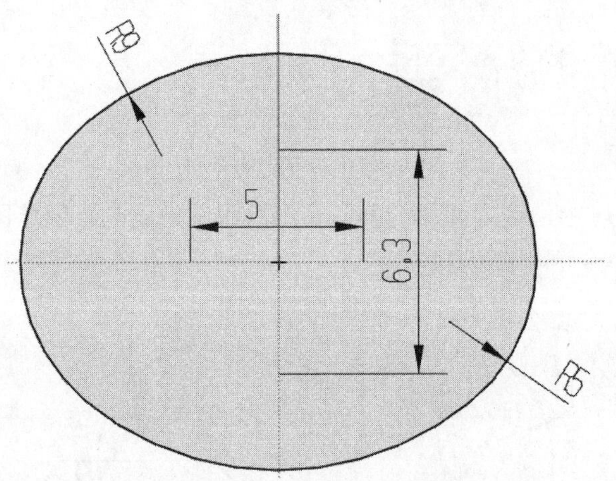

图 7-13　创建草图二曲线

7.3.2　扫掠特征建模

(1) 使用【扫掠】命令，选取草图一和草图二中的曲线，扫掠出心形实体如图 7-14 所示。

(2) 最终模型如图 7-15 所示。

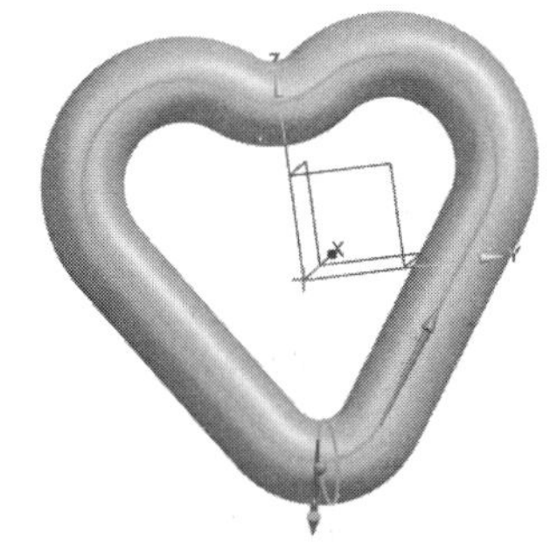

图 7-14　创建扫掠体

图 7-15　最终模型

7.4　拓展练习

完成如图 7-16 所示的零件建模。要求：单位为公制(mm)，保留全部建模特征，文件名自定。图中：A=78，B=30，C=30，D=100。

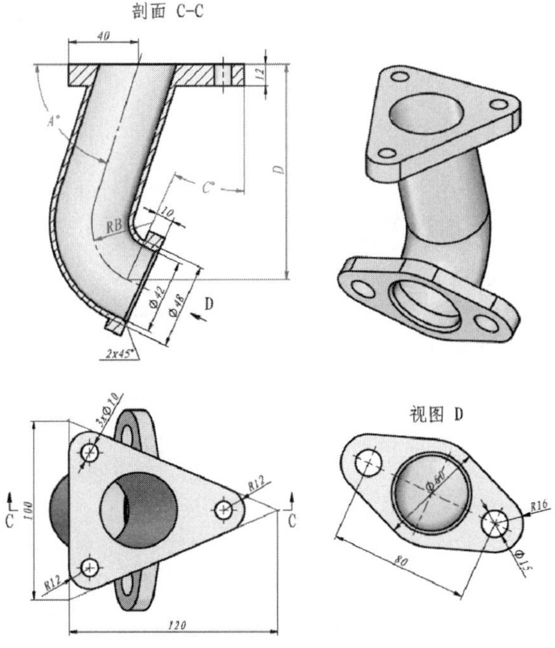

图 7-16　扫掠拓展练习

引导问题：请简要叙述拓展练习案例的操作思路。

7.5 总结

心形零件建模实例主要是通过草图制作两个曲线组，然后使用【扫掠】命令得到最终模型。通过对本案例的学习，读者可以了解和掌握制作草图前的常用设置、草图的曲线制作和草图的约束等草图制作步骤，为后面的建模实例制作打下良好的基础。

第 8 章

小家电外壳零件建模

项目要求

- ✧ 掌握自由曲线与自由曲面的基本原理。
- ✧ 熟练使用 NX 软件的曲线建模命令。
- ✧ 掌握案例中的建模思路。
- ✧ 熟练完成小家电外壳零件的建模。

8.1　案例分析

8.1.1　案例说明

本案例是根据图纸 ShiTi08.jpg 所示完成小家电外壳零件建模，本案例的二维图采用第三角投影画法，如图 8-1 所示。

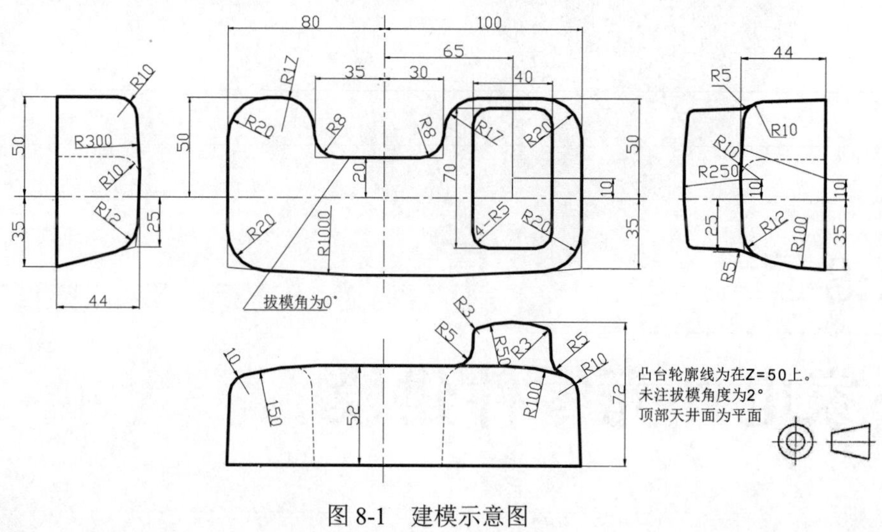

图 8-1　建模示意图

案例资源：教材立体资源库 07 文件夹。

8.1.2　思路分析

通过观察图纸，发现小家电外壳由主体和凸台两个主体组成，而每个主体都有很多圆角。为了使制作的数据和图纸保持一致，一定要掌握倒圆的先后顺序。根据小家电外壳的特征，确定建模思路为，先制作主体再倒圆角，然后使用布尔运算求和，最后再倒两主体相贯处的圆角。具体建模流程如图 8-2 所示。

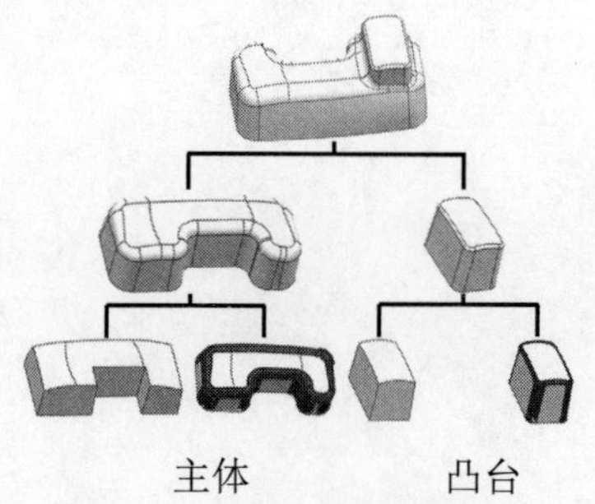

图 8-2　建模流程示意

小家电外壳零件使用的建模命令及其命令索引如表 8-1 所示。

表 8-1　小家电外壳零件使用的建模命令及其命令索引

特征	建模命令	命令索引
主体	草图	2.2.2
	曲线长度	8.2.4
	拉伸	3.2.2
	修剪与延伸	8.2.6
	边倒圆	4.2.5
凸台	草图	2.2.2
	拉伸	3.2.2
	扫掠	5.2.1
	替换面	8.2.9
	边倒圆	4.2.5
	缝合	8.2.8

8.2　知识链接

8.2.1　自由曲线与自由曲面的基本原理

本例中的零件表面均为自由曲面。在 CAD/CAM 软件中，曲线和曲面通常是以样条的形式来表达的，因此又称为样条曲面或自由曲面。

(1) 曲线和曲面的表达。

曲线、曲面有 3 种常用的表达方式，即显式表达、隐式表达和参数表达。

✧　显式表达

如果表达式直观地反映了曲线上各个点的坐标值 y 如何随着坐标值 x 的变化而变化，即坐标值 y 可利用等号右侧的 x 的计算式直接计算得到，就称曲线的这种表达方式为显式表达，如直线表达式 $y=x$、$y=2x+1$ 等。

一般地，平面曲线的显式表达式可写为 $y = f(x)$。其中，x、y 为曲线上任意点的坐标值，称为坐标变量；符号 $f(\,)$则用来表示 x 坐标的某种计算式，称为 x 的函数。

类似地，曲面的显式表达式为 $z=f(x, y)$。

✧　隐式表达

如果坐标值 y 并不能直接通过 x 的函数式得到，而是需要通过 x、y 所满足的方程式进行求解才能得到，就称曲线的这种表达方式为隐式表达。例如圆心在坐标原点、半径为 R 的圆曲线，每个点的 y 坐标值和 x 坐标值都满足以下方程式

$$x^2+y^2=R^2 \tag{8.1}$$

也就是说，表达式不能直观地反映出圆曲线上各点的 y 坐标值是如何随坐标值 x 的变化而变化的。

一般，平面曲线的隐式表达式可写为 $f(x, y)=0$。符号 $f(\,)$ 用来表示关于 x、y 的某种计算式，即坐标变量 x 和 y 的函数。

类似地，曲面的隐式表达式为 $f(x, y, z)=0$。

✧ 参数表达

假如直线 A 上各点的 x、y 坐标值都保持相等的关系，即

$$y=x \tag{8.2}$$

如果引入一个新变量 t，并规定 t 与坐标值 x 保持相等的关系，那么(8.2)式就可以写为

$$\begin{cases} x=t \\ y=t \end{cases} \tag{8.3}$$

显然，在式(8.3)中，坐标值 x、y 之间依然保持了相等的关系，因此它同样可作为直线 A 的表达式。与式(8.2)不同的是，在式(8.3)中，x 和 y 的相等关系是通过一个“第三者”t 来间接地反映出来的，t 称为参数。这种通过参数来表达曲线的方式称为曲线的参数表达，如图 8-3 所示。参数的取值范围称为参数域，通常规定在 0 到 1 之间。

例如，当参数 t 取值为 0.4 时，直线 A 上对应的点为(0.4, 0.4)。

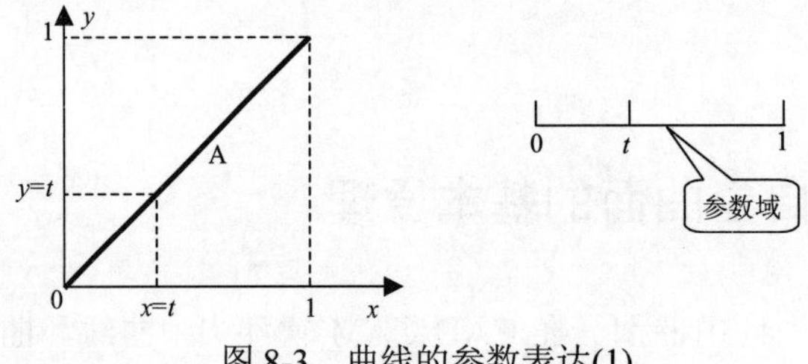

图 8-3 曲线的参数表达(1)

一般地，平面曲线的参数表达式可写为

$$\begin{cases} x=f(t) \\ y=g(t) \end{cases}$$

符号 $f(\,)$、$g(\,)$ 分别是参数 t 的函数。

曲面的参数表达式为

$$\begin{cases} x=f(u,v) \\ y=g(u,v) \\ z=h(u,v) \end{cases}$$

由于参数表达的优越性(相关内容可参阅 CAD 技术开发类教材)，它成为现有的 CAD/CAM 软件中表达自由曲线和自由曲面的主要方式。

如果将式(8.3)改写为

$$\begin{cases} x=t^2 \\ y=t^2 \end{cases} \tag{8.4}$$

则 x 与 y 依然保持着相等的关系。也就是说，式(8.4)也是直线段 A 的一个参数表达式。同时我们注意到，在式(8.3)中，由于 x、y 始终与参数 t 保持着相同的值，因此当参数 t 以均匀间隔在参数域内取值 0、0.2、0.4、0.6、0.8、1 时，则在直线段 A 上的对应点(0, 0)、(0.2, 0.2)、(0.4, 0.4)、(0.6, 0.6)、(0.8, 0.8)、(1, 1)也将保持均匀的间隔。然而，在式(8.4)中，这种对应关系被打乱了，与参数值 0、0.2、0.4、0.6、0.8、1 对应的直线 A 上的点的坐标分别是(0, 0)、(0.04, 0.04)、(0.36, 0.36)、(0.64, 0.64)、(1, 1)，显然这些点之间的间距并不均匀，如图 8-4 所示。

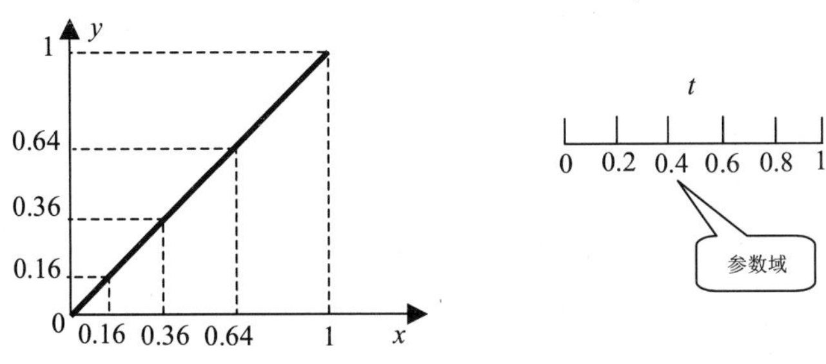

图 8-4　曲线的参数表达(2)

由此，可以得到曲线参数表达的两个重要结论：

✧　一条曲线可以有不同的参数表达方式，如式(8.3)和式(8.4)。

✧　参数的等间距分布不一定导致曲线上对应点的等间距分布，即参数域的等间距分割不等价于曲线的等间距分割。

既然同一种曲线可以有不同的参数表达方式，那么究竟使用哪一种更好呢？当然是简单好用的优先！其中的评价标准不仅包括了通用性、适用性、图形处理效率等诸多因素，还往往和特定的应用需求有关。经过多年的研究和应用实践的检验，以非均匀有理 B 样条(NURBS)等为代表的参数表达方式，以其无可比拟的优越性已成为当今 CAD/CAM 软件表达自由曲线和自由曲面的首选。

(2) 自由曲线的生成原理。

虽然 NURBS 是目前最流行的自由曲线与自由曲面的表达方式，但由于它的生成原理和表达式相对较为复杂，不容易理解。因此本书以另一种相对简单但同样十分典型的参数表达方式，即 Bezier(贝塞尔)样条，来说明参数表达的自由曲线和曲面是如何生成的。

下面我们将介绍 Bezier 样条曲线的生成方式，如图 8-5 所示。

图 8-5 中，两点 $P_1(x_1, y_1)$、$P_2(x_2, y_2)$构成一条直线段，该直线段上任意点 P 的坐标值为(x, y)，则由简单的几何原理可得到如下关系式

$$\frac{x-x_1}{x_2-x_1}=\frac{y-y_1}{y_2-y_1}=\frac{|PP_1|}{|P_2P_1|} \tag{8.5}$$

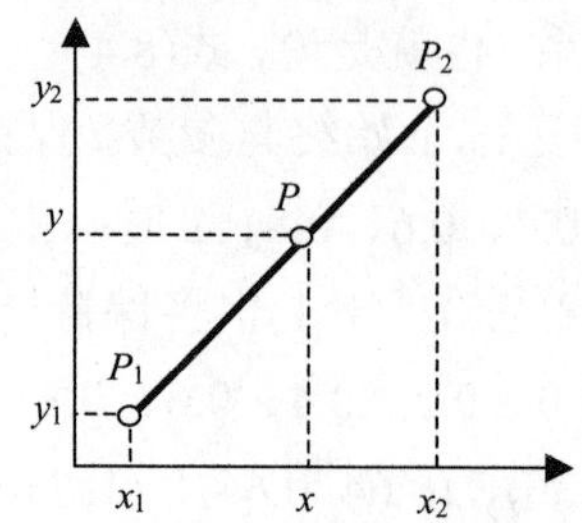

图 8-5　Bezier 样条曲线的生成方式

如果将参数 t 定义为 P 到 P_1 的距离 $|PP_1|$ 与 P_2 到 P_1 的距离 $|P_2P_1|$ 的比值，即

$$t=\frac{|PP_1|}{|P_2P_1|}$$

则代入式(8.5)后容易得到

$$\begin{cases}x=(1-t)x_1+tx_2\\ y=(1-t)y_1+ty_2\end{cases}$$

注意到以上方程组中的两个方程的相似性，并将它们合并表达为

$$\begin{pmatrix}x\\ y\end{pmatrix}=(1-t)\begin{pmatrix}x_1\\ y_1\end{pmatrix}+t\begin{pmatrix}x_2\\ y_2\end{pmatrix} \tag{8.6}$$

由于 $\begin{pmatrix}x\\ y\end{pmatrix}$、$\begin{pmatrix}x_1\\ y_1\end{pmatrix}$、$\begin{pmatrix}x_2\\ y_2\end{pmatrix}$ 分别是 P、P_1、P_2 的坐标，因此将上式简写成如下形式

$$P=(1-t)P_1+tP_2$$

由于 P 的位置是随着参数 t 的变化而变化的，因此上式也可写为

$$P(t)=(1-t)P_1+tP_2 \tag{8.7}$$

这就是直线段的一种参数化表达式。参数 t 代表了直线段上任意一点 P 到起点 P_1 的距离与直线段总长度 $|P_1P_2|$ 的比值。显然，t 在 0 到 1 之间变化，并且 t 越小，P 就越靠近 P_1(当 t 为 0 时，P 与 P_1 重合)。同理，当 P 向 P_2 移动时，t 将越来越大(当 P 与 P_2 重合时，t 为 1)。

下面进一步讨论式(8.7)的几何意义。从式(8.7)可见，P 是由 P_1 和 P_2 计算得到的，即 P 的位置是由 P_1 和 P_2 决定的，我们将 P_1、P_2 称为直线段的控制顶点。同时，式(8.7)中 P_1 和 P_2 分别被乘上一个小于等于 1 的系数 $(1-t)$ 和 t，分别称为 P_1 和 P_2 对 P 的影响因子，反映了各个控制顶点对 P 的位置的“影响力”或者“贡献量”。由于 $(1-t)$ 与 t 之和为 1，因此控制顶点对 P 的影响因子的总和是不变的。

可见，式(8.7)直观、形象地反映了 P 在直线段上所处的位置，以及 P_1 和 P_2 对 P 所做出的“贡献量”。我们将式(8.7)所代表的计算方法称为对控制顶点 P_1、P_2 的线性插值计算。所谓线性是指控制顶点影响因子均为参数 t 的一次函数 $(1-t)$ 和 t。所谓插值是指 P 由 P_1 和 P_2 按一定的方法(称为插值方式)计算得到。插值方式决定了控制顶点影响因子的计算方法。

直线段的这种参数化表达方式称为一阶 Bezier 样条。以这种方式表达的直线段是最简单的 Bezier 曲线，由于表达式中参数 t 的幂次为 1，因此又称为一阶 Bezier 曲线。

下面我们讨论稍复杂一点的二阶 Bezier 样条的生成方式，如图 8-6 所示。

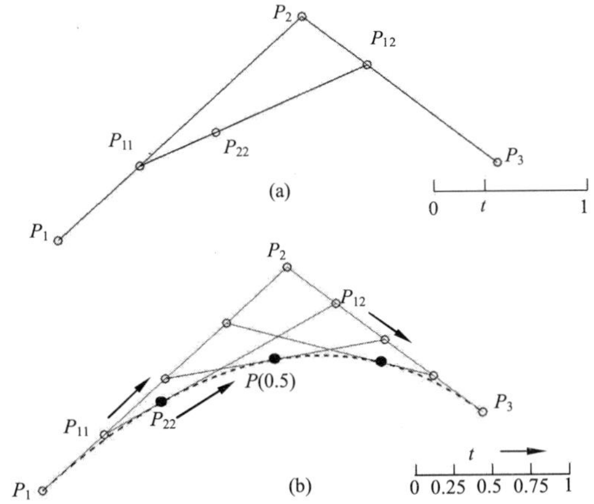

图 8-6　二阶 Bezier 样条的生成方式

在图 8-6(a)中，P_1、P_2、P_3 是空间任意的 3 个点，若我们以 Bezier 样条表达直线段 P_1P_2，并以 P_{11} 表示直线段 P_1P_2 上参数为 t 的点，则由式(8.7)可得

$$P_{11} = (1-t)P_1 + tP_2 \tag{8.8}$$

同样，若以 P_{12} 表示直线段 P_2P_3(注意 P_2 为起点)上参数为 t 的点，则有

$$P_{12} = (1-t)P_{12} + tP_3 \tag{8.9}$$

显然，式(8.8)是对 P_1、P_2 进行的线性插值计算，式(8.9)是对 P_2、P_3 进行的线性插值计算。

进一步地，我们将 P_{11} 作为起点，P_{12} 作为终点，并将直线段 $P_{11}P_{12}$ 上参数为 t 的点记为 P_{22}，则同样有

$$P_{22}=(1-t)P_{11}+tP_{12} \tag{8.10}$$

P_{11} 和 P_{12} 的计算称为第一轮插值，P_{22} 的计算称为第二轮插值。可见，第二轮插值是在第一轮插值的基础上完成的，并且其后无法再进行更进一步的插值运算。

当 t 从 0 逐步增加到 1 时，P_{11} 从 P_1 移动到 P_2，P_{12} 则同步地从 P_2 移动到 P_3。与此同时，P_{22} 也从 P_1 移动到 P_3，其移动的轨迹形成一条曲线，称为以 P_1、P_2、P_3 为控制顶点的二阶 Bezier 曲线，如图 8-6(b)所示。

将式(8.8)、(8.9)代入到式(8.10)，立即可以推出

$$P_{22}=(1-t)^2P_1+2t(1-t)P_2+t^2P_3$$

由于 P_{22} 的位置随着 t 的变化而变化，因此上式还可表达为

$$P(t)=(1-t)^2P_1+2t(1-t)P_2+t^2P_3 \tag{8.11}$$

式(8.11)即为二阶 Bezier 样条的表达式。与一阶 Bezier 曲线相同，二阶 Bezier 曲线上任意点 P_{22} 的位置又是各控制顶点综合影响的结果，而且各控制顶点对 P_{22} 的影响因子之和仍然是 1。

我们可用图 8-7 形象地表示上述插值过程。

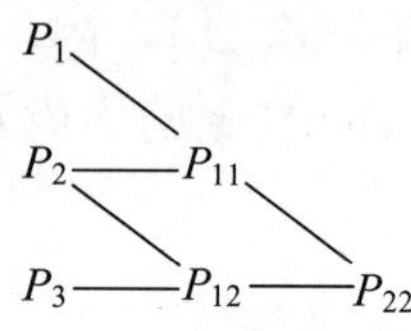

图 8-7　插值过程

以此类推，对 n+1 个 P_i(i=0，1，2，…，n)进行的类似插值过程可以用图 8-8 表示。

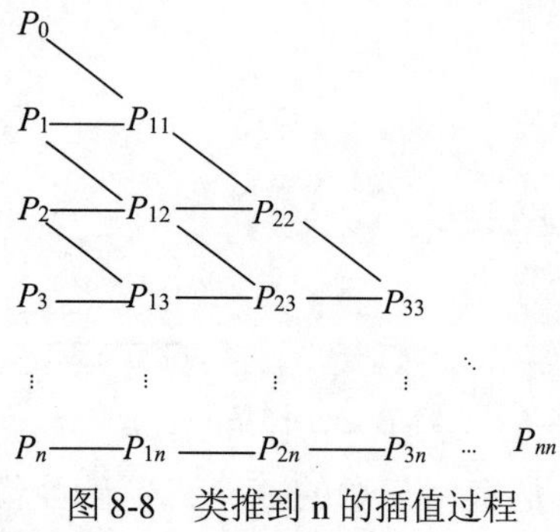

图 8-8　类推到 n 的插值过程

最终得到的插值点 P_{nn} 计算式为

$$P_{nn} = P(t) = \sum_{i=0}^{n} P_i B_i^n(t) \tag{8.12}$$

其中 P_i(i=0，…，n)为控制顶点，$B_i^n(t)$是各控制顶点的影响因子，称为 Bernstein 基函数，其计算式为

$$\mathrm{B}_i^n(t) = \binom{n}{i} t^i (1-t)^{n-i}$$

式(8.12)是以 P_i(i=0，1，2，…，n)为控制顶点的 n 阶 Bezier 样条曲线的表达式。当 n=1、n=2 时，式(8.12)分别转化为式(8.7)和式(8.11)，读者可自行验证。

需注意的是，自由曲线上的等参数间距点不等分曲线。如图 8-6(b)中，参数域被 3 个分割点 t=0.25、t=0.5、t=0.75 平均地分割为四等份，而在曲线上对应的分割点(黑色填充点)却不能等分曲线。例如图 8-6 参数域上的中点 t=0.5 所对应的曲线上的点 P(0.5)并不是曲线的中点，而是更“靠近”P_3，这是因为控制顶点 P_2 与 P_3 更接近的缘故。

(3) 自由曲面的生成原理。

自由曲面的生成原理可以看作是自由曲线生成原理的扩展，图 8-9 是一个 Bezier 曲面的生成示意。

图 8-9 中，P_{ij}(i=1，2，3；j=1，2，3，4)是由 3×4 个点组成的点阵。我们将 P_{1j}(j=1，2，3，4)作为控制顶点(其中 P_{11} 为起点，P_{14} 为终点)，于是可以得到以 P_{1j} 为控制顶点的 Bezier 曲线 $P_1(t)$。将该曲线上参数为 u 的点记为 $P_1(u)$。

同样，我们还可以得到以 P_{2j}(j=1，2，3，4)为控制顶点的 Bezier 曲线 $P_2(t)$上参数为 u 的点 $P_2(u)$，以及以 P_{3j}(j=1，2，3，4)为控制顶点的 Bezier 曲线 $P_3(t)$上参数为 u 的点 $P_3(u)$。

接下来，我们将 $P_1(u)$、$P_2(u)$、$P_3(u)$作为一组新的控制顶点，生成新的 Bezier 曲线，该曲线上参数为 v 的点记为 $P(u, v)$。当 u、v 在 0 到 1 之间取不同的值时，$P(u, v)$的位置也会不断变化，其运动轨迹形成一个曲面，称为以点阵 P_{ij} 为控制顶点的 Bezier 曲面 $P(u, v)$，其中 u、v 是曲面的参数。$P(u, v)$还可理解为曲面上参数为 u、v 的点。

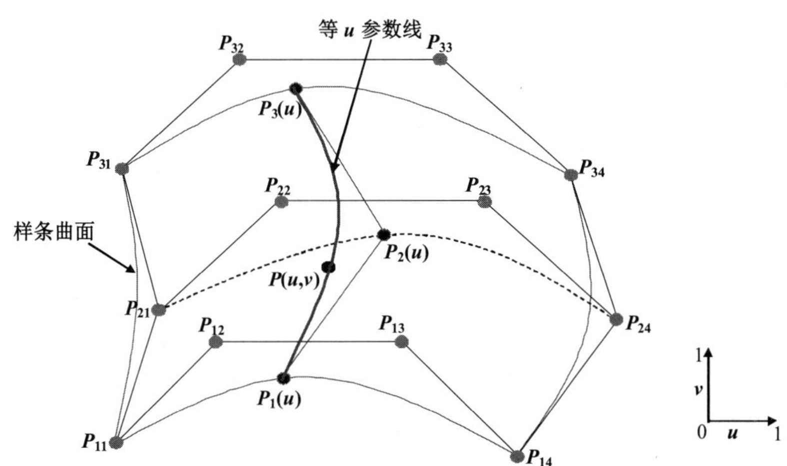

图 8-9　Bezier 曲面的生成示意

显然，自由曲线是由 m 个控制顶点在一个参数方向进行插值得到的，而自由曲面则是由 $m\times n$ 的点阵经过两个参数方向的插值得到的。如在图 8-9中，先是沿参数 u 方向插值，然后将得到的结果沿参数 v 方向插值，最终得到曲面上的点 $P(u, v)$。

需要注意的是，在图 8-9中，如果我们先沿参数 v 方向插值，然后再沿参数 u 方向插值，所得到的点将与前述的结果完全一样。也就是说，不管先进行哪个方向的插值，由控制顶点 P_{ij}(i=1，2，3；j=1，2，3，4)所决定的 Bezier 曲面形状是唯一的。

现在我们再看一下沿参数 u 方向进行第一轮插值得到的结果 $P_1(u)$、$P_2(u)$和 $P_3(u)$，它们具有同样的 u 参数值，而以它们为控制顶点的 Bezier 曲线称为曲面 $P(u, v)$上沿参数 u 方向的等参数线，又称为等 u 参数线。例如，当取 u=0.3 时，沿参数 u 方向进行第一轮插值得到的结果为 $P_1(0.3)$、$P_2(0.3)$和 $P_3(0.3)$，而以它们为控制顶点的Bezier 曲线称为曲面 $P(u, v)$上 u=0.3 的等参数线，记为 $P(0.3, v)$。

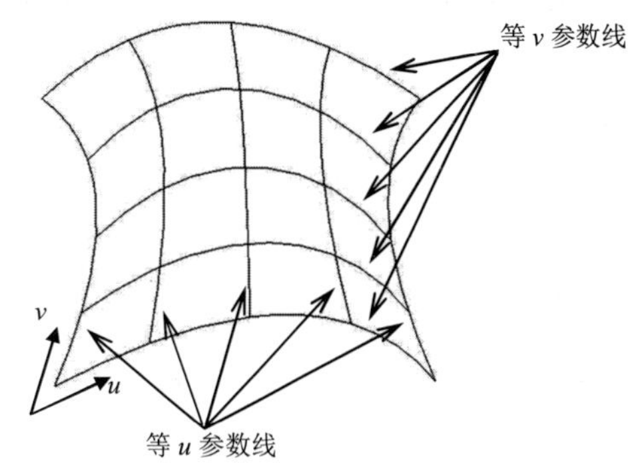

图 8-10　自由曲面上等参数线的分布示意

同样地，自由曲面 $P(u, v)$上具有相同的 v 参数值的点的集合称为曲面 $P(u, v)$上沿参数 v 方向的等参数线，又称为等 v 参数线。

图 8-10 是自由曲面上等参数线的分布示意。可以看出，等参数线之间的间距是不均匀的，这是因为控制顶点的分布是散乱的。

8.2.2 理解曲面建模功能

在实际的三维建模工作中，即使是有多年工作经验的建模工程师，也常常会对CAD/CAM 软件中的一些重要功能理解不充分或理解有误。虽然他们会进行相应操作，但在应用这些命令时常常凭直觉或经验，容易出现失误。同时，由于对某些功能理解模糊不清，难以将其应用于实际工作，从而限制了他们的建模能力。

本节就曲面建模中常见的几个重要概念和问题进行讨论，目的是帮助读者透彻理解CAD/CAM 软件中的一些较难掌握的曲面建模功能，从而能够正确地使用它们。

1. 对齐方式

在许多曲面生成过程中，有一个重要的功能选项——对齐方式。对齐方式的选择对曲面生成结果有重要的影响，不同的对齐方式下生成的曲面往往有很大差异。

首先以曲面造型中最常见，也是最简单的曲面——直纹面的生成为例，说明对齐方式。直纹面是在两条构造线之间生成的一个简单曲面，该曲面沿构造线方向的等参数线为直线，如图 8-11 所示。

在生成直纹面时，对齐方式不同，会产生不同的效果，如图 8-12 所示，两个圆之间生成的直纹面，由于两条曲线的起点不同所产生的曲面也不同。

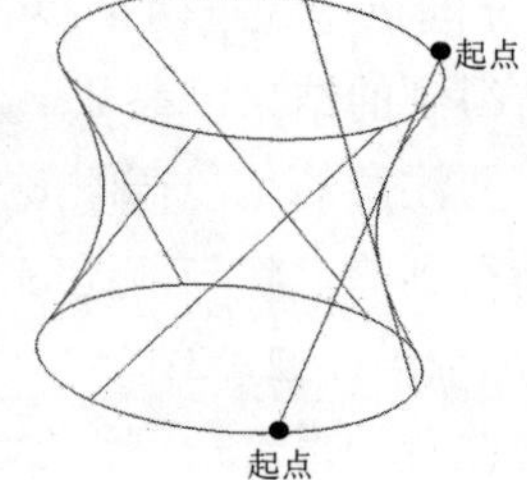

图 8-11 两条构造线生成直纹面

图 8-12 两个圆生成直纹面

对齐方式是如何影响曲面生成的呢？首先来考察一个简单的直纹面的生成过程，如图 8-13 所示。

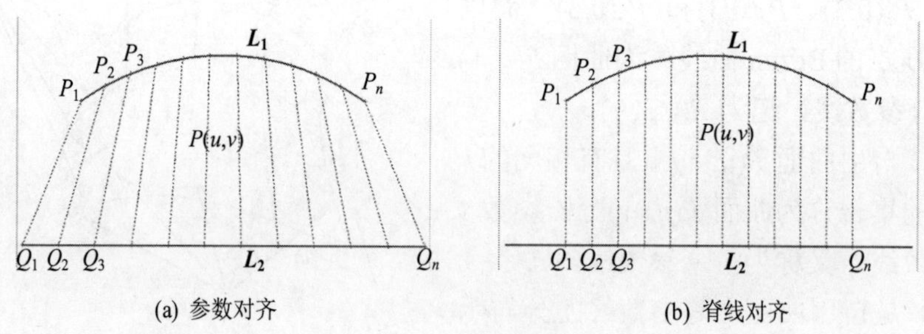

(a) 参数对齐　(b) 脊线对齐

图 8-13 直纹面的生成过程

可以看出，直纹面的等参数线是由曲线 L_1 和 L_2 上多组对应点{P_1，Q_1}、{P_2，Q_2}、…、{P_n，Q_n}之间连接的许多直线段(这也是直纹面的得名原因)。于是我们可以判断出在 CAD

软件内部直纹面的实际生成过程。

- ✧ 在指定的两条(组)曲线(称为构造线)L_1 和 L_2 上按指定的对齐方式分别生成对应点组$\{P_1, P_2, \ldots, P_n\}$和$\{Q_1, Q_2, \ldots, Q_n\}$。
- ✧ 将各个对应点连成直线段 P_1Q_1、P_2Q_2、…、P_nQ_n。
- ✧ 将直线段 P_1Q_1、P_2Q_2、…、P_nQ_n 作为等参数线“铺成”曲面 $P(u, v)$。

按上述过程生成的曲面称为条纹面。

由条纹面的生成步骤很容易看出，条纹面的形状取决于 3 个因素：一是构造线，二是对齐方式，三是条纹类型。构造线对条纹面的影响是显然的，这里不再赘述。

对齐方式是指在构造线上确定对齐点的方式。图 8-13 的示例中给出了两种对齐方式下，曲线 L_1、L_2 上的对应点组的生成结果分别如图 8-13(a)和图 8-13(b)所示。显然，两种对齐方式下所生成的直纹面也是不同的。

条纹类型是指利用对齐点生成条纹的方式，它不仅影响了条纹面的形状，同时也决定了条纹面的类型。图 8-13 中的条纹类型为直线，因此所生成的条纹面称为直纹面。而在图 8-14 中，同样的构造线和对齐方式下，由于对齐点之间的条纹类型为圆弧，因此所生成的条纹面不是直纹面，而是(曲线之间的)倒圆角面。

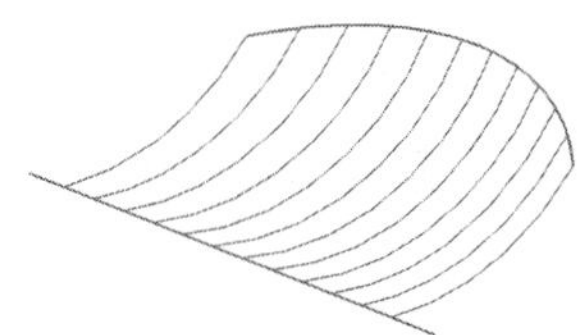

图 8-14　条纹面生成

显然，条纹类型对条纹面形状的影响比对齐方式更明显，对条纹面形状起决定作用。

(1) 对齐方式的类型。

如前所述，条纹面是由条纹铺成的，而对齐点的作用是生成条纹。如何在构造线上生成对齐点即为对齐方式。对齐方式不仅适用于条纹面的生成，在其他许多曲面处理功能中也有广泛应用。以 NX 软件为例，曲面常用的对齐方式有参数对齐、弧长对齐、角度对齐、指定点对齐、距离对齐、脊线对齐等。

✧ 参数对齐

参数对齐可以理解为在构造线上以等参数间距生成对齐点，即在不同构造线上的对齐点具有相同的参数分布。

✧ 弧长对齐

弧长对齐可以理解为在构造线上以等弧长间距生成对齐点，即对齐点以等弧长间距分割构造线。其中，图 8-15(a)和(b)是参数对齐与弧长对齐所生成的直纹面的对比示例；图 8-15(c)是两个对比结果的渲染效果，深色的面为参数对齐的结果，浅色的面是弧长对齐的结果。

对比结果表明，在曲面的中部，弧长对齐的结果比参数对齐的结果要“凹陷”一些，读者可根据两种对齐方式下曲面条纹的分布来分析原因。

✧ 指定点对齐

指定点对齐是将指定的点作为对齐点，常用于折线之间的条纹面生成。图 8-16 所示为指定点对齐方式(图 8-16(a)中指定 A 与 B 对齐)与非指定点对齐方式(图 8-16(b)为弧长对齐)结果的差异。

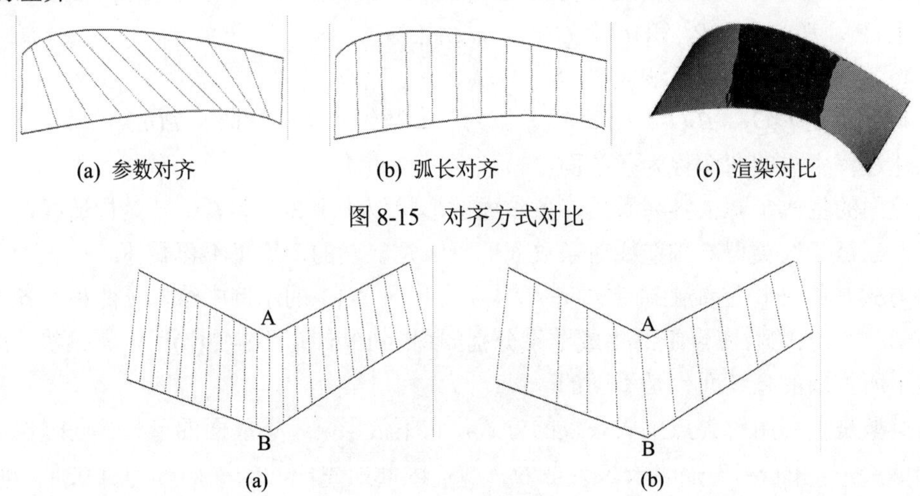

(a) 参数对齐　(b) 弧长对齐　(c) 渲染对比

图 8-15　对齐方式对比

(a)　(b)

图 8-16　指定点对齐

✧　脊线对齐

脊线对齐是最重要的一种对齐方式，不仅灵活，而且得到的条纹面更规范，因而应用最广泛。在 NX 中甚至专门按这种对齐方式整理出一个曲面类(剖切曲面)。脊线对齐方式下，对齐点的生成方式如图 8-17 所示。

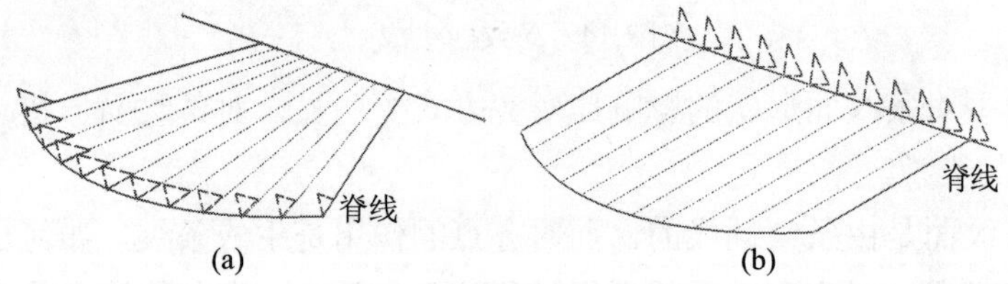

(a)　(b)

图 8-17　脊线对齐

对齐点是构造线与一系列平面(称为对齐面)的交点，对齐面则由一组与指定曲线(在 NX 中称为脊线)相垂直的平面组成。脊线既可以是构造线中的一条，也可以是其他曲线。图 8-17(a)和(b)分别给出了选用不同的脊线所产生的差异。

✧　距离对齐与角度对齐

距离对齐是指构造线上的对齐点沿某一固定方向 K 等间距分布，如图 8-18(a)所示。角度对齐则是指构造线上的对齐点绕某一固定轴线 H 等角度分布，如图 8-18(b)所示。

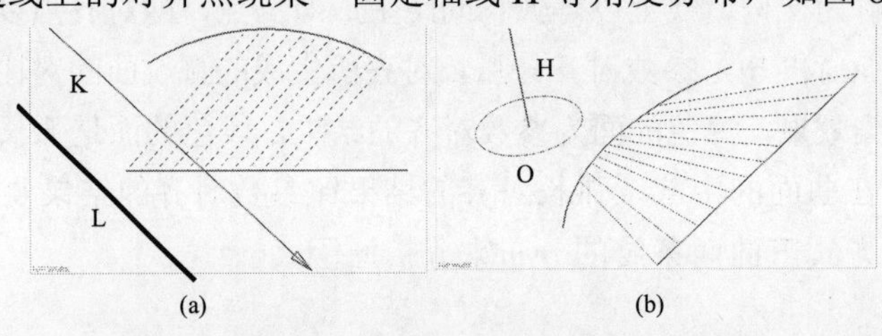

(a)　(b)

图 8-18　距离对齐与角度对齐

(2) 对齐方式的选用原则。

对同一类条纹面而言，不同的对齐方式具有不同的生成效果。具体采用何种方式，应在理解各种对齐方式原理和效果的基础上，视产品建模的具体需要而定。

虽然等弧长对齐方式将导致曲面中部下陷，其效果不如等参数对齐理想，但在一般情况下，参数对齐方式在实际应用中难以控制曲面生成的效果，因此不推荐使用。以下是几个基本原则：

- ✧ 当构造线长度相差较大时，不推荐采用等弧长或等参数对齐。
- ✧ 当构造线存在折点时，应采用点对齐方式。
- ✧ 脊线对齐是最灵活、最容易控制的对齐方式，但脊线的选取要恰当，最好是平面曲线。如果脊线选取不当，也会使结果失控。

另外，在考虑对齐方式的同时，还应注意构造线的起点应该有恰当的对应位置关系，否则也会造成对齐点错位，而产生错误的结果。

2. 偏置

偏置是一种常见的几何体操作，其定义是将几何体表面上的每一个点沿着几何体在该点处移动一定的距离，从而形成一个新的几何体，如图 8-19 所示。

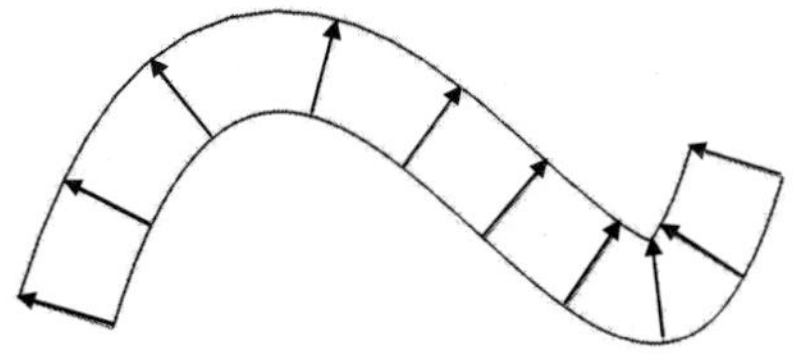

图 8-19　偏置

偏置的定义可表达为

$$P' = P + R \cdot \vec{r}$$

其中：P 为几何体表面上的点。

$\vec{r}$ 为几何体在 P 处的单位法向量。

R 为偏置距离。

P'为偏置后的点。

偏置可分为均匀偏置和非均匀偏置两类。均匀偏置是指每个点的偏置距离相同。非均匀偏置则是指每个点的偏置距离并不相同，而是按一定规则变化，如图 8-20 所示。

图 8-20　非均匀偏置

许多 CAD 工程师不能清楚地区分偏置操作和平移操作，在应用中容易将两者混淆。

从定义上看，偏置和平移都是将几何体上的点沿指定方向移动。然而在偏置操作中，点的移动方向是该点处的法向，由于几何体上不同点处的法向一般是不相同的，因此偏置

操作中各点的实际移动方向也是不相同的，如图 8-21(a)所示；然而在平移操作中，每个点的移动方向是完全一致的，如图 8-21(b)所示。

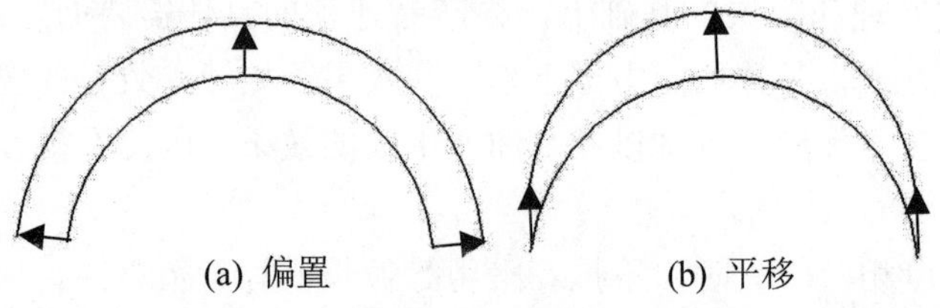

图 8-21　偏置与平移

从结果上看，偏置操作可实现几何体之间的等距效果，而平移却不可以。因此在需要构造等间距的几何体时不能使用平移操作来实现。

3. 扫掠

扫掠是三维建模中常用的几何体生成操作。例如在 NX 软件中的拉伸、扫掠、管道等均属于利用扫掠操作生成几何体。其原理是将一条轮廓线(称为截面线)沿着另一条曲线(称为导引线)滑动，则截面线的滑动轨迹形成扫掠几何体。

那么，轮廓线是如何沿着导引线滑动的呢？如图 8-22 所示，在导引线上构造这样一个局部坐标系：该坐标系的原点在导引线上移动，轮廓线则与坐标系相对固定。当局部坐标系沿着导引线滑动时，带动轮廓线沿着同样的轨迹滑动，从而扫掠出几何体。

请读者注意，当局部坐标系的原点沿着导引线滑动时，其坐标轴的方向还不能确定。如果假设在滑动过程中坐标系各个坐标轴始终保持固定的方向，则轮廓线在扫掠过程中也将始终保持固定的姿态，从而得到图 8-22(a)的结果。

如果假设在滑动过程中，局部坐标系的 Z 轴始终保持与导引线相切，即 Z 轴随着导引线的起伏而转动，则轮廓线在扫掠过程中也会发生相同的转动，得到的扫掠结果如图 8-22(b)所示。

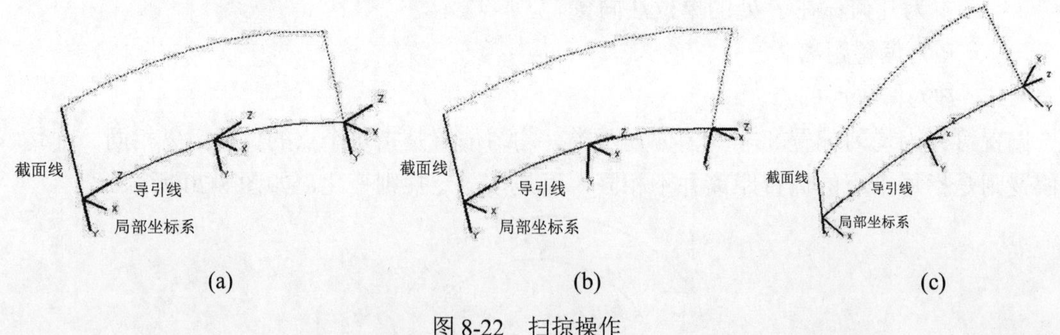

图 8-22　扫掠操作

更进一步地，如果在滑动过程中，X、Y 轴还发生了绕 Z 轴的旋转运动，那么轮廓线也将在滑动的同时绕 Z 轴作同样的旋转运动，即边滑动边摆动，从而得到更复杂的扫掠结果，如图 8-22(c)所示。

尤其是在局部坐标系的滑动过程中，X、Y 轴绕 Z 轴的转动方式可以是多种多样的(理论上有无穷多种)，不同的转动规律将产生不同的扫掠结果。在 NX 软件中，根据实际的需要规定了几种典型的旋转规则，这里不再进一步说明其具体含义。

8.2.3　曲线长度命令解析

【曲线长度】命令可以延伸或缩短曲线的长度。共有两种方法来修改曲线的长度，即修改曲线的总长度或以增量的方式修改曲线的长度。单击【曲线】选项卡的【编辑组】中的【曲线长度】命令图标，弹出如图 8-23 所示的对话框。

图 8-23　【曲线长度】对话框

在视图区域选择需要编辑长度的曲线，然后在对话框中设置参数，如在【开始】和【结束】文本框中均输入数值，或是直接拖动箭头来调节曲线的长度。

8.2.4　截面曲面命令解析

【截面曲面】命令可使用二次曲线构造方法创建曲面。先由一系列选定的截面曲线和面计算得到二次曲线，然后计算的二次曲线被扫掠建立曲面，如图 8-24 所示。

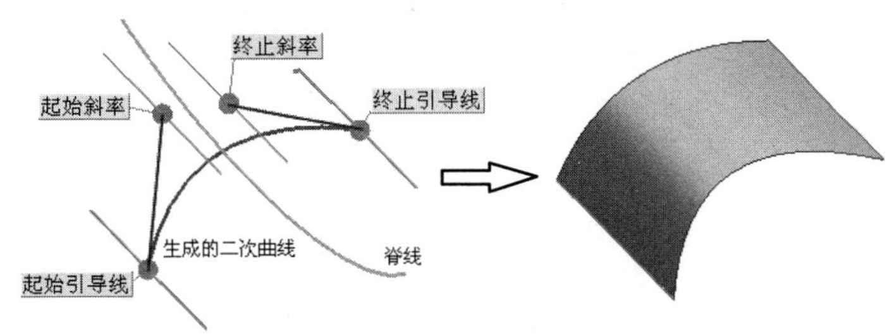

图 8-24　截面曲面命令示意图

单击【曲面】选项卡的【基本】功能区的【更多】下拉菜单中的【截面曲面】命令图标，弹出如图 8-25 所示的对话框。

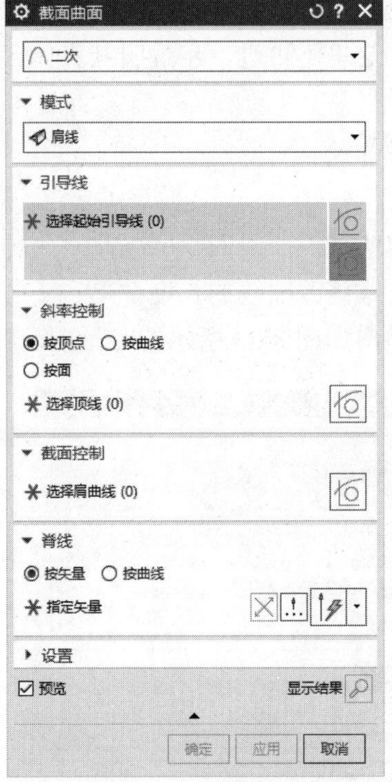

图 8-25　【截面曲面】对话框

8.2.5　修剪和延伸命令解析

【修剪和延伸】命令是指使用由边或曲面组成的一组工具对象来修剪或延伸一个或多个曲面。单击【曲面】选项卡中的【修剪和延伸】命令图标，弹出如图 8-26 所示的对话框。

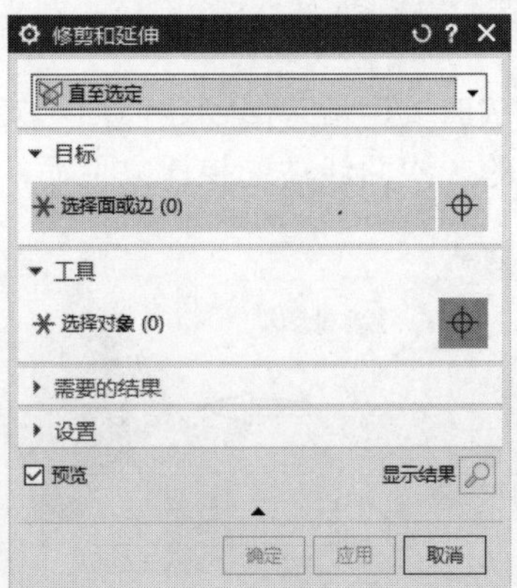

图 8-26　【修剪和延伸】对话框

对话框中包含了 4 种修剪和延伸类型：按距离、已测量百分比、直至选定对象和制作拐角。前面两种类型主要用于创建延伸曲面，后面两种类型主要用于修剪曲面。

✧ 按距离：按一定距离来创建与原曲面自然曲率连续、相切或镜像的延伸曲面，不会发生修剪。
✧ 已测量百分比：按新延伸面中所选边的长度百分比来控制延伸面，不会发生修剪。
✧ 直至选定对象：修剪曲面至选定的参照对象，如面或边等。应用此类型来修剪曲面，修剪边界无须超过目标体。
✧ 制作拐角：在目标和工具之间形成拐角。

8.2.6　有界平面命令解析

【有界平面】命令可以创建由一组端相连的平面曲线封闭的平面片体，注意曲线必须共面且形成封闭形状，如图 8-27 所示。

单击【曲面】选项卡的【基本】功能区的【更多】下拉菜单中的【有界平面】命令(命令图标为 有界平面)，弹出如图 8-28 所示的对话框。

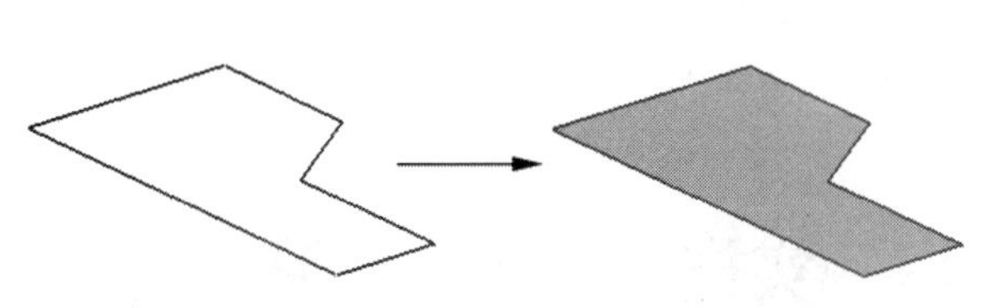

图 8-27　有界平面创建示意图

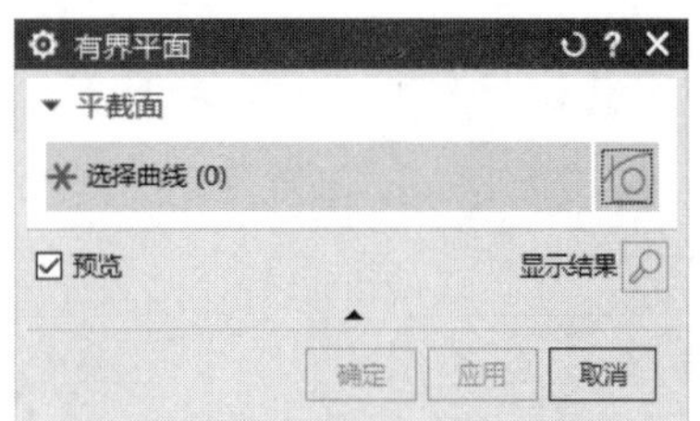

图 8-28　【有界平面】对话框

8.2.7　缝合命令解析

【缝合】命令可以将两个或更多片体联结成一个片体。如果这组片体包围一定的体积，则创建一个实体。单击【曲面】选项卡中的【缝合】命令图标 缝合 ，弹出如图 8-29 所示的对话框。

图 8-29　【缝合】对话框

8.2.8 替换面命令解析

【替换面】命令可以用一个或多个面代替一组面，并能重新生成光滑邻接的表面。单击【主页】选项卡的【同步建模】功能区中的【替换面】命令图标，弹出如图 8-30 所示的对话框。

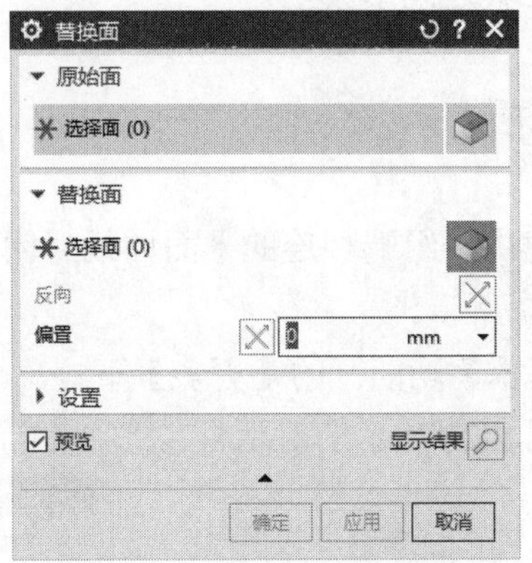

图 8-30 【替换面】对话框

8.3 案例实施

小家电外壳零件建模

8.3.1 曲线创建

(1) 启动 NX 软件，新建模型，单位为毫米。

(2) 使用【草图】命令，在坐标系中的 XC-YC 平面内，根据图纸创建草图一，如图 8-31 所示。

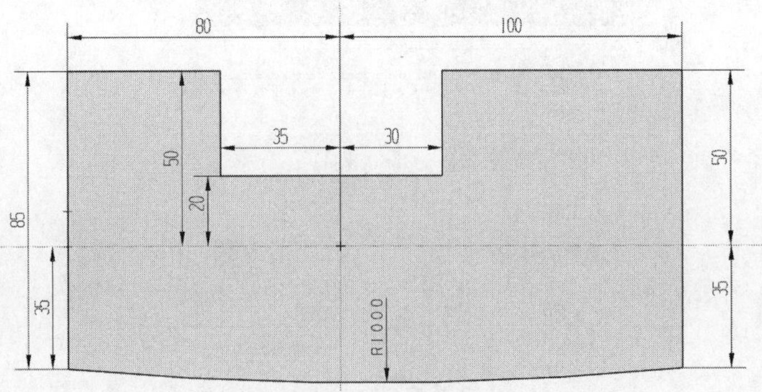

图 8-31 创建草图一

(3) 创建基准平面一，如图 8-32 所示。

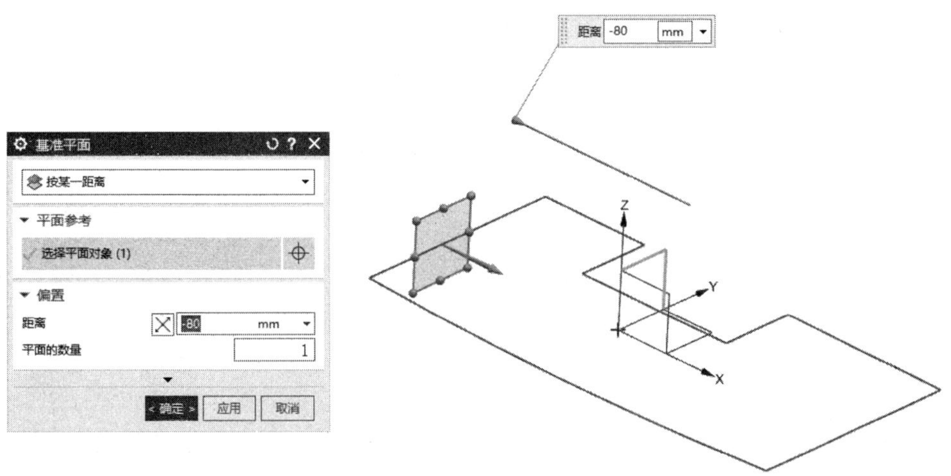

图 8-32　创建基准平面一

(4) 使用【草图】命令，在基准平面一内，根据图纸创建草图二，如图 8-33 所示。

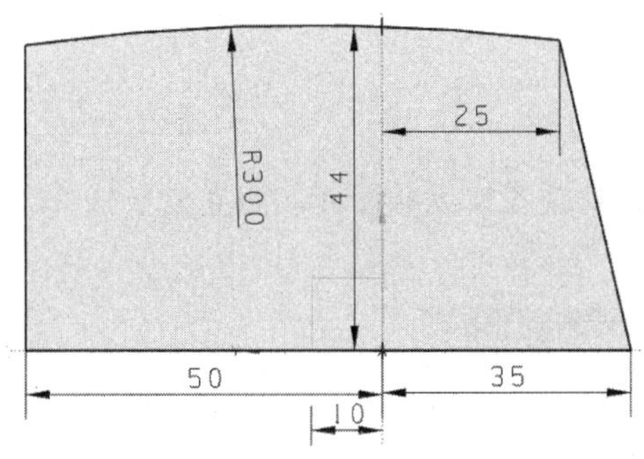

图 8-33　创建草图二

(5) 创建基准平面二，如图 8-34 所示。

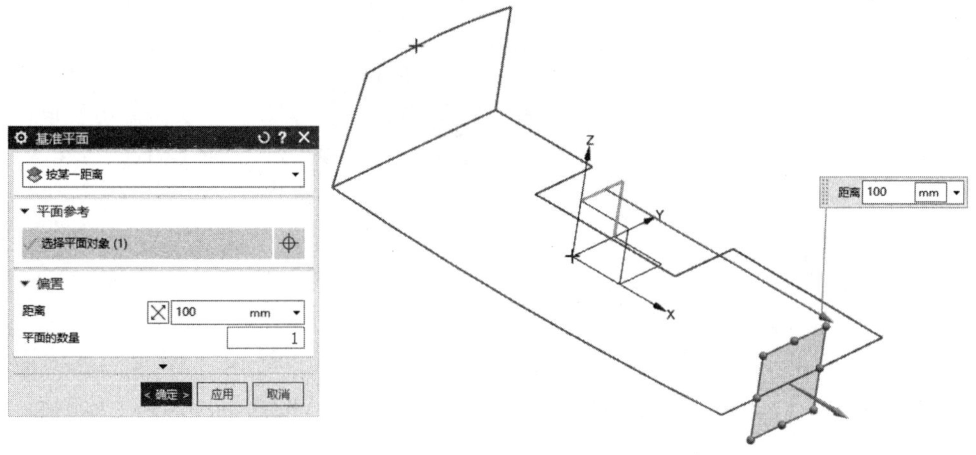

图 8-34　创建基准平面二

(6) 使用【草图】命令，在基准平面内，根据图纸创建草图三，如图 8-35 所示。

(7) 使用【曲线长度】命令，将草图二和草图三中的曲线延长一段距离，主要是为了后期根据两条线制作的片体足够大，方便后期和其他片体操作，如图 8-36 所示。

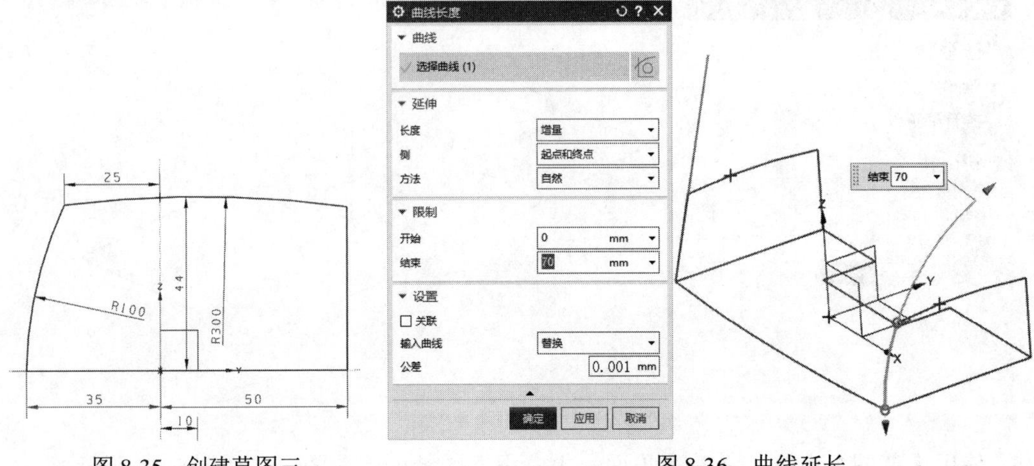

图 8-35　创建草图三　　　　图 8-36　曲线延长

8.3.2　主体特征创建

(1) 使用【扫掠】命令，将底线作为截面线、两条延长线作为引导线，制作出一张侧面，如图 8-37 所示。

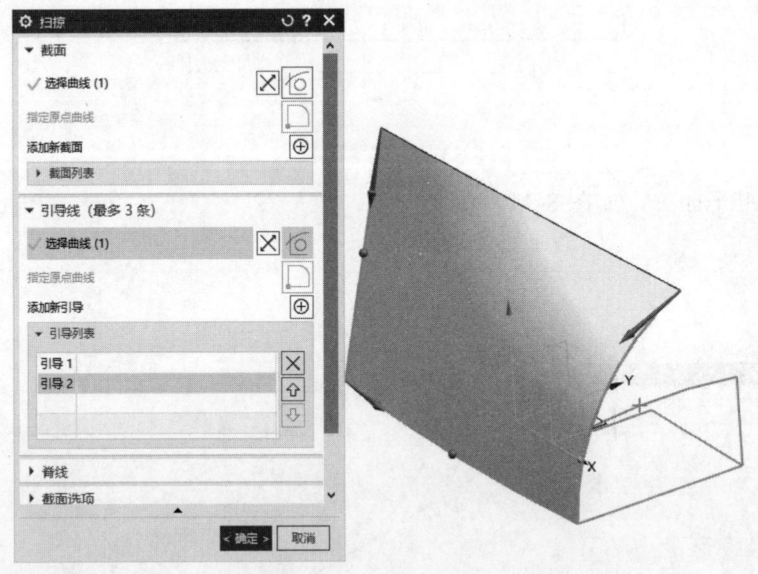

图 8-37　创建扫掠面

(2) 使用【拉伸】命令，按照基准的 Z 轴方向拉伸草图一的曲线，得到主体侧面，如图 8-38 所示。

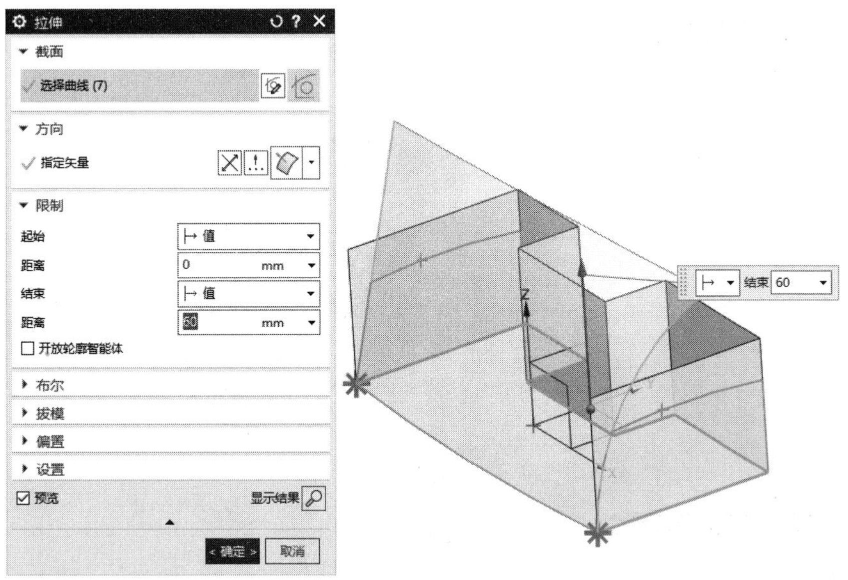

图 8-38　创建主体侧面

(3) 使用【修剪和延伸】命令，选择【制作拐角】项，实现拉伸面和扫掠面之间的相互裁剪，如图 8-39 所示。

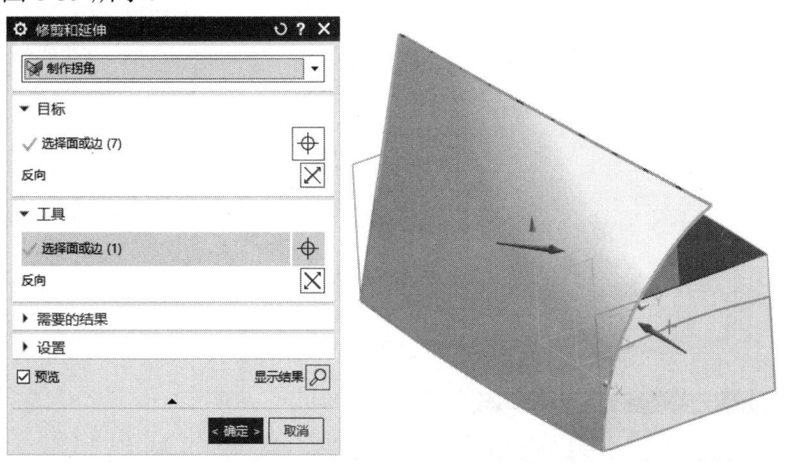

图 8-39　制作拐角

(4) 使用【直线】命令，制作沿着 Z 轴高度为 50 并且和 Y 轴平行的顶面直线，注意直线长度要大于草图一的范围，如图 8-40 所示。

(5) 使用【拉伸】命令，按照坐标系的 X 轴方向拉伸顶面直线，注意拉伸距离要大于草图一的范围，如图 8-41 所示。

(6) 使用【曲线长度】命令，将草图二和草图三中的曲线延长一段距离，主要是为了和顶面直线制作剖切曲面，以保证制作的曲面足够大，方便后期和其他片体操作，如图 8-42 所示。

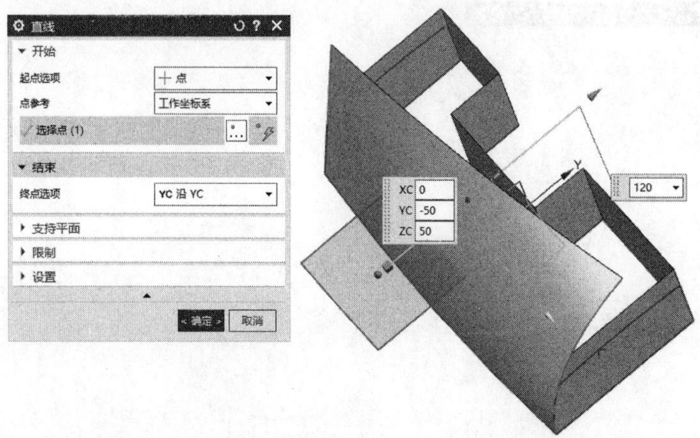

图 8-40　创建顶面直线

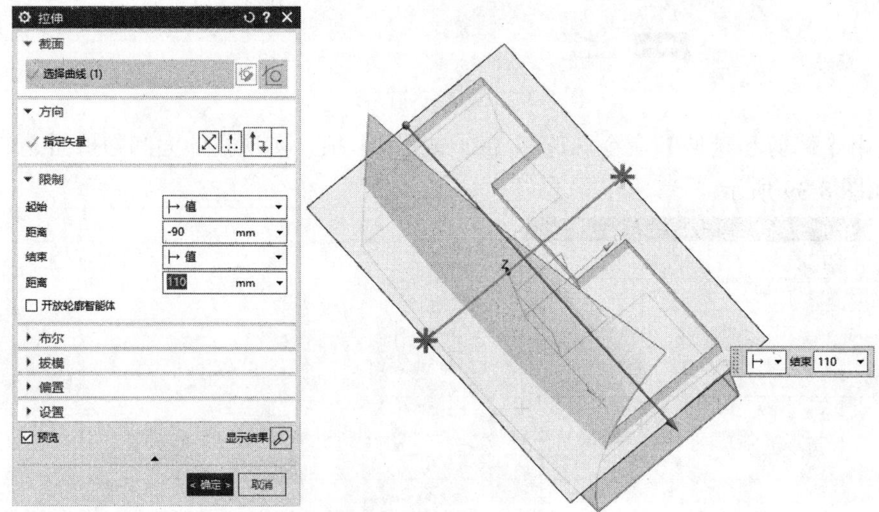

图 8-41　创建顶面

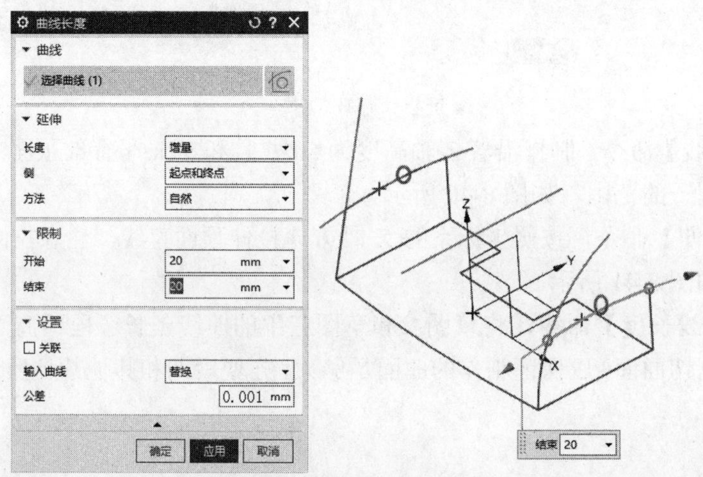

图 8-42　曲线延长

(7) 使用【截面曲面】命令，选择【圆形】的【相切-半径】模式，制作一个以草图二中延长的顶线为引导线和脊线、两张面都相切并且半径为 150 的弧面，如图 8-43 所示。

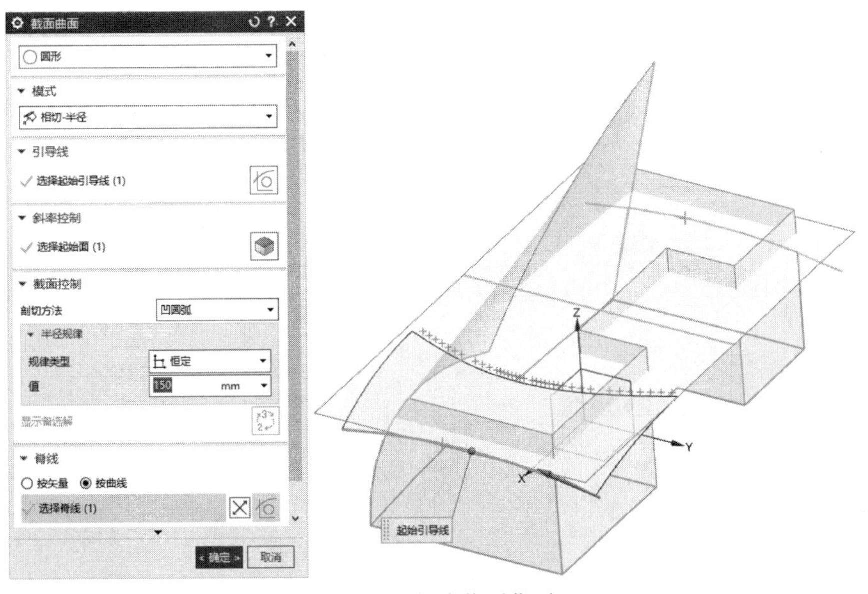

图 8-43　创建截面曲面

(8) 使用【截面曲面】命令，以同样的方法制作半径为 100 的弧面，如图 8-44 所示。

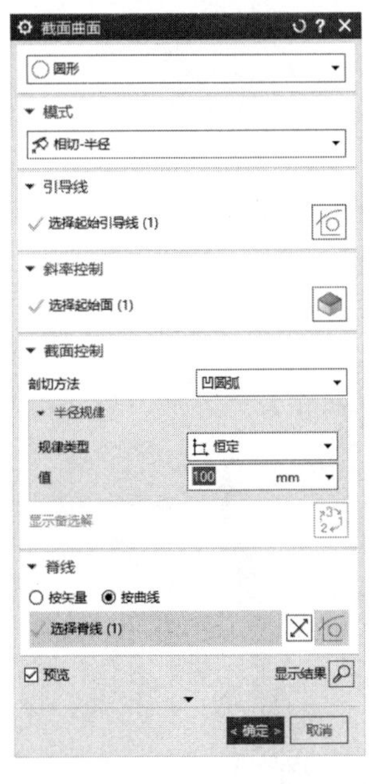

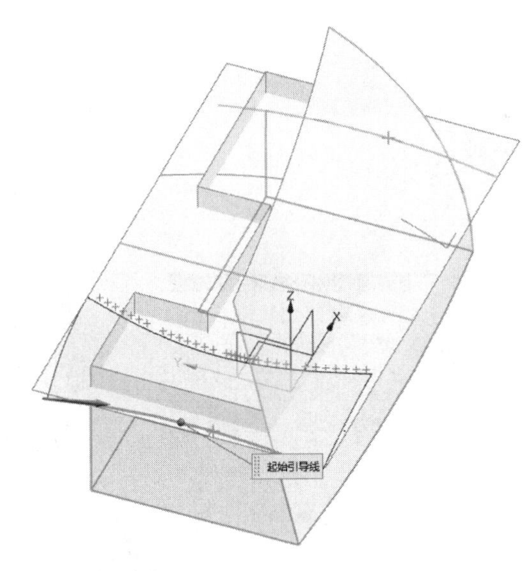

图 8-44　创建截面曲面

(9) 使用【修剪和延伸】命令，通过选择【制作拐角】项，实现两个截面曲面、顶面和主体面的相互裁剪，如图 8-45 所示。

(10) 使用【有界平面】命令，选取主体面底部边界制作出底面，如图 8-46 所示。

(11) 将曲线隐藏，再使用【缝合】命令，缝合所有片体，如图 8-47 所示。

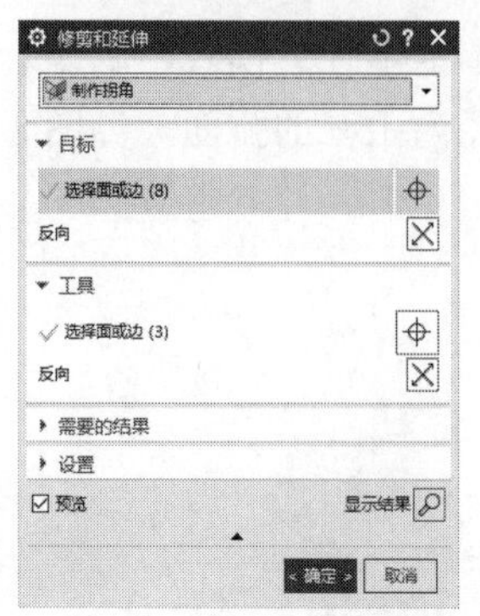

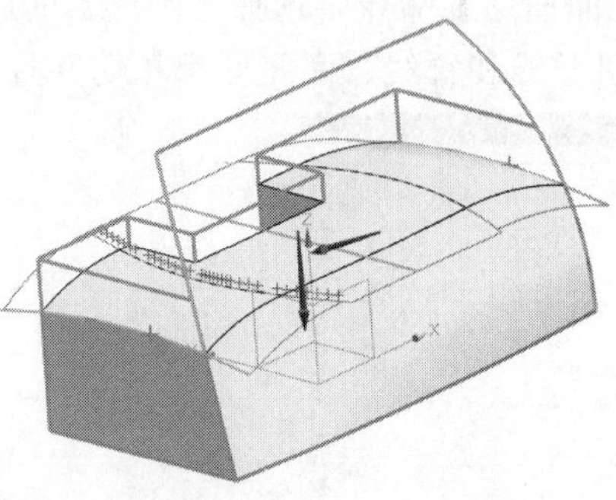

图 8-45　主体面相互裁剪

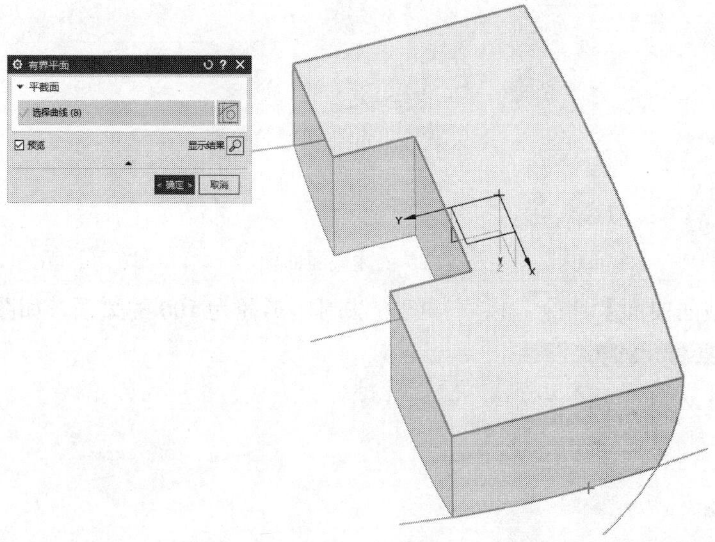

图 8-46　创建有界平面

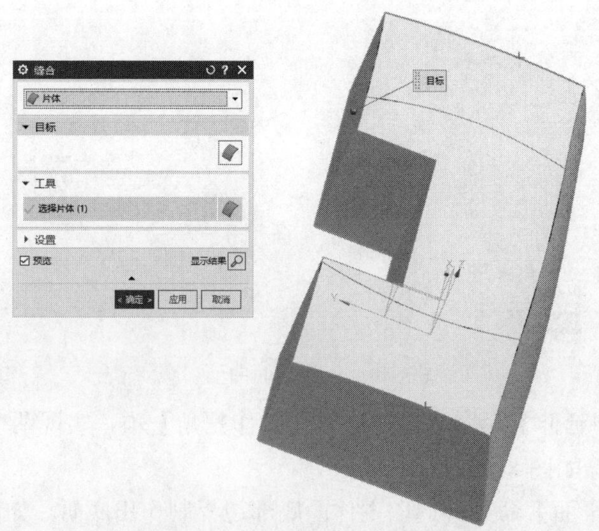

图 8-47　缝合片体

(12) 使用【拔模】命令，选择主体的底边进行拔模，拔模角度为 2°，注意有一段曲线的拔模角度为 0°，不需要选取，如图 8-48 所示。

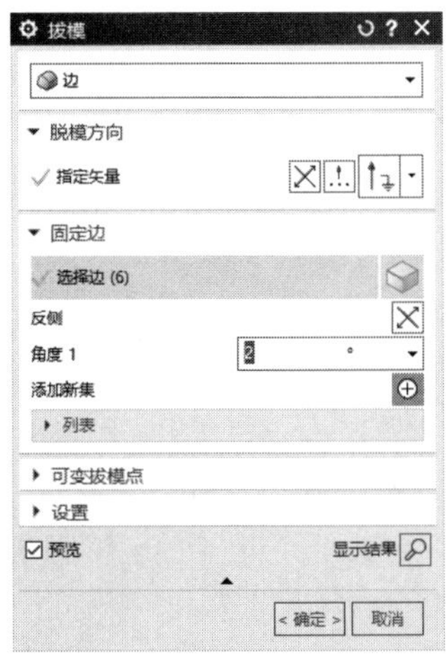

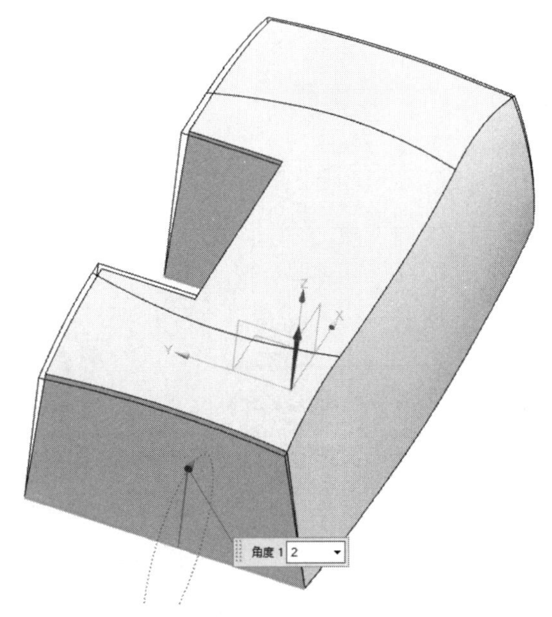

图 8-48　拔模

(13) 使用【直线】命令，制作通过坐标原点，沿着 Z 轴垂直的直线，如图 8-49 所示。

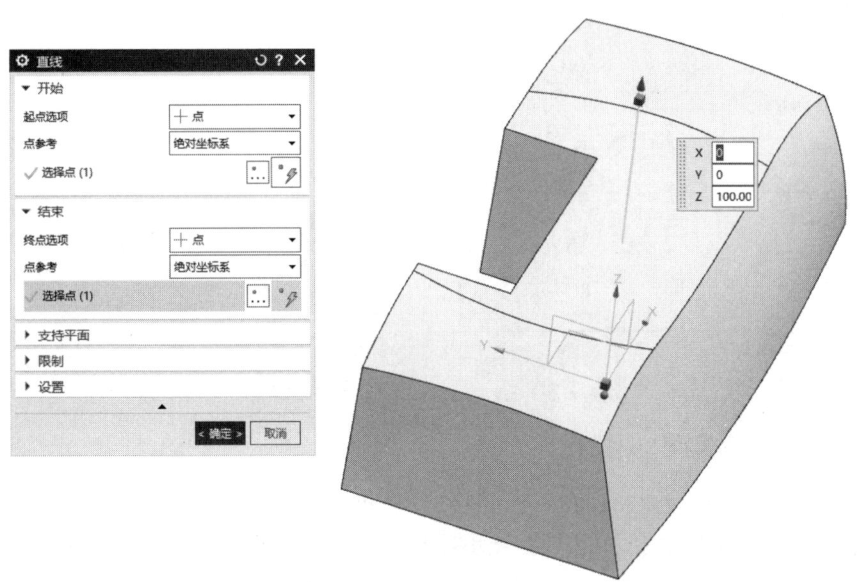

图 8-49　创建铅垂线

(14) 使用【面倒圆】命令，按照图纸选取 R20 的边进行倒圆(可分次倒圆)，脊线选择上一步创建的铅垂线，如图 8-50 所示。

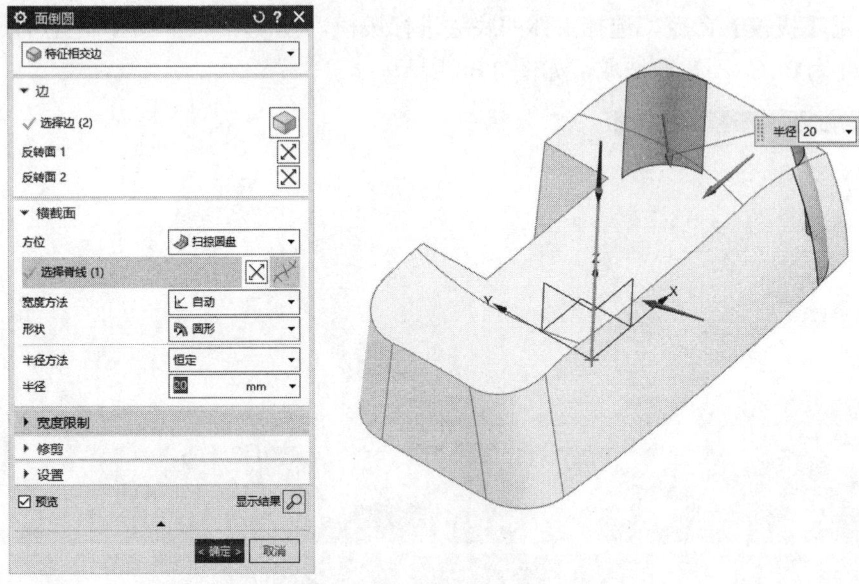

图 8-50　创建 R20 的圆角

(15) 使用【面倒圆】命令，同上一步的操作方法，按照图纸选取 R8 的边进行倒圆，如图 8-51 所示。

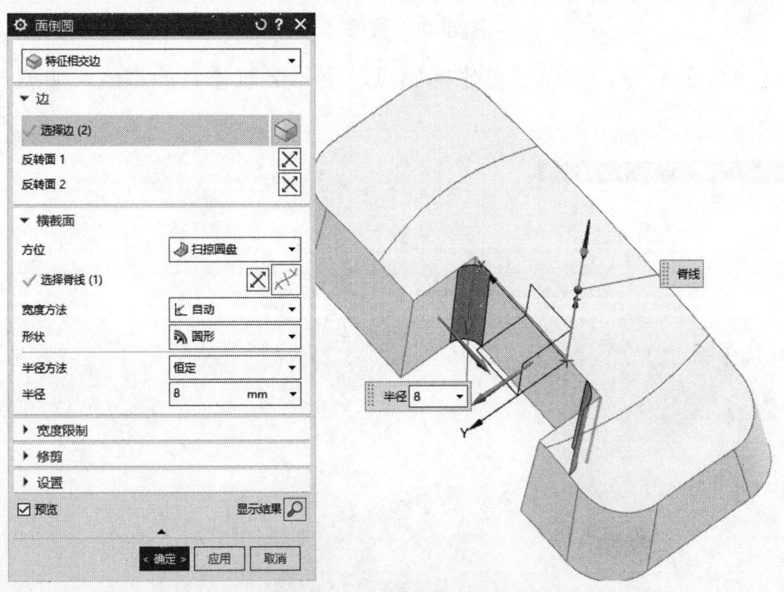

图 8-51　创建 R8 的圆角

(16) 使用【面倒圆】命令，相同上一步操作，按照图纸选取 R17 的边进行倒圆，如图 8-52 所示。

(17) 使用【边倒圆】的命令，选取主体顶边进行 R10、R12 的倒圆。这里需要采用变半径形式倒圆角，则指定点的方式选择变半径点，如图 8-53 所示。

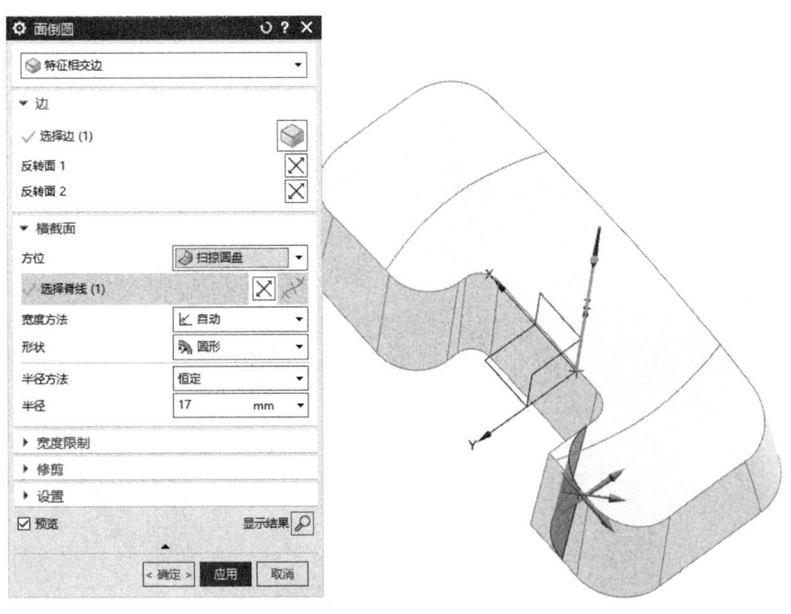

图 8-52　创建 R17 的圆角

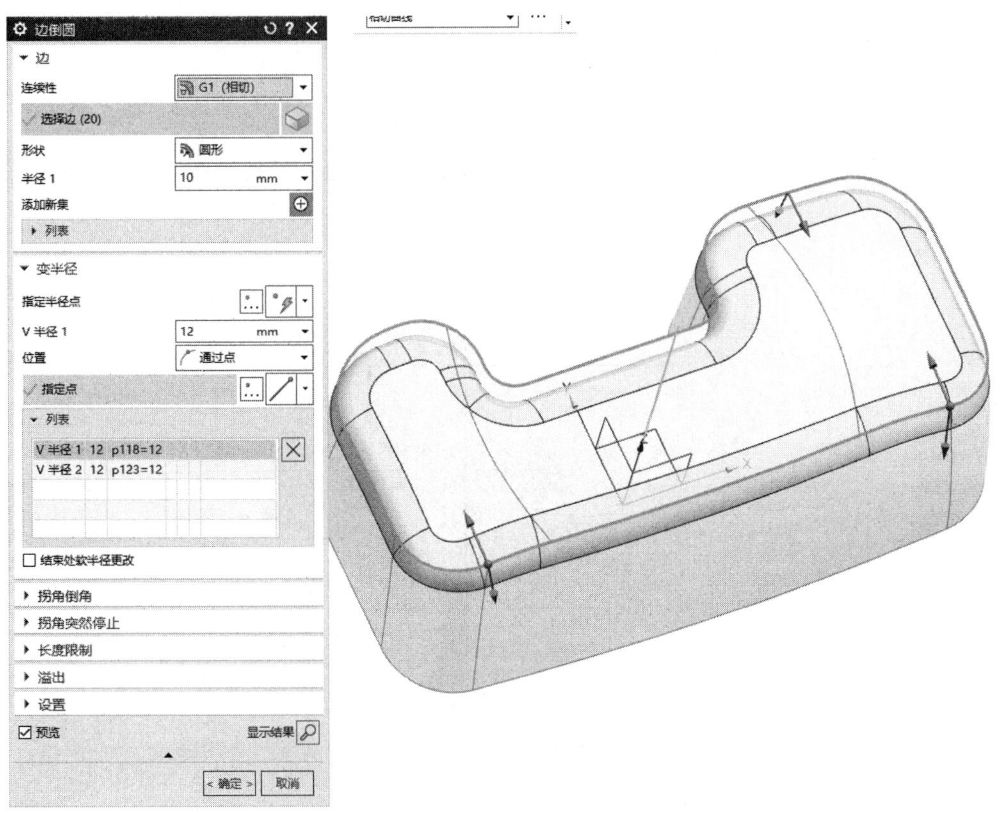

图 8-53　创建顶边圆角

8.3.3 凸台特征创建

(1) 创建基准坐标系，如图 8-54 所示。

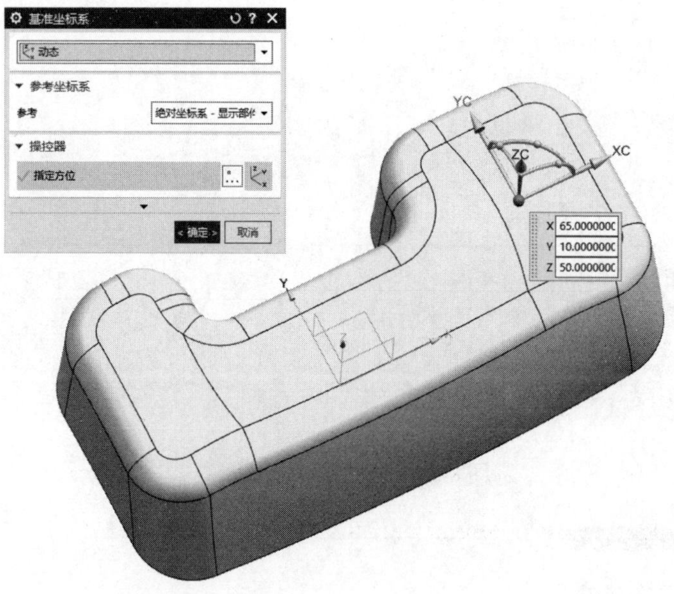

图 8-54 创建新的基准坐标系

(2) 使用【草图】命令，在新建的基准坐标系 XC-YC 平面内，根据图纸创建草图四，如图 8-55 所示。

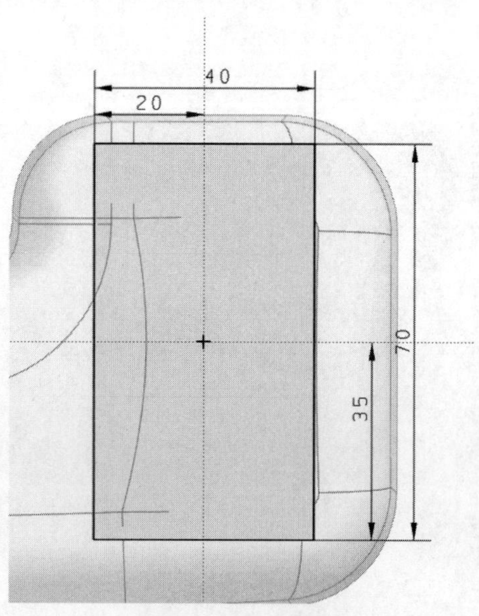

图 8-55 创建草图四

(3) 使用【拉伸】命令，制作凸台，注意凸台深度要和主体完全相贯，并从界面位置拔模 2°，如图 8-56 所示。

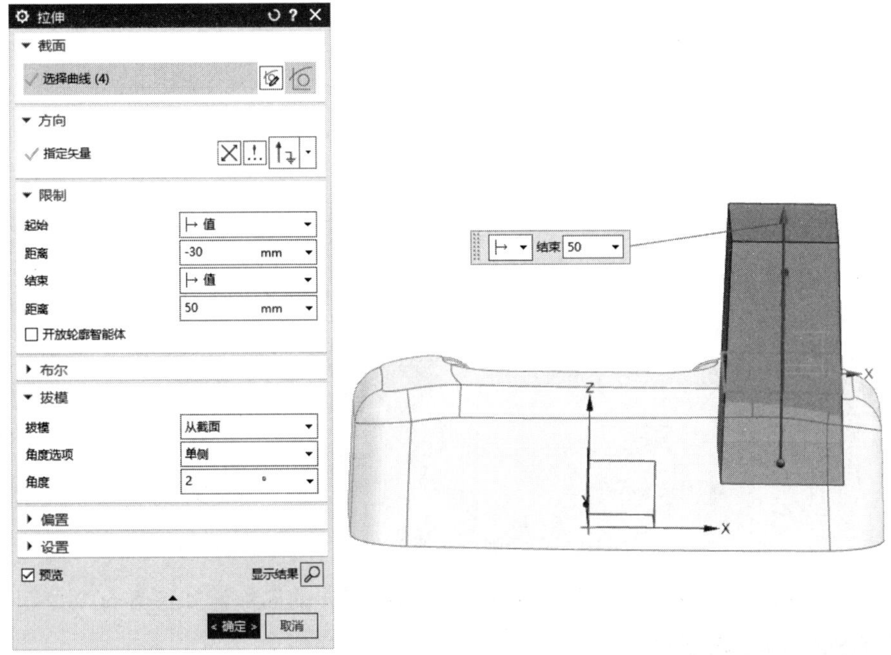

图 8-56　创建凸台

(4) 使用【草图】命令，在图 8-54 所示的新建基准坐标系的 XC-ZC 平面内，根据图纸创建草图五，如图 8-57 所示。

(5) 使用【草图】命令，继续在新建基准坐标系的 YC-ZC 平面内，根据图纸创建草图六，如图 8-58 所示。

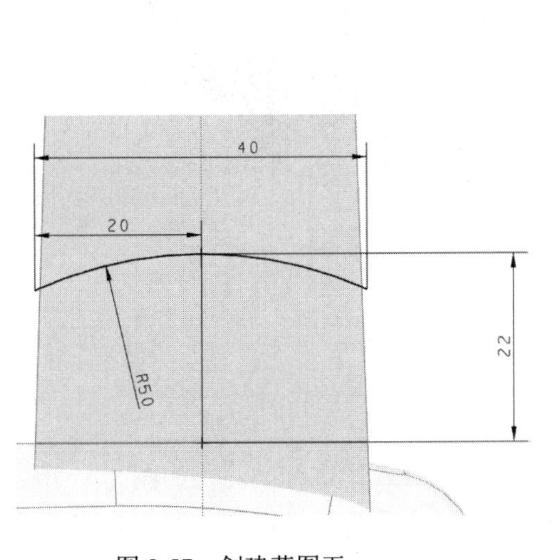

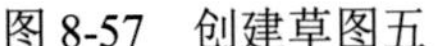
图 8-57　创建草图五

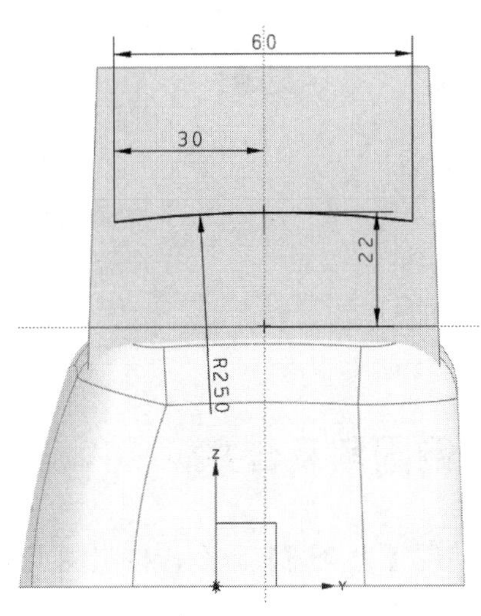

图 8-58　创建草图六

(6) 使用【扫掠】命令，通过草图五和草图六的圆弧创建凸台顶面，如图 8-59 所示。

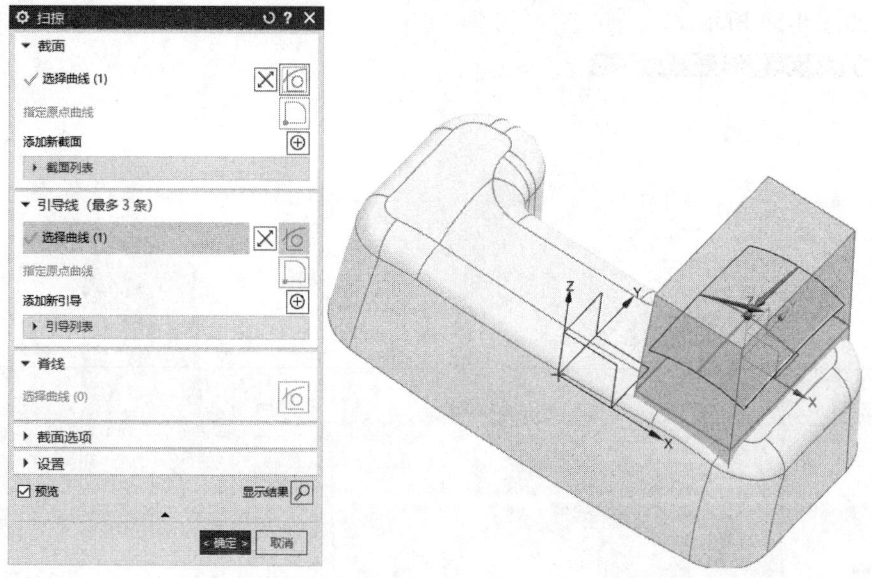

图 8-59　创建凸台顶面

(7) 使用【替换面】命令，把凸台顶面替换成图纸需要的曲面，如图 8-60 所示。

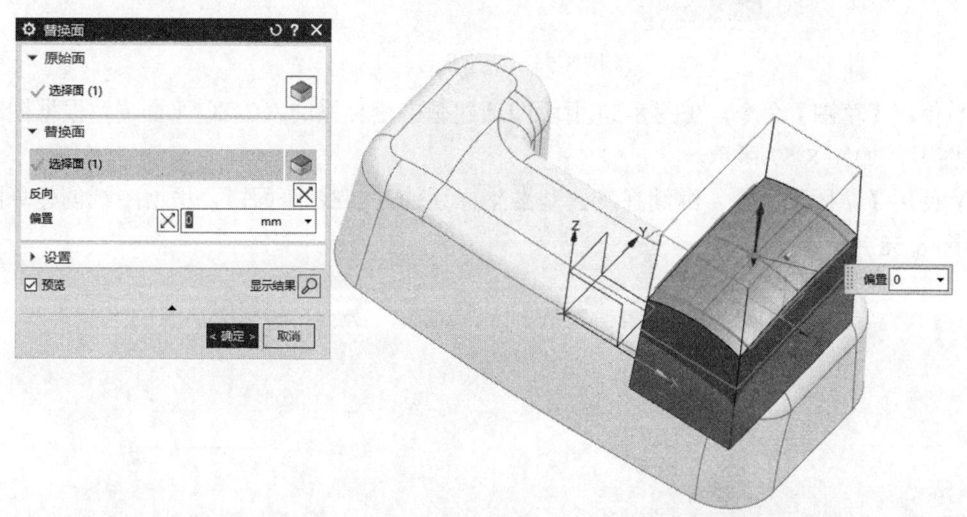

图 8-60　替换凸台顶面

8.3.4　倒圆角及合并

(1) 使用【边倒圆】命令，按照图纸选取 R5 的凸台断边进行倒圆，如图 8-61 所示。

(2) 使用【边倒圆】命令，按照图纸选取 R3 的凸台顶边进行倒圆，如图 8-62 所示。

(3) 使用【合并】命令，通过布尔运算把主体和凸台合并成一个实体，如图 8-63 所示。

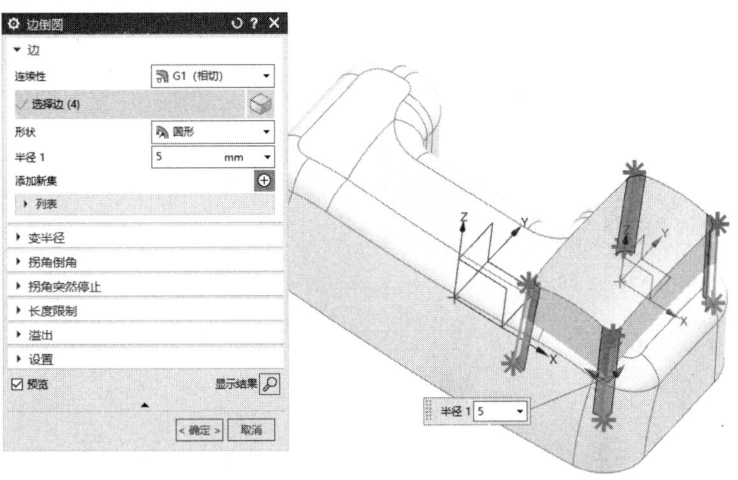

图 8-61　创建凸台圆角

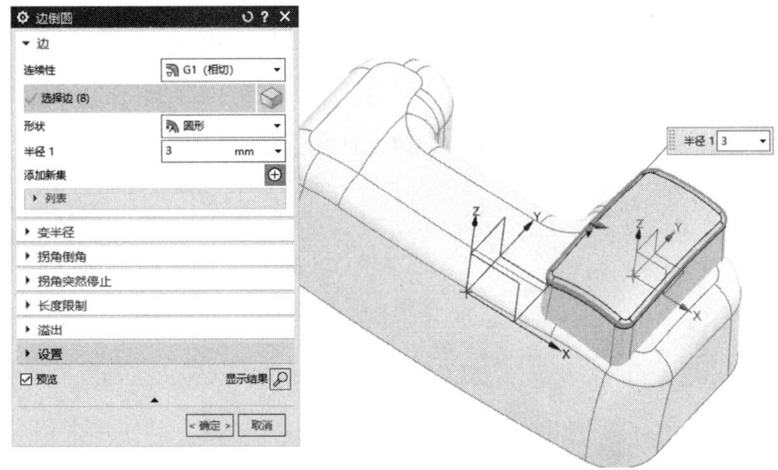

图 8-62　创建凸台顶边圆角

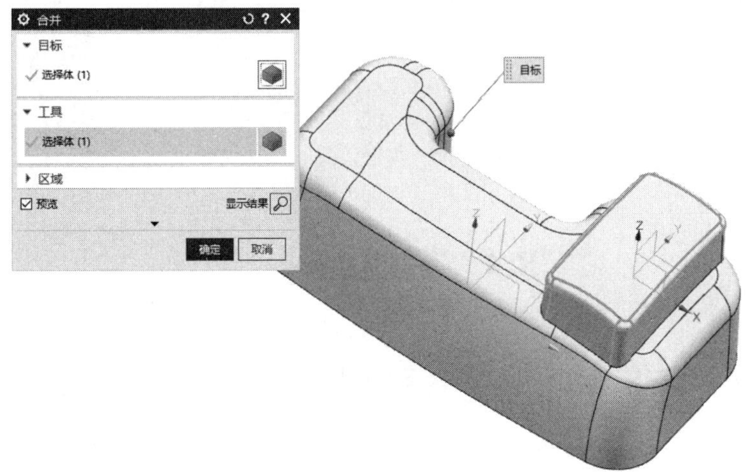

图 8-63　合并成一个实体

(4) 使用【边倒圆】命令，按照图纸对凸台和主体相交处进行 R5 的圆角处理，如图 8-64 所示。

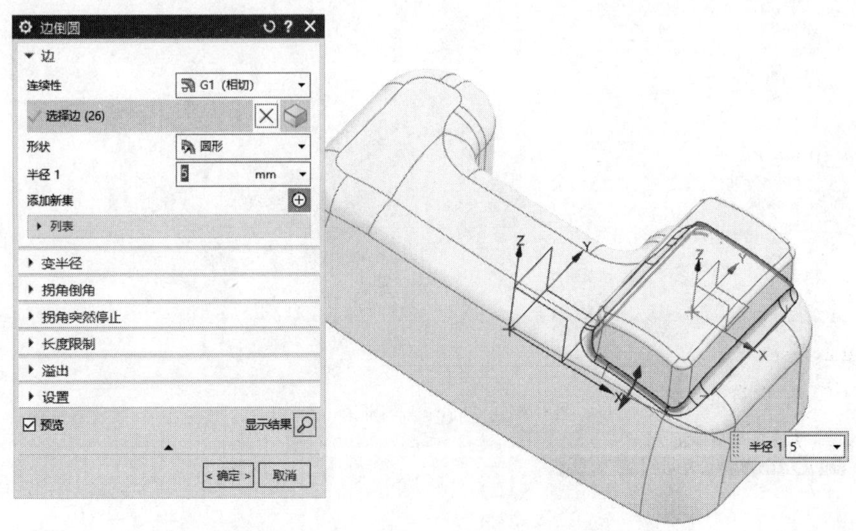

图 8-64　创建 R5 的圆角

(5) 最终模型如图 8-65 所示。

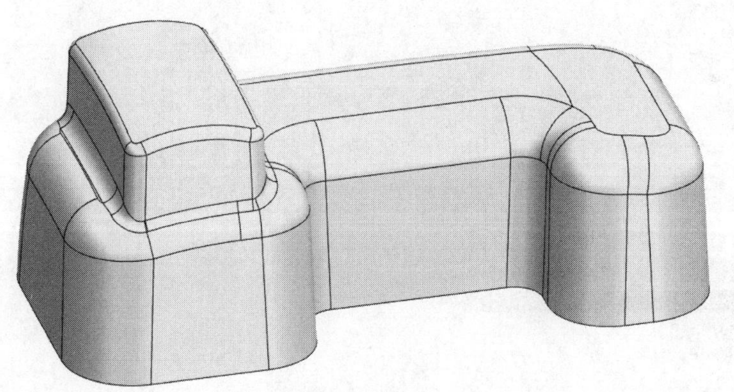

图 8-65　最终模型

8.4　拓展练习

根据图纸所示完成吊钩零件建模，如图 8-66 所示。

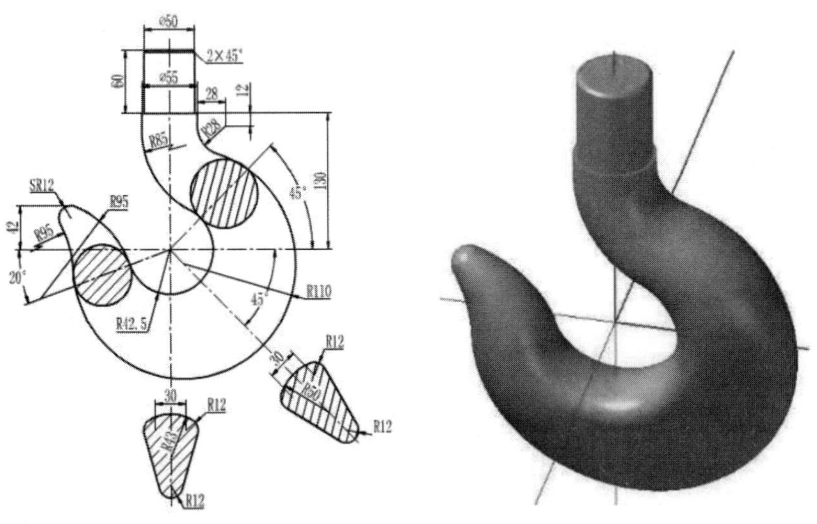

图 8-66　吊钩零件实体建模

引导问题：请简要叙述拓展练习案例的操作思路。

8.5　总结

小家电外壳零件结构虽然简单，但综合性要求非常高，不仅需要结合草图、曲面及实体命令，而且要有很强的二维图纸的读图能力。特别要注意以下几点。

(1) 第一角和第三角投影画法。本案例的二维图采用的是第三角视图画法，即左视图放在左侧，右视图放在右边，俯视图放在上面。

(2) 主体的扫掠面采用【截面线-2 引导线】生成，其两条引导线中，一条是直线，一条是 R100 的圆弧。

(3) 主体顶边的倒圆角，其倒圆角半径是不同的，需要采用变半径倒圆角。

(4) 俯视图(第三角画法，第一角视图主视图位置)中，主体上的 8 个倒圆角(R20、R17、R8)是通过【面倒圆】命令完成的，在进行面倒圆时需要构造正确的脊线。如果直接通过【倒圆角】命令对拔模面的交线进行倒圆角，则其在主视图上的投影将不是圆弧而是椭圆弧(请先思考原因，再继续)，因为【倒圆角】默认是以所选择的边为脊线，而该边与视图方面并不一致。

(5) 正视图(第三角画法，第一角视图俯视图位置)中，主体的 R150 和 R100 两个顶面是通过【截面曲面】命令的【相切-半径】模式生成的，要构造相应的曲线和平面，并且要注意操作的次序和选择的位置。

(6) 面要做得略大一些，以便能进行裁剪。

第 9 章

油箱盖零件建模

项目要求

- ✧ 熟练使用 NX 软件的部分命令。
- ✧ 掌握案例中的建模思路。
- ✧ 熟练完成油箱盖零件的建模。

9.1 案例分析

9.1.1 案例说明

本案例根据图纸所示完成油箱盖零件建模，如图 9-1 所示。

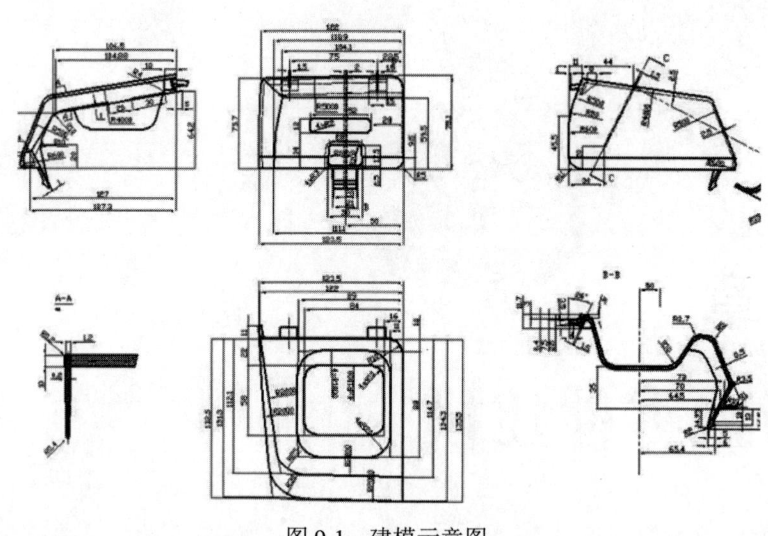

图 9-1 建模示意图

9.1.2 思路分析

通过观察图纸，发现油箱盖零件有很多圆角，而且许多结构存在对称关系，因此制作过程中要考虑好圆角的先后顺序，并可以通过【镜像体】命令简化对称结构的操作步骤。在建模时，可以把油箱盖零件分为主体特征和结构特征两部分，主体特征由曲面增厚获得，结构特征则需要根据图纸一个个建构出来，然后将其和零件主体合并到一起，最后进行圆角处理。具体建模流程如图 9-2 所示。

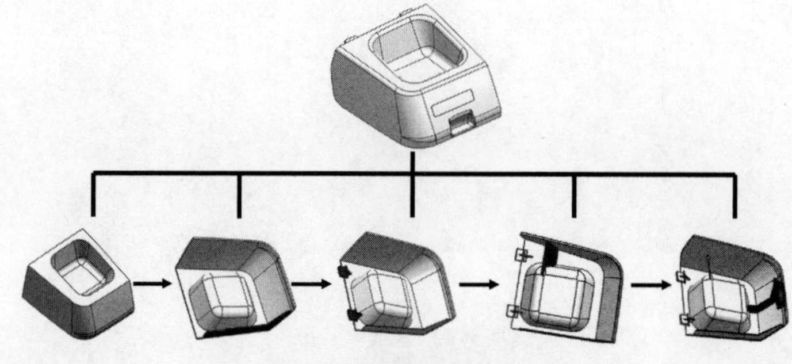

图 9-2 建模流程示意

油箱盖零件使用的建模命令及其命令索引如表 9-1 所示。

表 9-1　油箱盖零件使用的建模命令及其命令索引

特征	建模命令	命令索引
主体	草图	2.2.2
	基准平面	9.2.1
	拉伸	3.2.2
	扫掠	5.2.1
	修剪与延伸	8.2.6
凹槽	基准平面	9.2.1
	草图	2.2.2
	投影曲线	9.2.3
	直纹	9.2.1
	有界平面	8.2.7
	缝合	8.2.8
	边倒圆	4.2.5
	加厚	9.2.2
内部结构	草图	2.2.2
	拉伸	3.2.2
	基准平面	9.2.1
	扫掠	5.2.1
	修剪与延伸	8.2.6
	加厚	9.2.2
	边倒圆	4.2.5
	减去	9.2.5
	替换面	7.2.9
	修剪体	9.2.3

9.2　知识链接

9.2.1　基准平面命令解析

通过【基准平面】命令可以创建平面参考特征，以辅助定义其他特征。单击【主页】选项卡上的【构造】功能区中的【基准平面】命令，弹出的对话框如图 9-3 所示。常用的几种基准平面的创建方法如下。

图 9-3 【基准平面】对话框

- ✧ 自动判断：根据用户选择的对象，自动判断并生成基准平面。
- ✧ 按某一距离：所创建的基准平面与指定的面平行，其间隔距离由用户指定。需要指定两个参数，即参考平面、距离值。
- ✧ 成一角度：所创建的基准平面通过指定的轴，且与指定的平面成指定的角度。
- ✧ 二等分：根据所选择的两个平面，在平分位置创建基准平面。
- ✧ 曲线和点：其子类型有曲线和点、一点、两点、三点、点和曲线/轴、点和平面/面等。常用的有三点、曲线和点。“三点”方式下只需任意选择三点，即可创建通过所选三点的基准平面。“曲线和点”方式则创建一个通过指定的点，且与所选择的曲线垂直的基准平面，此方式需要指定两个参数，即平面通过的点、平面垂直的曲线。
- ✧ 两直线：根据所选择的两条直线创建基准平面。若两条直线共面，所创建的基准平面通过指定的两条直线；反之，则所创建的基准平面通过第一条直线，且与第二条直线平行。
- ✧ 相切：其子类型有相切、一个面、通过点、通过线条、两个面、与平面成一角度。根据所选对象，在相切位置创建基准平面。
- ✧ 通过对象：根据所选择的对象的面特征创建基准平面。
- ✧ 点和方向：根据所选的点和矢量，创建基准平面。
- ✧ 曲线上：所创建的基准平面通过曲线上的一点，且与曲线垂直。

9.2.2 修剪片体命令解析

【修剪片体】命令是指利用曲线、边缘、曲面或基准平面去修剪片体的一部分。单击【曲面】选项卡的【组合】功能区中的【修剪片体】命令，弹出如图 9-4 所示的对话框，该对话框中各选项的含义如下。

- ✧ 目标：要修剪的片体对象。
- ✧ 边界：去修剪目标片体的工具，如曲线、边缘、曲面或基准平面等。
- ✧ 投影方向：当边界对象远离目标片体时，可通过投影将边界对象(主要是曲线或边缘)投影在目标片体上，以进行投影。投影的方法有垂直于面、垂直于曲线平面和沿矢量。

- ✧ 区域：要保留或是要放弃的那部分片体。选中【保留】单选按钮，保留光标选择片体的部分；选中【放弃】单选按钮，则移除光标选择片体的部分。
- ✧ 设置：勾选【保存目标】复选框，修剪片体后仍保留原片体；勾选【输出精确的几何体】复选框，最终修剪后片体精度最高；勾选【延伸边界对象至目标体边】复选框，则修剪的片体到边界对象。【公差】数值为修剪结果与理论结果之间的误差。

图 9-4　【修剪片体】对话框

9.2.3　投影曲线命令解析

【投影曲线】命令是指将曲线或点投影到曲面上，超出投影曲面的部分将被自动截取。单击【曲线】选项卡的【派生】功能区中的【投影曲线】命令，即可弹出如图 9-5 所示的对话框。

图 9-5　【投影曲线】对话框

要将曲线或点向曲面投影，除了需要指定被投影的曲线和曲面外，还要注意对投影方向的正确选择。投影方向包括沿面的法向、朝向点、朝向直线、沿矢量、与矢量成角度和等圆弧长等。

- ✧ 沿面的法向：将所选点或曲线沿着曲面或平面的法线方向投影到此曲面或平面上，如图 9-6 所示。

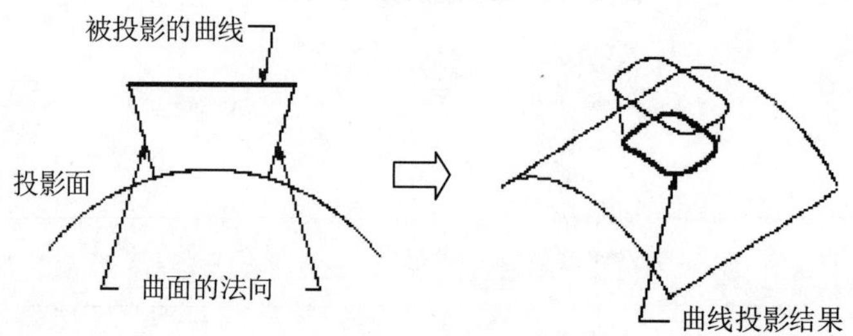

图 9-6　沿面的法向

- ✧ 朝向点：将所选点或曲线与指定点相连，与投影曲面的交线即为点或曲线在投影面上的投影，如图 9-7 所示。

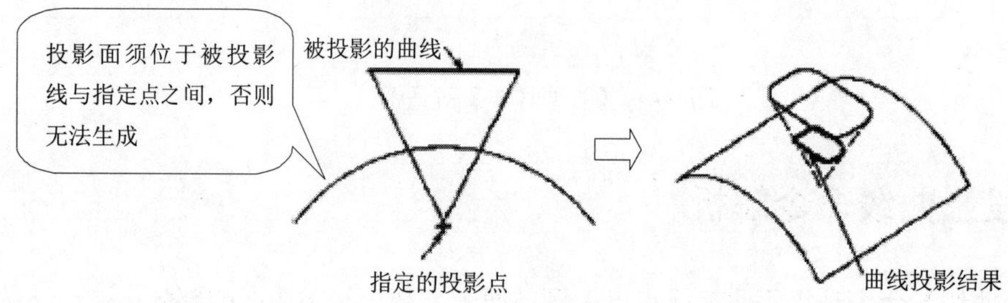

图 9-7　朝向点

- ✧ 朝向直线：将所选点或曲线向指定线投影，在投影面上的交线即为投影曲线，如图 9-8 所示。投影曲面须处于被投影线与指定点之间，否则无法生成。

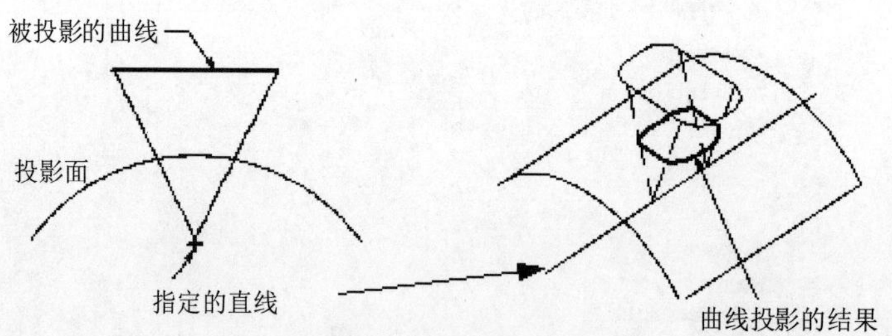

图 9-8　朝向直线

- ✧ 沿矢量：将所选的点或曲线沿指定的矢量方向投影到投影面上，如图 9-9 左图所示。
- ✧ 与矢量成角度：与【沿矢量】相似，除了指定一个矢量外，还需要设置一个角度，如图 9-9 右图所示。

图 9-9　按矢量投影

9.2.4　抽取几何特征命令解析

在【主页】选项卡的【基本】功能区上的【更多】的下拉列表里选择【抽取几何特征】命令，可以通过复制一个面、一组面或另一个体来创建体，弹出的【抽取几何特征】对话框如图 9-10 所示。

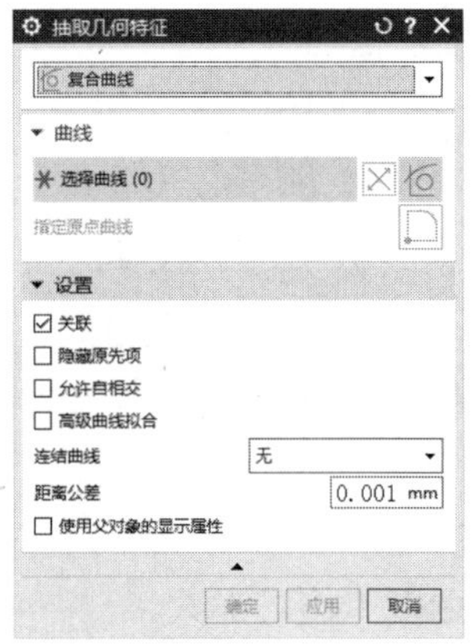

图 9-10　【抽取几何特征】对话框

9.2.5　镜像特征命令解析

使用【主页】选项卡的【基本】功能区中的【镜像特征】命令可以把选中的特征通过镜像面进行镜像，单击该命令弹出如图 9-11 所示的对话框。

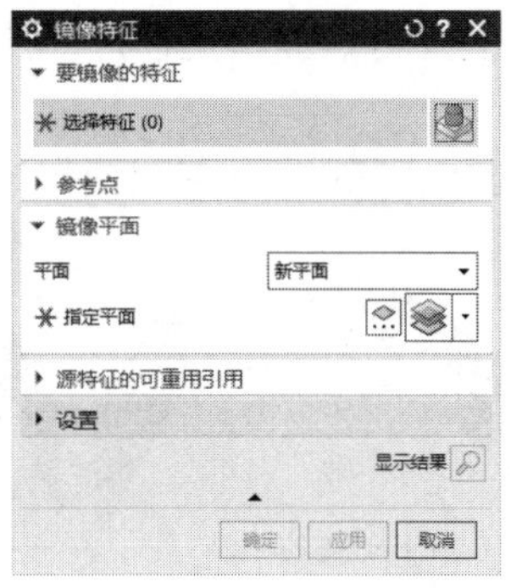

图 9-11　【镜像特征】对话框

9.2.6 扩大命令解析

【扩大】命令是指将未修剪过的曲面扩大或缩小。扩大功能与延伸功能类似，但只能对未经修剪过的曲面扩大或缩小，并且将移除曲面的参数。单击【曲面】选项卡的【编辑】功能区中的【扩大】命令，弹出的对话框如图 9-12 所示。

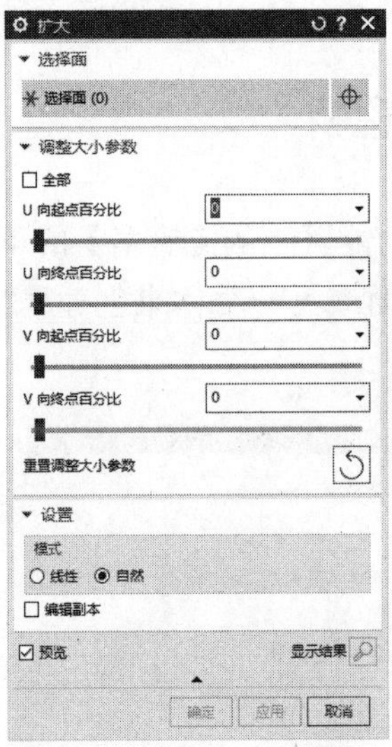

图 9-12 【扩大】对话框

该对话框中各选项的含义如下。

- ✧ 选择面：选择要扩大的面。
- ✧ 调整大小参数：设置调整曲面大小的参数。
- ✧ 全部：勾选此复选框，若拖动下面的任一数值滑块，则其余数值滑块一起被拖动，即曲面在 U、V 方向上被一起放大或缩小。
- ✧ U 向起点百分比/U 向终点百分比/V 向起点百分比/V 向终点百分比：指定片体各边的修改百分比。
- ✧ 重置调整大小参数：使数值滑块或参数回到初始状态。
- ✧ 模式：共有线性和自然两种模式，效果如图 9-13 所示。选择【线性】单选按钮，将在一个方向上线性延伸片体的边，线性模式只能扩大面，不能缩小面；选择【自然】单选按钮，则顺着曲面的自然曲率延伸片体的边，自然模式可增大或减小片体的尺寸。
- ✧ 编辑副本：对片体副本执行扩大操作。如果取消勾选此复选框，则将扩大原始片体。

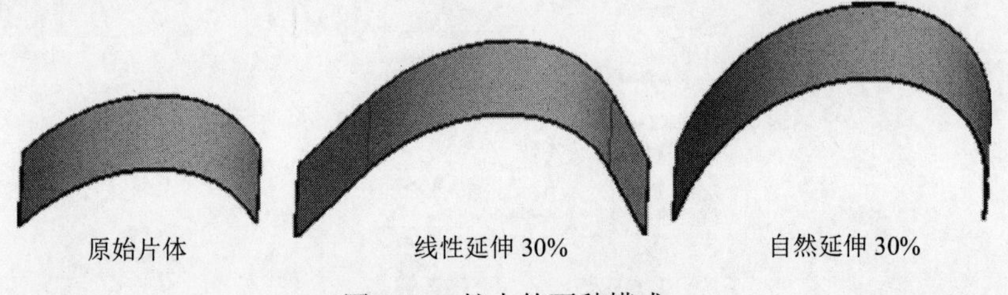

图 9-13 扩大的两种模式

9.2.7　阵列几何特征命令解析

【阵列几何特征】命令是指将几何特征复制到各种图样阵列中或布局(线性、圆形、多边形等)中，并使用对应阵列边界、实例方位和旋转的各种选项。【阵列几何特征】对话框如图 9-14 所示。

图 9-14　【阵列几何特征】对话框

9.3　案例实施

油箱盖零件建模

9.3.1　主体特征草图创建

(1) 使用【草图】命令，在坐标系的 YC-ZC 平面内，根据图纸创建草图一，如图 9-15 所示。

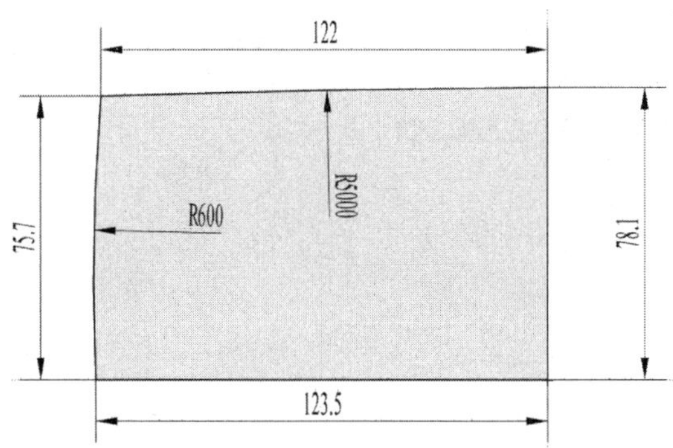

图 9-15　创建草图一

(2) 使用【基准平面】命令，创建基准平面一，其与 XC-YC 平面距离为 59.5，如图 9-16 所示。

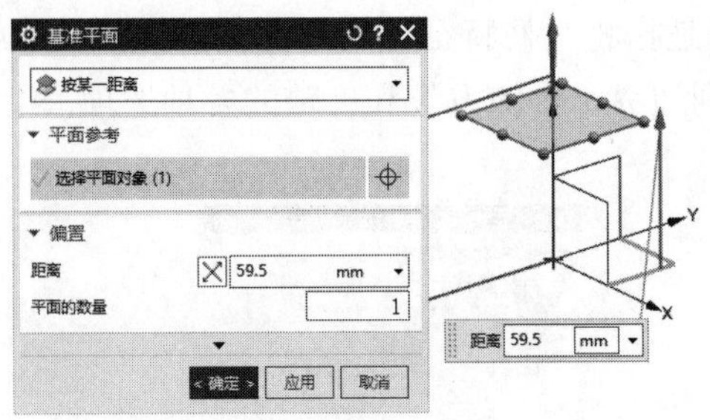

图 9-16　创建基准平面一

(3) 使用【草图】命令，在基准平面一上根据图纸创建草图二，如图 9-17 所示。

(4) 使用【草图】命令，在坐标系中的 XC-YC 平面内，根据图纸创建草图三，如图 9-18 所示。

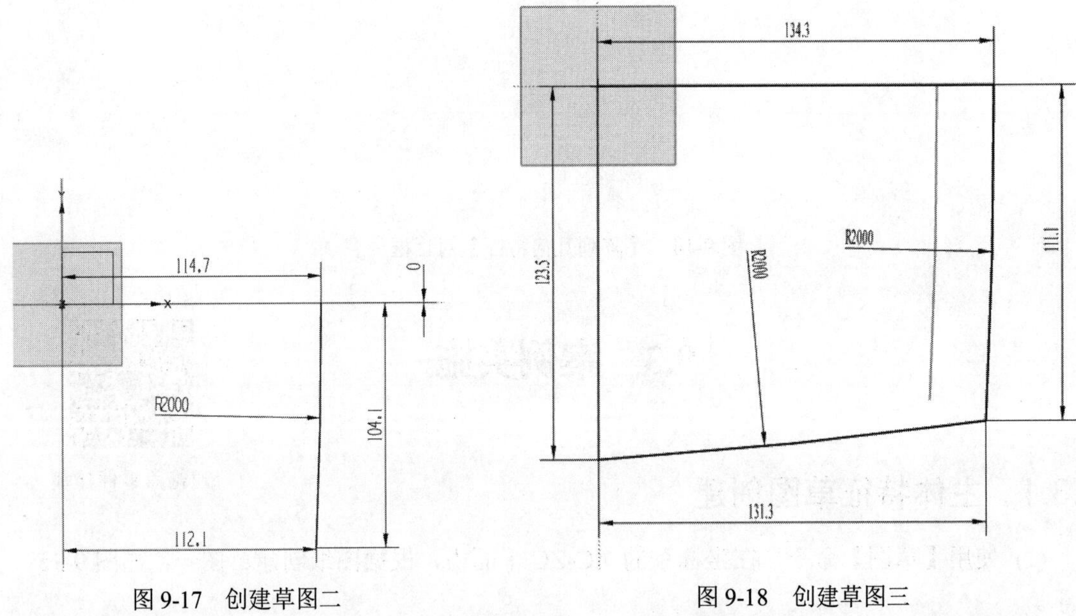

图 9-17　创建草图二　　　　　　　　图 9-18　创建草图三

(5) 使用【基准平面】命令，创建基准平面二，其与坐标系的 XC-YC 平面距离为 9.5，如图 9-19 所示。

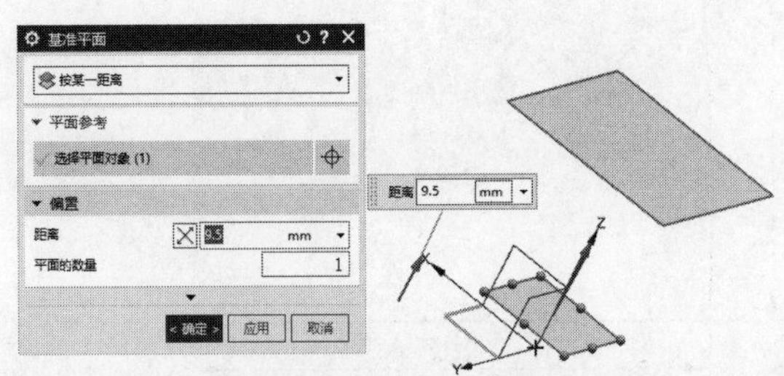

图 9-19　创建基准平面二

(6) 使用【草图】命令，在基准平面二上根据图纸创建草图四，如图 9-20 所示。

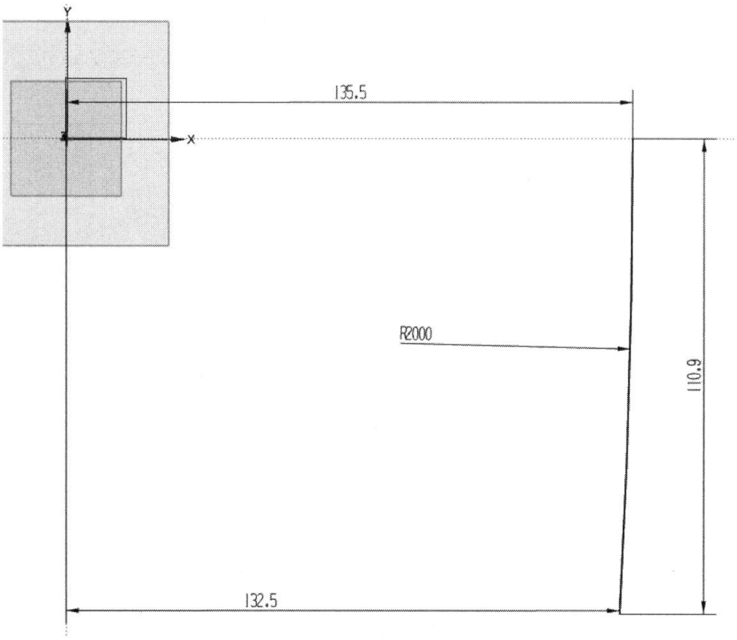

图 9-20　创建草图四

(7) 使用【曲线】选项卡上的【圆弧】命令，根据图纸创建圆弧，半径为 R4000，圆弧两端和草图一、草图二的曲线共端点，如图 9-21 所示。

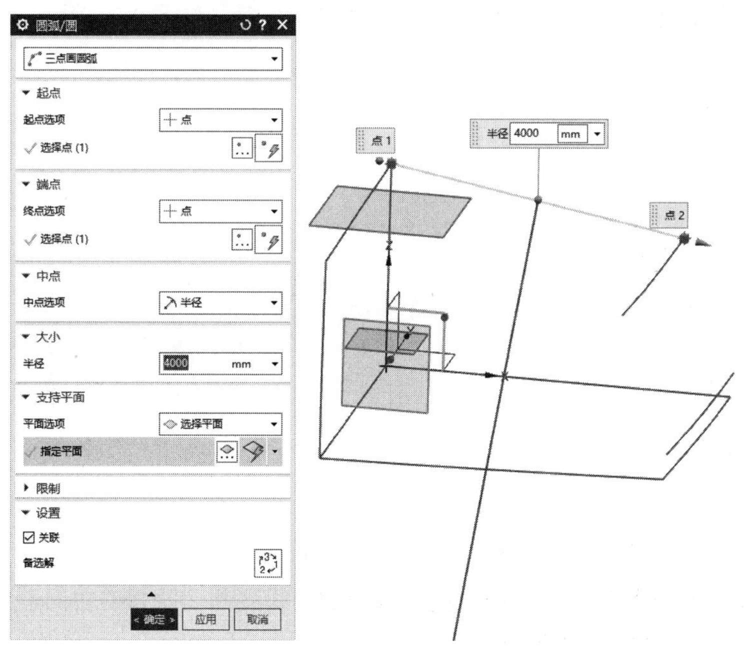

图 9-21　创建圆弧

(8) 同样使用【圆弧】命令，根据图纸创建半径为 R500 和 R600 的圆弧，圆弧的端点和草图二、草图三、草图四的曲线共端点，如图 9-22 所示。

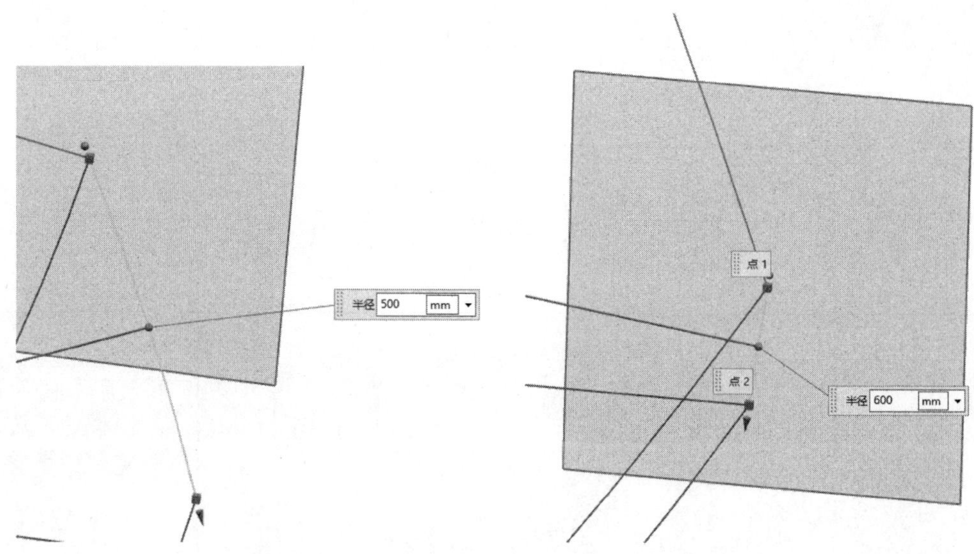

图 9-22　创建草图六

9.3.2　主体特征片体创建

(1) 使用【扫掠】命令，选取草图中的曲线制作出曲面，如图 9-23 所示。其余三个曲面用同样的方法获得。

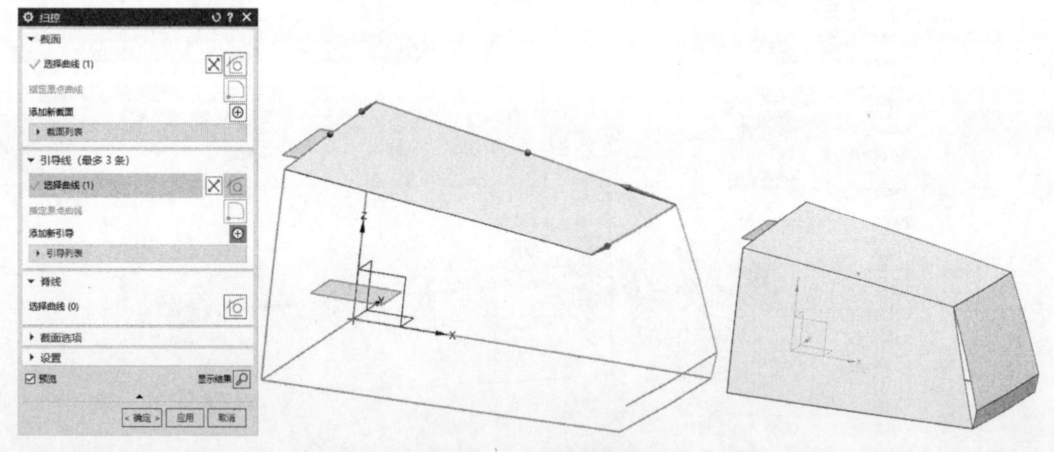

图 9-23　创建扫掠面

(2) 使用【延伸片体】命令，延伸曲面，使曲面的长度超出相邻的曲面，如图 9-24 所示。并通过同样的方式延伸另外两个曲面。

(3) 使用【修剪片体】命令，把曲面间四之间的交叉部分相互裁剪干净，如图 9-25 所示。

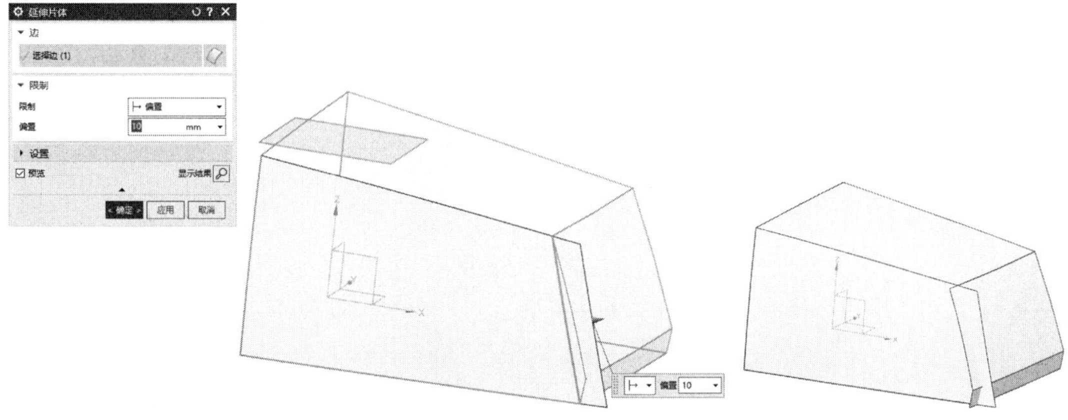

图 9-24　延伸曲面

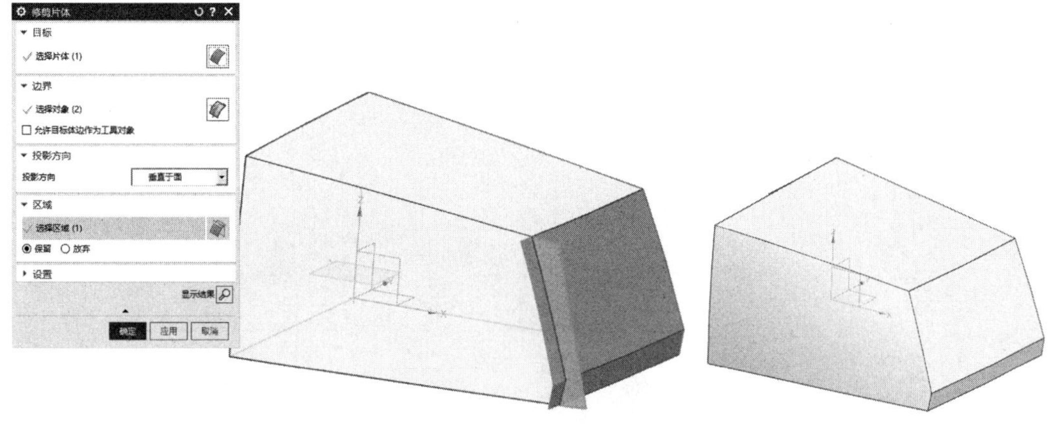

图 9-25　修剪片体

9.3.3　凹槽特征草图

(1) 使用【基准平面】命令，创建基准平面三，其与坐标系的 XC-YC 平面距离为 35，如图 9-26 所示。

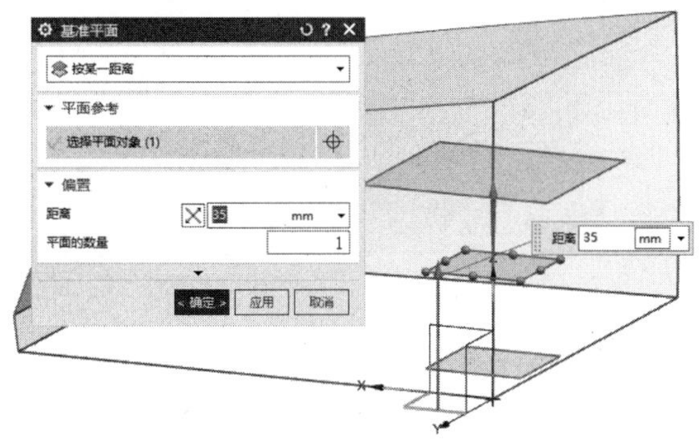

图 9-26　创建基准平面三

(2) 使用【草图】命令，在基准平面三上根据图纸创建草图七，如图 9-27 所示。

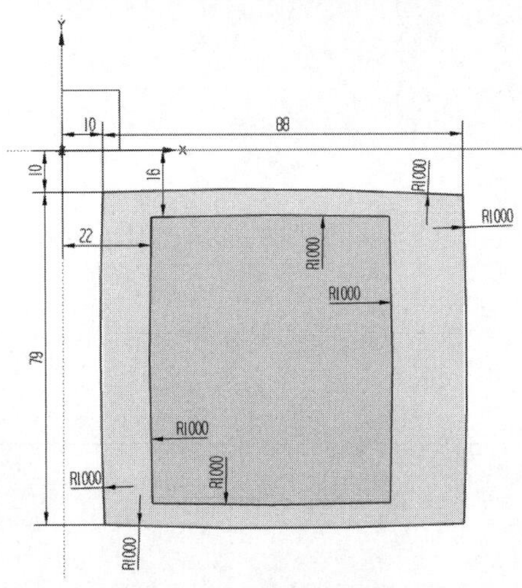

图 9-27　创建草图七

(3) 使用【投影曲线】命令，投影草图七的曲线到顶平面，如图 9-28 所示。

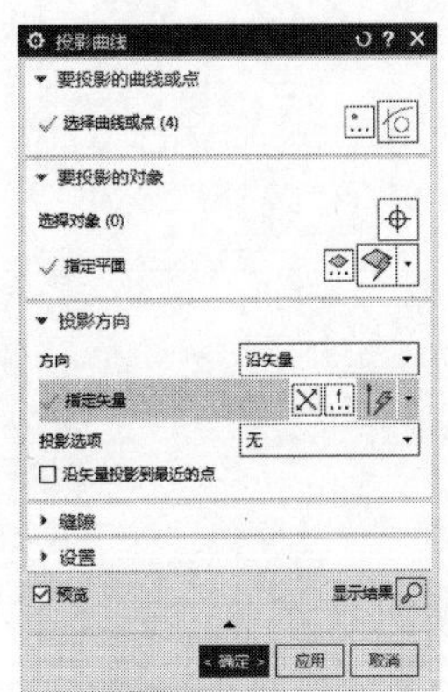

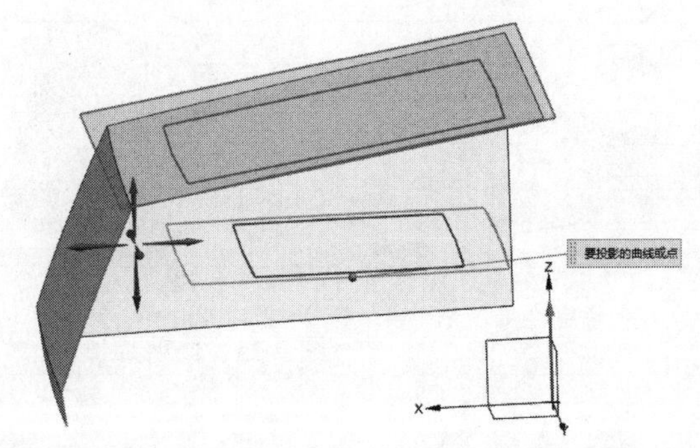

图 9-28　创建投影曲线

(4) 使用【直纹】命令，创建凹槽侧面，四个侧面制作的方法一致，如图 9-29 所示。

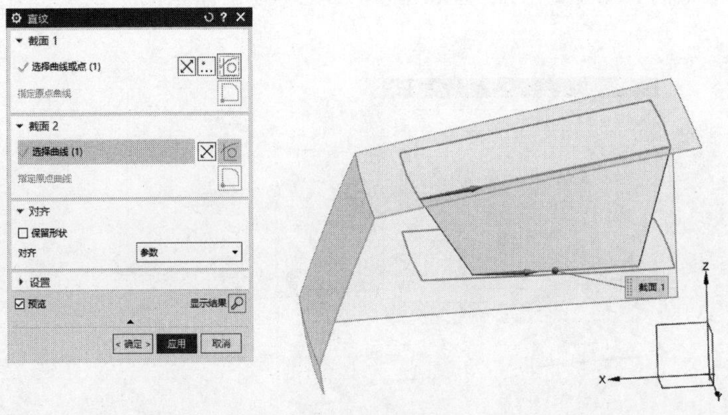

图 9-29　创建直纹面

(5) 使用【有界平面】命令，选取凹槽底部边界制作出底面，如图 9-30 所示。

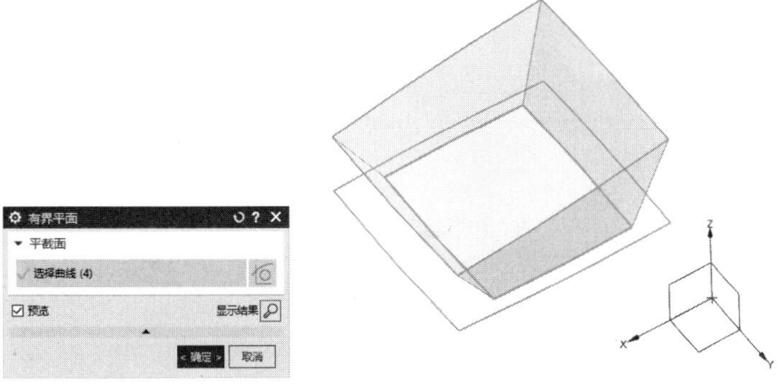

图 9-30　创建有界平面

(6) 使用【修剪片体】命令，把顶面按照凹槽四周边界裁剪出来，如图 9-31 所示。

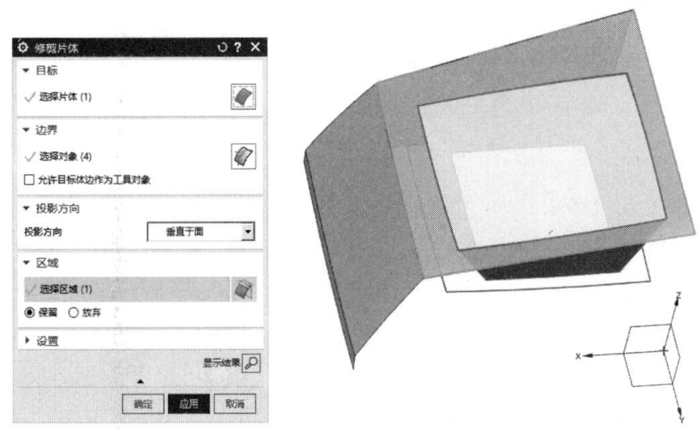

图 9-31　修剪顶面

(7) 使用【缝合】命令，把所有片体缝合成一个体，如图 9-32 所示。

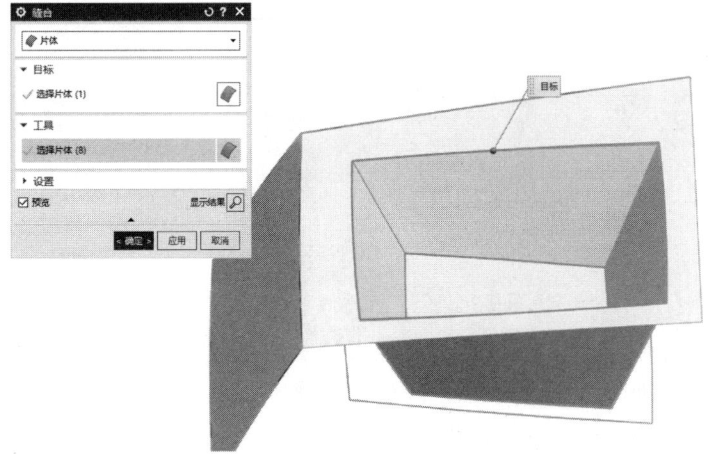

图 9-32　缝合片体

(8) 使用【边倒圆】命令，选择【可变半径点】项创建凹槽四个断边的渐变圆角，如图 9-33 所示。

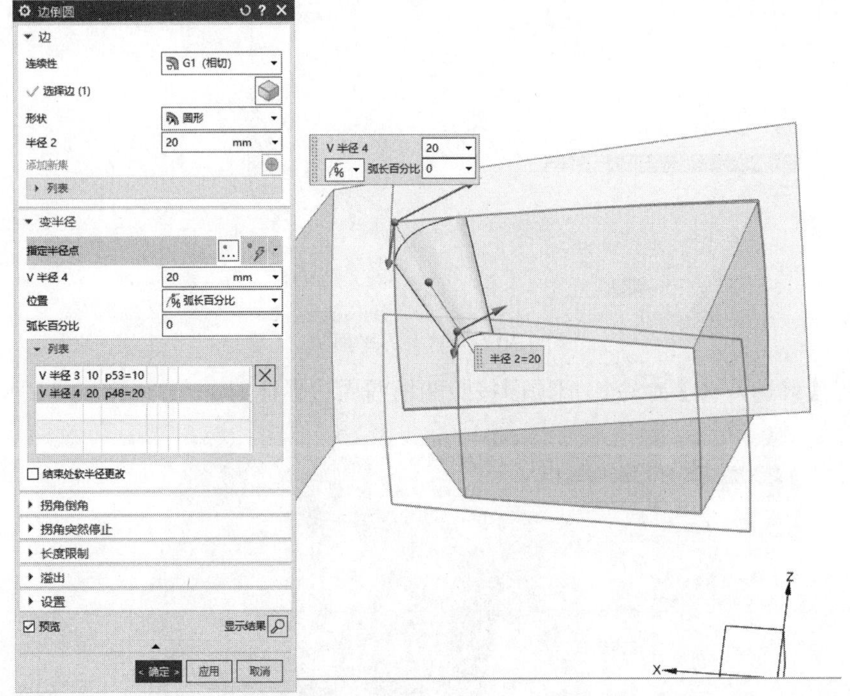

图 9-33　创建可变半径圆角

(9) 使用【边倒圆】命令，创建凹槽底边圆角，如图 9-34 所示。

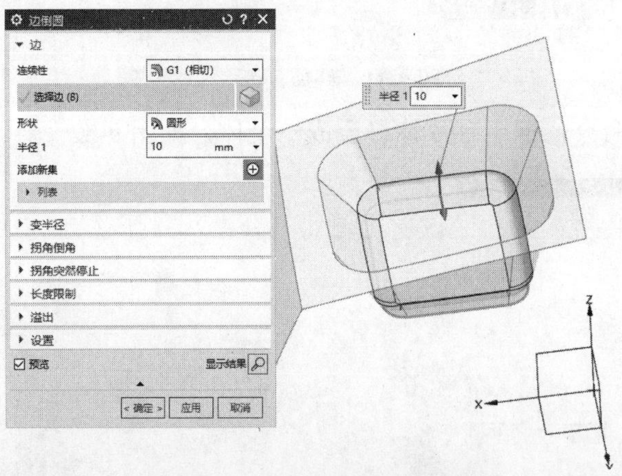

图 9-34　创建凹槽底部圆角

(10) 使用【边倒圆】命令，选择【可变半径点】项创建一段半径为 30 的圆角，一段半径由 30 到 25 渐变的圆角，如图 9-35 所示。

(11) 使用【边倒圆】命令，创建 R15 的圆角，如图 9-36 所示。

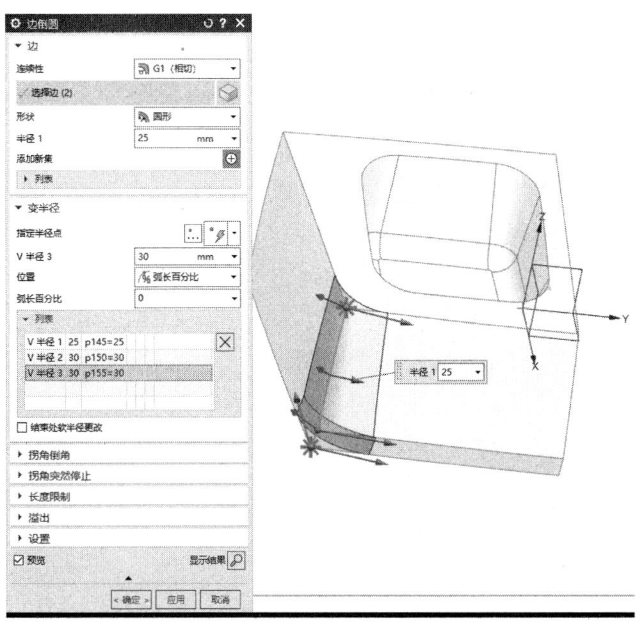

图 9-35　创建可变半径圆角

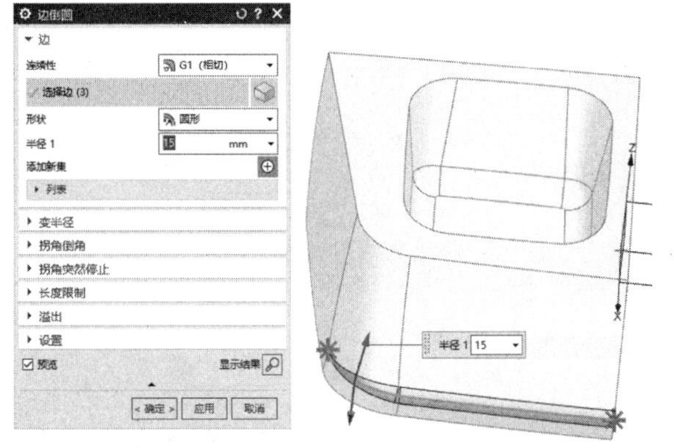

图 9-36　创建 R15 的圆角

(12) 使用【加厚】命令，选取片体创建肉厚 2.5 的实体，如图 9-37 所示。

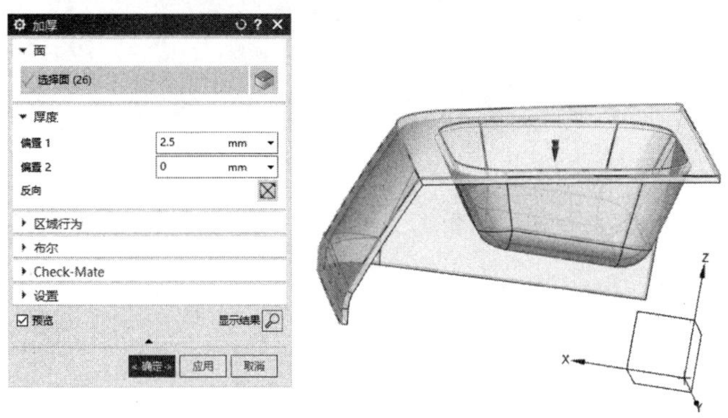

图 9-37　创建增厚实体

9.3.4　结构特征创建

(1) 使用【拉伸】命令，在坐标系的 XC-ZC 平面内制作一条和 X 轴平行的直线，然后按照 Z 轴拉伸成一个平面，如图 9-38 所示。

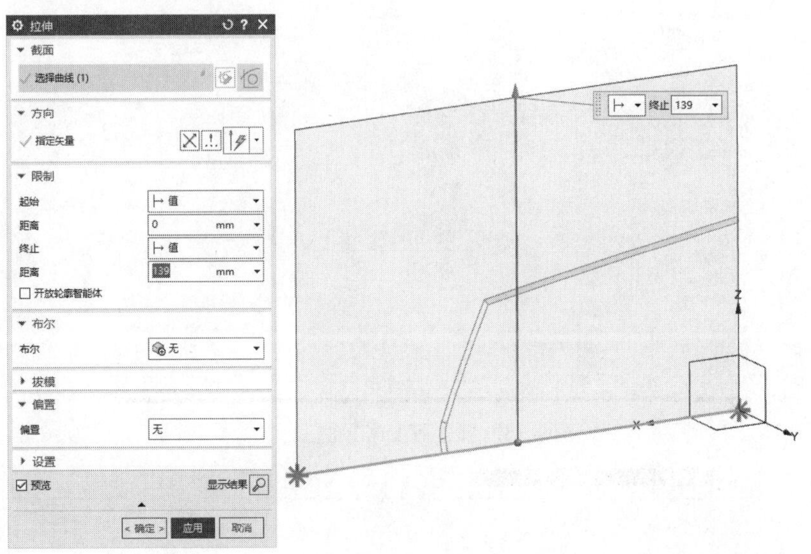

图 9-38　创建特征

(2) 使用【替换面】命令，按照图纸把主体侧面替换成上一步拉伸的直面，因为主体侧面是由【加厚】命令直接生成的，侧面方向垂直于增厚面的法向方向。如图 9-39 所示。

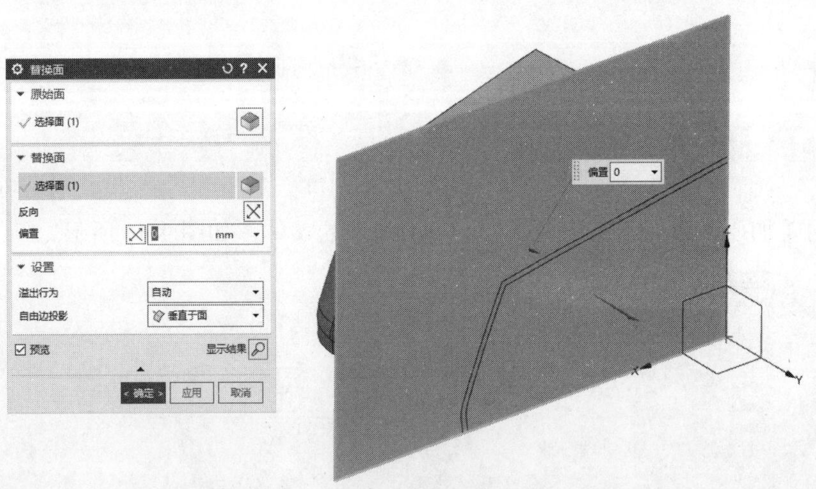

图 9-39　替换侧面

(3) 隐藏片体，再使用【草图】命令，在坐标系的 XC-ZC 平面内根据图纸创建草图八，如图 9-40 所示。

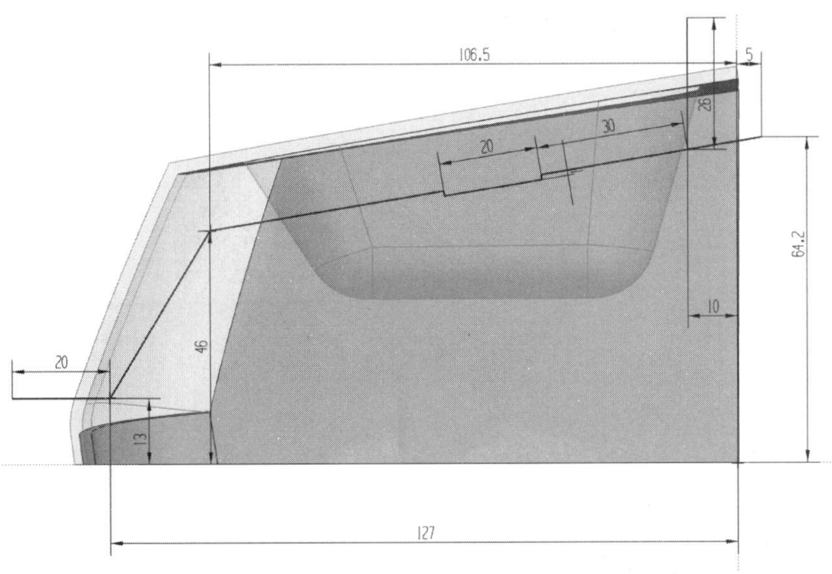

图 9-40　创建草图八

(4) 使用【拉伸】命令，拉伸图 9-38 中的直线，并偏置出实体，得到筋板主体，如图 9-41 所示。

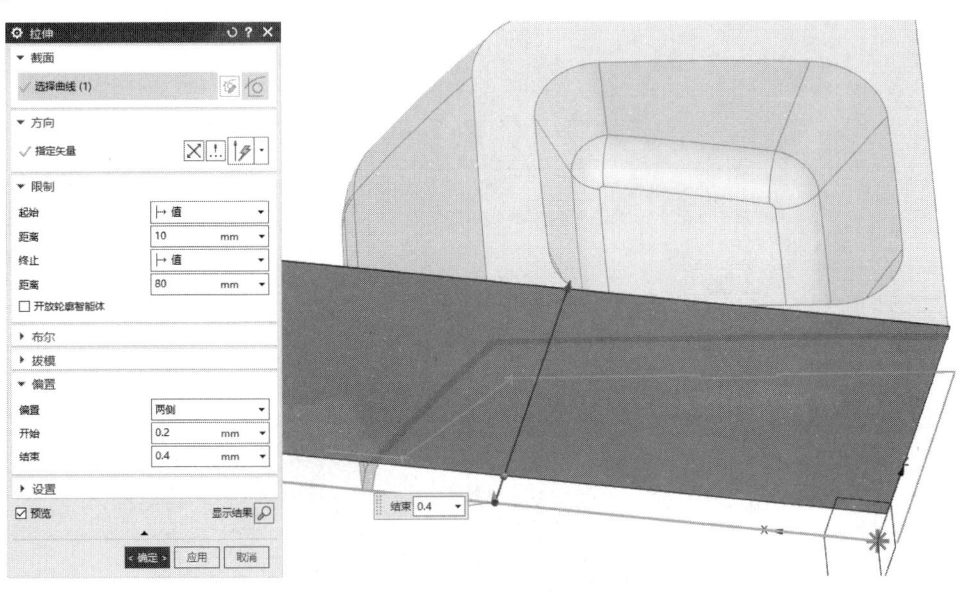

图 9-41　创建拉伸特征

(5) 使用同步建模的【移动面】命令，把筋板主体的一边缩减到草图八的范围里面，同时要超出主体，如图 9-42 所示。

(6) 使用【拉伸】命令，依照坐标系的 Y 轴方向，拉伸草图八中的曲线创建裁剪片体，如图 9-43 所示。

(7) 使用【修剪体】命令，将步骤(6)中的拉伸曲面作为修剪工具，裁剪筋板得到外形轮廓，如图 9-44 所示。

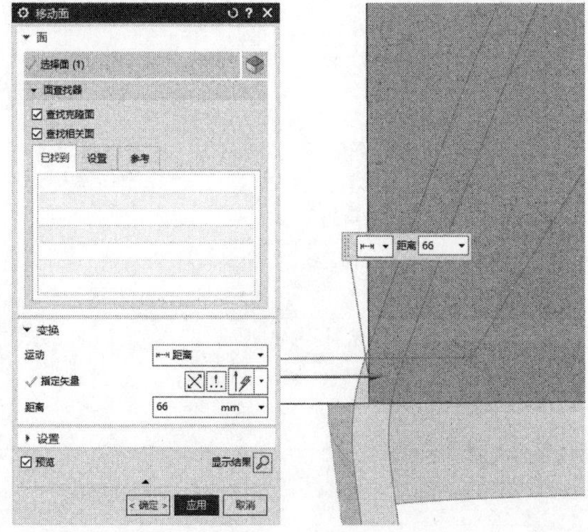

图 9-42　偏置筋板

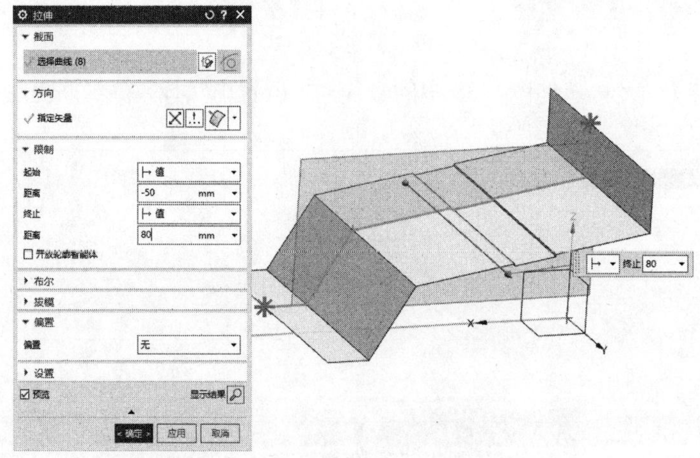

图 9-43　拉伸裁剪片体

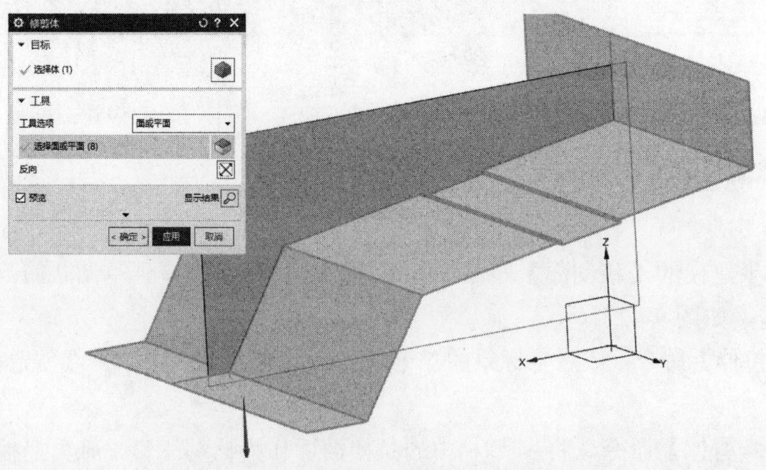

图 9-44　裁剪筋板

(8) 使用【修剪体】命令，以主体外表面曲面作为修剪刀具，裁剪超出主体的筋板，如图 9-45 所示。

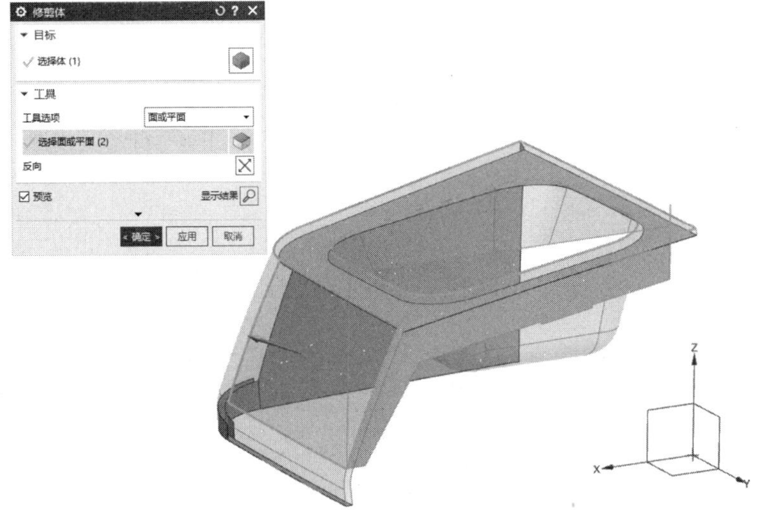

图 9-45　裁剪筋板

9.3.5　卡扣特征创建

(1) 使用【基准平面】命令，创建基准平面四，其与坐标系的 XC-YC 平面距离为 22.5，如图 9-46 所示。

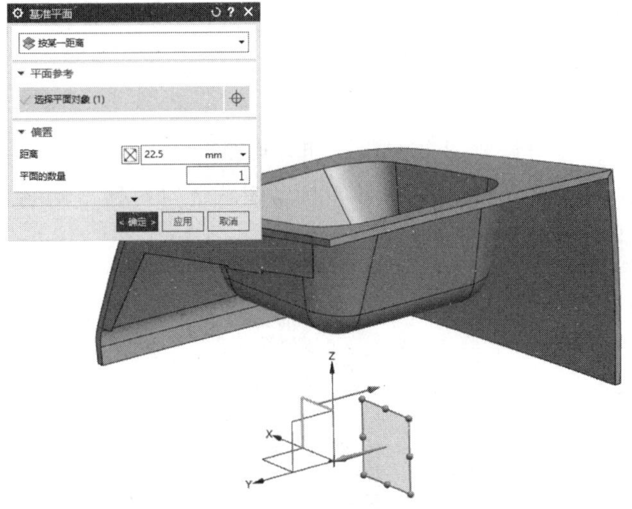

图 9-46　创建基准平面四

(2) 使用【草图】命令，在基准平面四中，根据图纸创建草图九，如图 9-47 所示。

(3) 使用【拉伸】命令，依据草图九中的曲线拉伸卡扣机构，如图 9-48 所示，卡扣的其他结构也同样依照此方法得到。

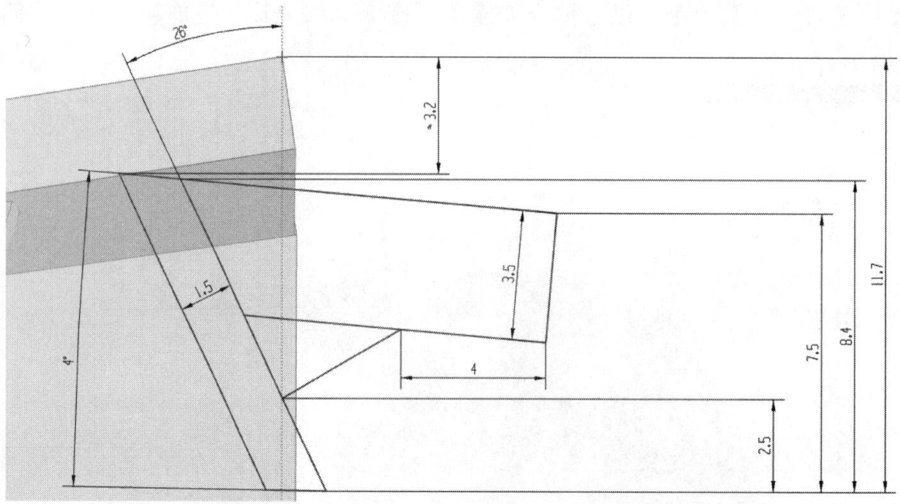

图 9-47　创建草图九

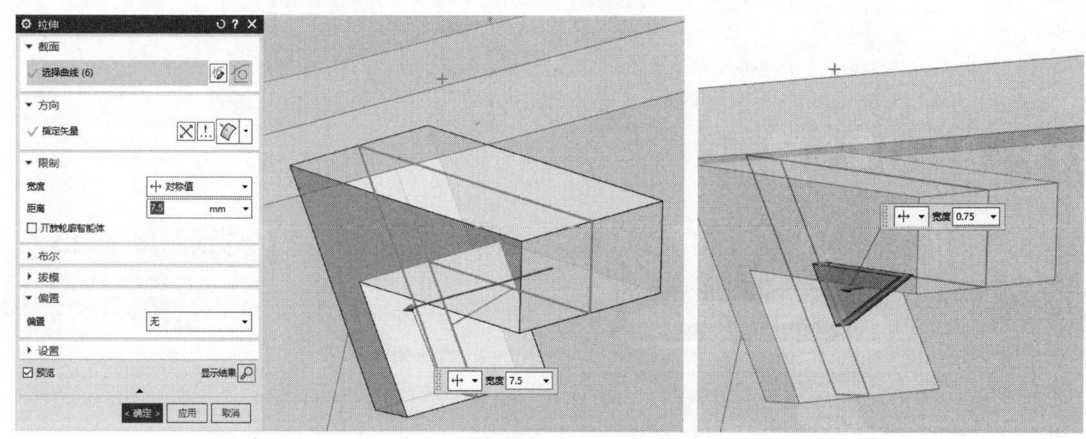

图 9-48　创建卡扣结构特征

(4) 使用【替换面】命令，把拉伸的卡扣主体按照特征进行修正贴平，如图 9-49 所示。

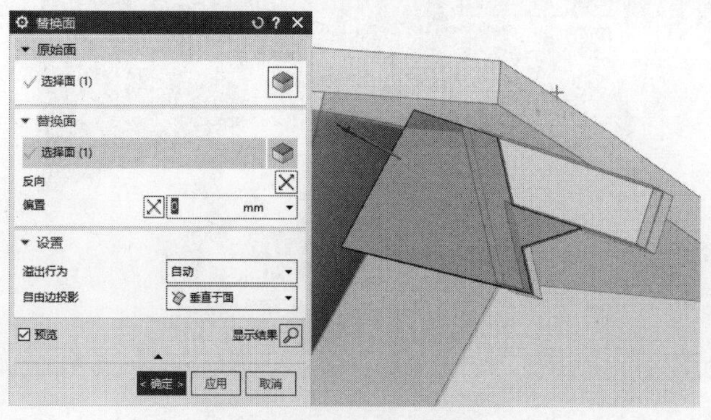

图 9-49　按照特征替换面

(5) 使用【基准平面】命令，创建基准平面五，其与基准平面四的距离为 75，如图 9-50 所示。

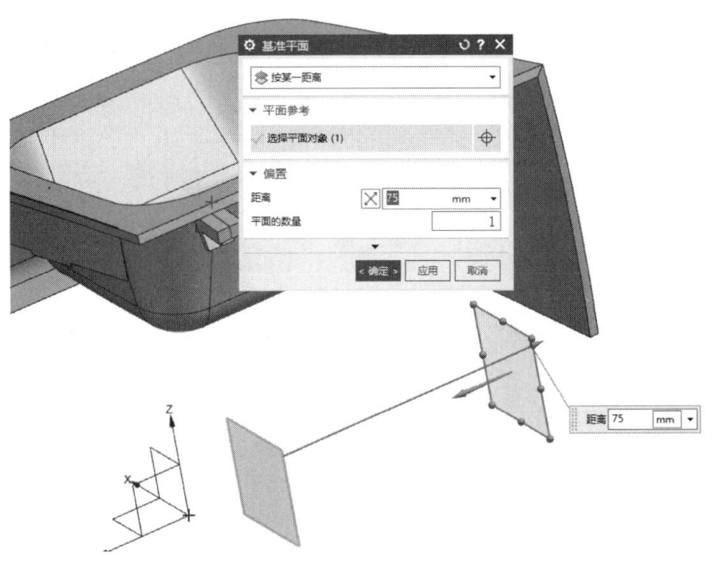

图 9-50　创建基准平面五

(6) 使用【移动对象】命令，选择前面环节制作的卡扣实体，依照基准四、基准五和主体边界的交点进行点对点移动复制，如图 9-51 所示。

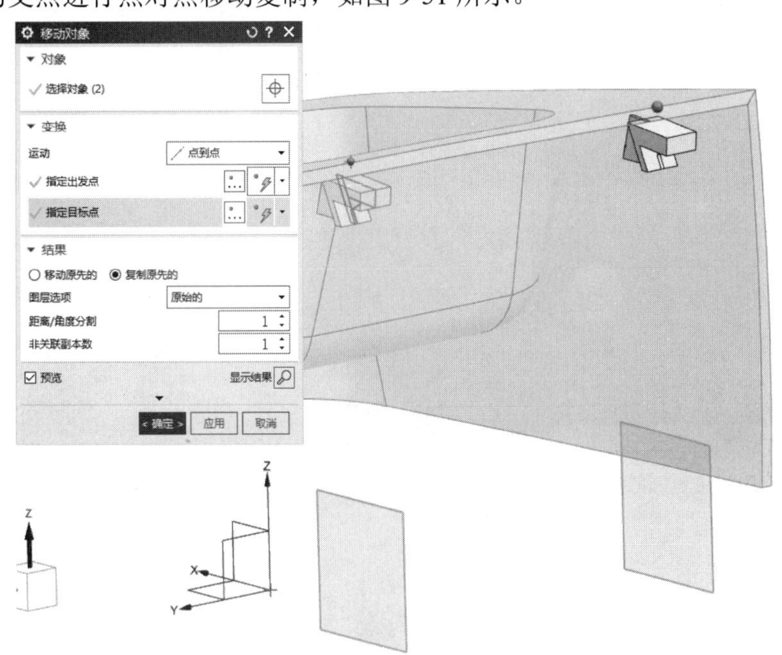

图 9-51　复制卡扣实体

(7) 使用【草图】命令，在基准平面五中，根据图纸创建草图十，如图 9-52 所示。

(8) 用【拉伸】命令，拉伸草图十的曲线，根据图纸指示筋板厚度 1.5，制作出筋板的基本体，如图 9-53 所示。

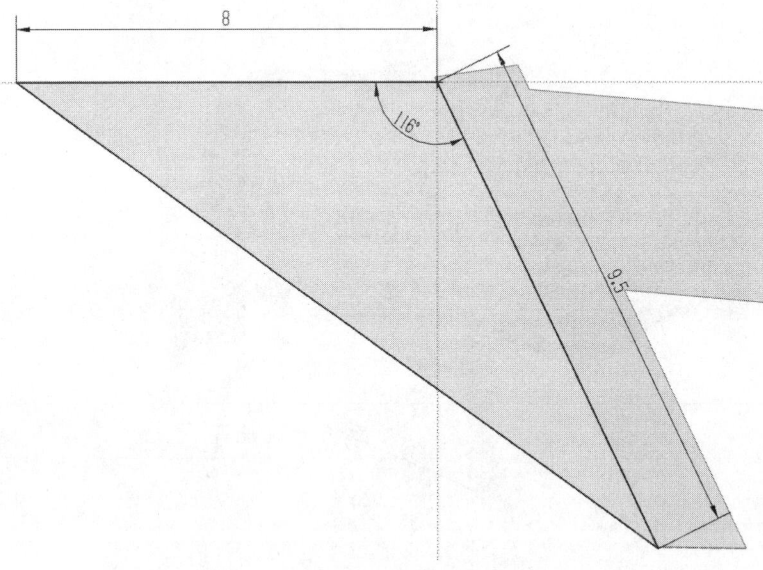

图 9-52　创建草图十

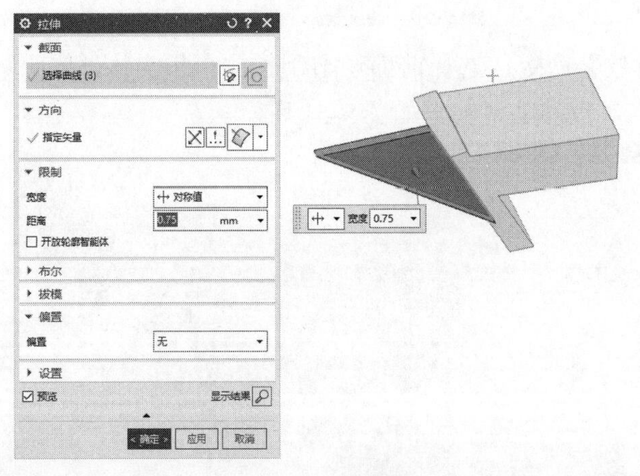

图 9-53　创建筋板

(9) 使用【替换面】命令，把与主体、卡扣相邻的三个面次替换为贴合状态，成为最终一个三角形实体，如图 9-54 所示。

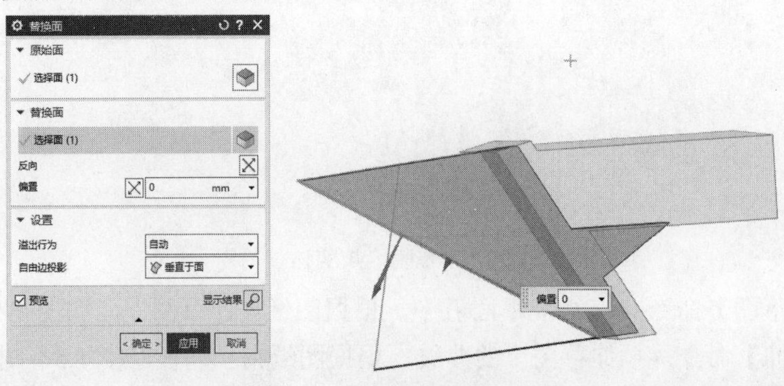

图 9-54　按照筋板特征替换面

9.3.6　侧面特征的创建

(1) 使用【草图】命令，在坐标系的 XC-ZC 平面内，根据图纸创建草图十一，如图 9-55 所示。

(2) 使用【扫掠】命令，选取草图十一中的曲线和主体边缘线制作出扫掠曲面，如图 9-56 所示。

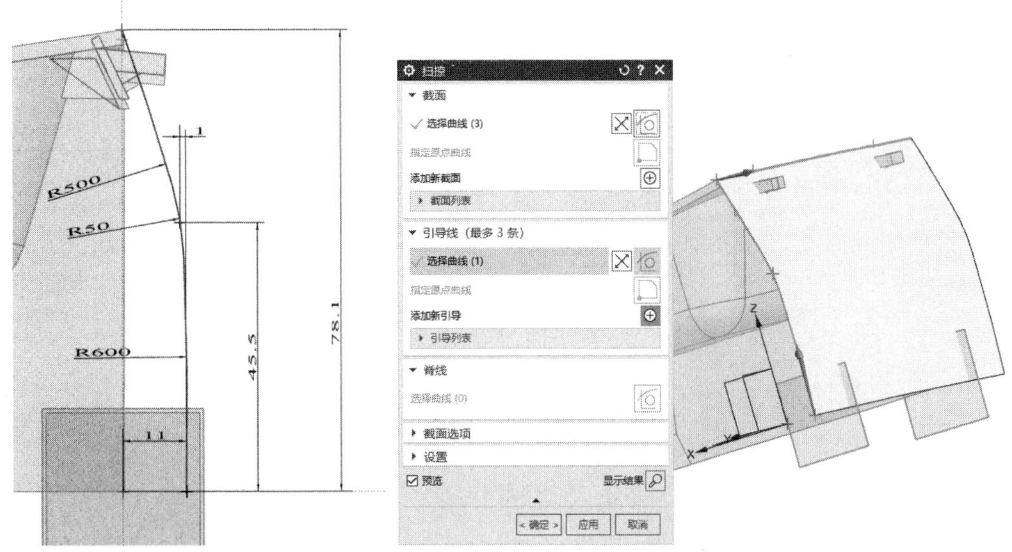

图 9-55　创建草图十一　　　　图 9-56　创建扫掠面

(3) 使用【替换面】命令，把主体的侧面以上一步生成的扫掠面作为目标面进行替换，如图 9-57 所示。

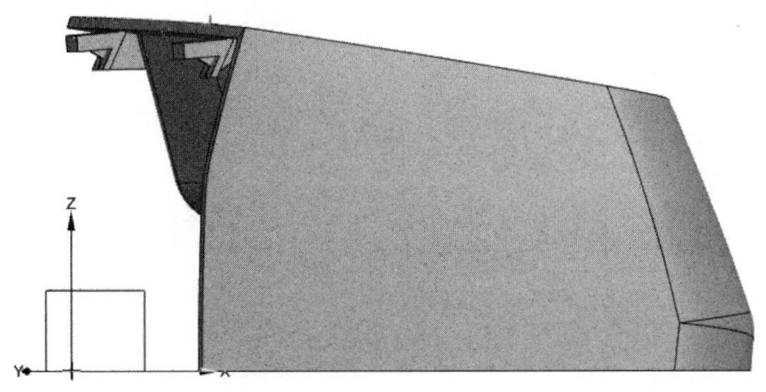

图 9-57　按照特征替换面

9.3.7 筋板结构特征创建

(1) 使用【草图】命令，在坐标系的 XC-ZC 平面内，根据图纸创建草图十二，如图 9-58 所示。

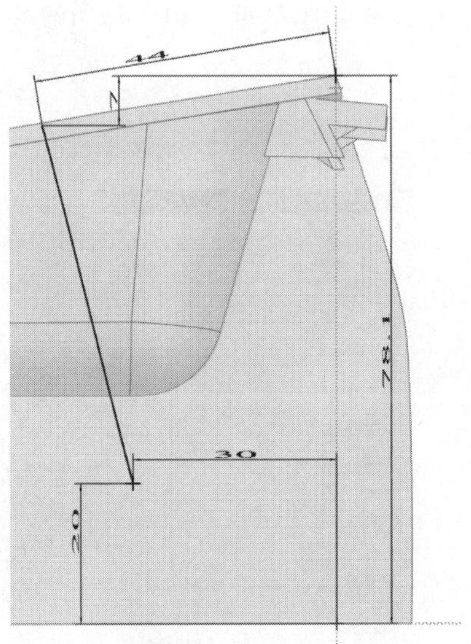

图 9-58 创建草图十二

(2) 使用【拉伸】命令，拉伸草图十二的曲线，根据图纸指示筋板厚度 1.5，制作出筋板的基本体，如图 9-59 所示。

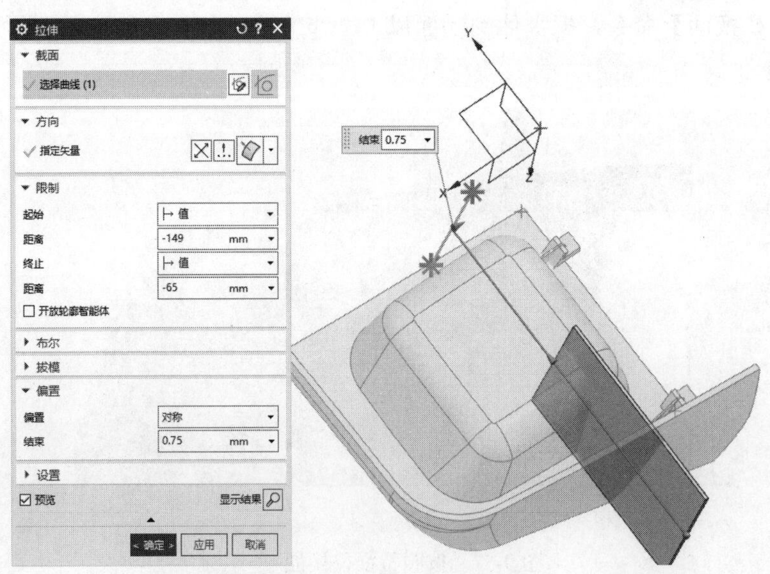

图 9-59 拉伸筋板主体

(3) 使用【修剪体】命令，以主体表面作为修剪刀具，裁剪筋板，如图 9-60 所示。

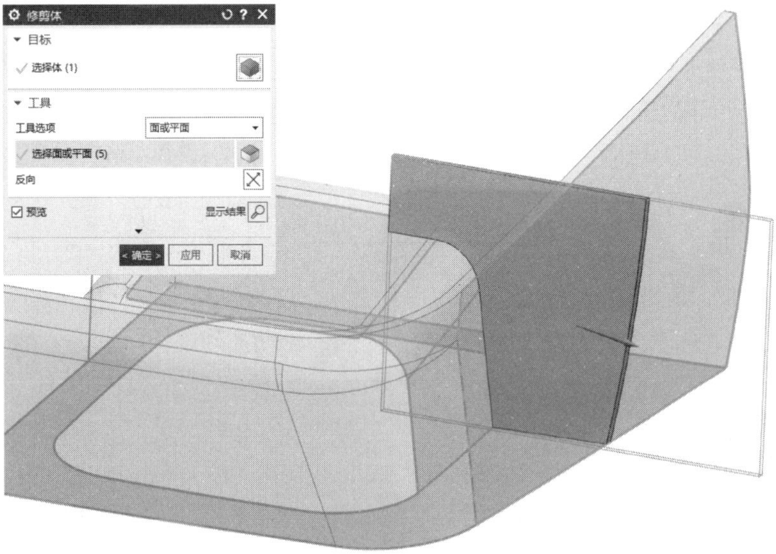

图 9-60　裁剪筋板

(4) 使用【替换面】命令，将筋板实体部分替换到凹槽底部面，如图 9-61 所示。

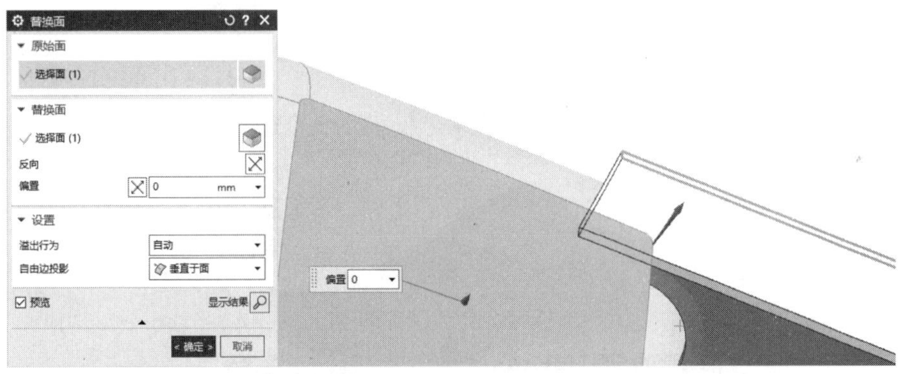

图 9-61　替换面操作

9.3.8　卡钩特征创建

(1) 使用【草图】命令，在坐标系中的 YC-ZC 平面内，根据图纸创建草图十三，如图 9-62 所示。

(2) 使用【拉伸】命令，拉伸草图十三的曲线，并在结束项选择【贯通】，直接获得拉伸裁剪体，如图 9-63 所示。

(3) 使用【基准平面】命令，创建基准平面六，其与基准一的 XC-ZC 平面距离为 50，如图 9-64 所示。

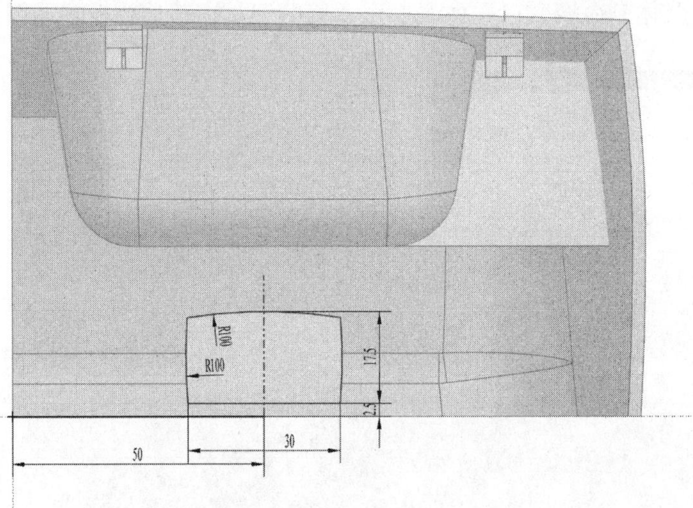

图 9-62　创建草图十三

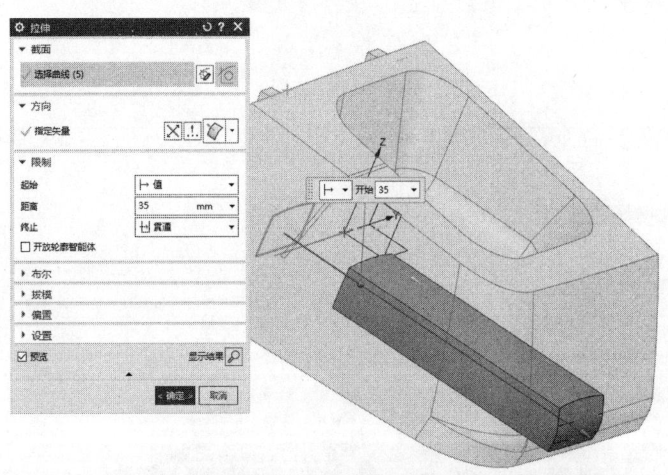

图 9-63　创建拉伸特征

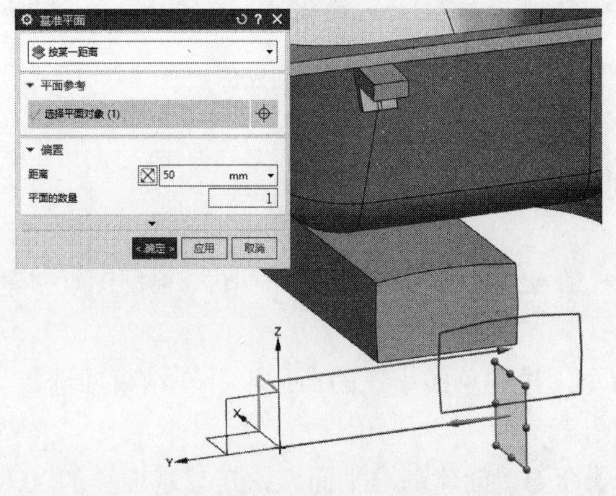

图 9-64　创建基准平面六

(4) 使用【草图】命令，在基准平面六内，根据图纸创建草图十四，如图 9-65 所示。

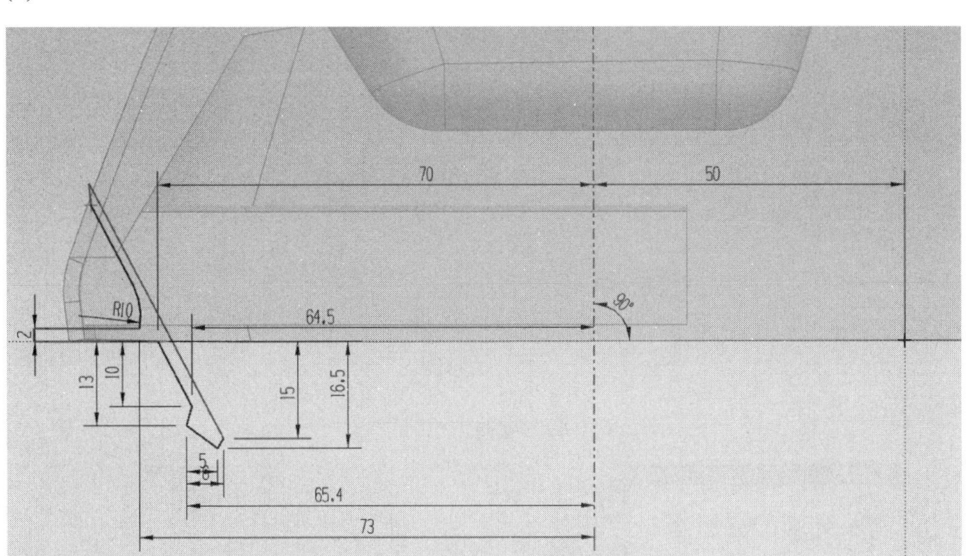

图 9-65　创建草图十四

(5) 使用【扫掠】命令，选取草图十一中的曲线和主体边缘线制作出扫掠曲面，如图 9-66 所示。

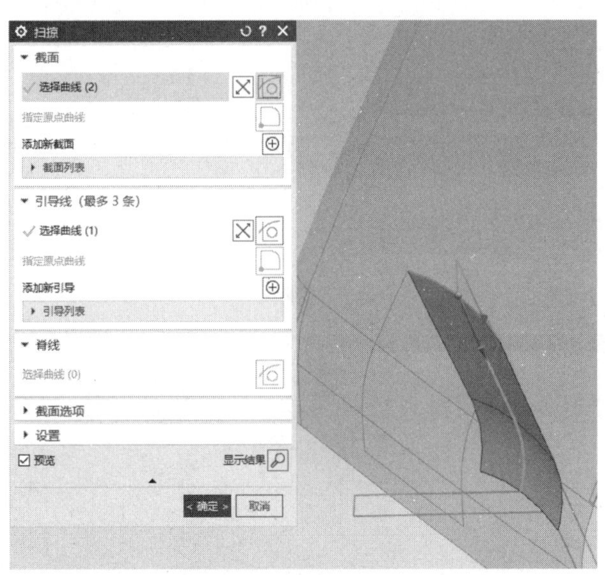

图 9-66　创建扫掠面

(6) 使用【修剪和延伸】命令，延伸扫掠面，使延伸后的扫掠面大于被裁剪的实体，如图 9-67 所示。

(7) 使用【修剪体】命令，以延伸的扫掠面作为修剪刀具，裁剪实体，如图 9-68 所示。

(8) 使用【加厚】命令，选取实体的四个面，创建一个厚度为 2.5 的实体，如图 9-69 所示。

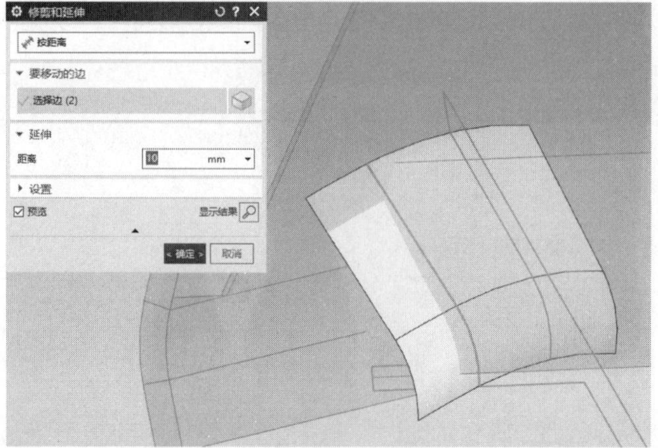

图 9-67　延伸扫掠面

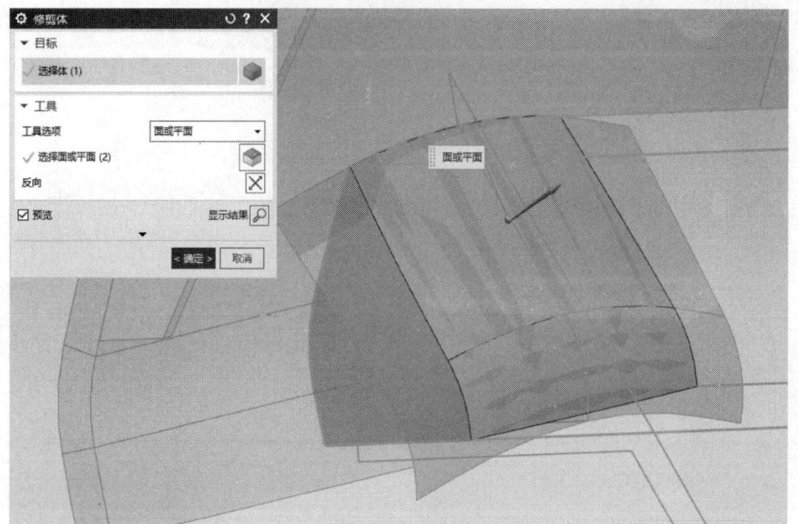

图 9-68　修剪体

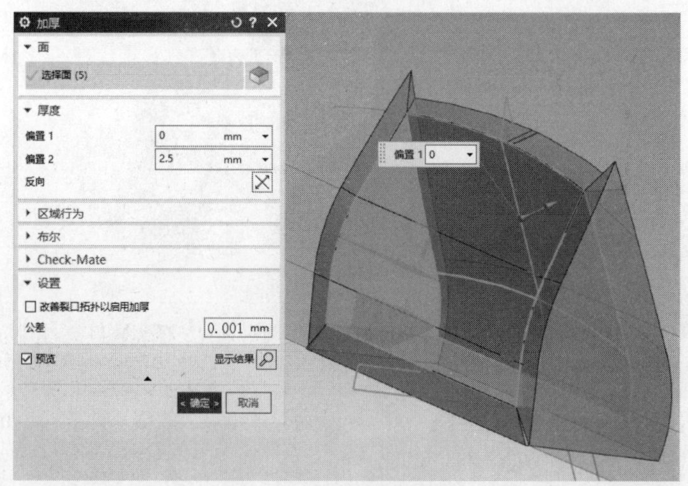

图 9-69　创建加厚实体

(9) 使用【拉伸】命令，拉伸草图十四的曲线，得到宽度为 10 的卡钩实体，如图 9-70 所示。

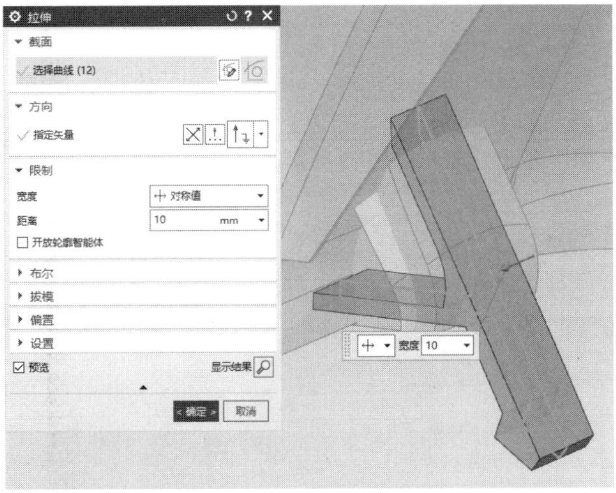

图 9-70　创建拉伸特征

(10) 使用【边倒圆】命令，创建卡勾的圆角，如图 9-71 所示。

图 9-71　创建凹槽底部圆角

(11) 使用【替换面】命令，把主体底部三张面向卡钩的平面进行替换，如图 9-72 所示。

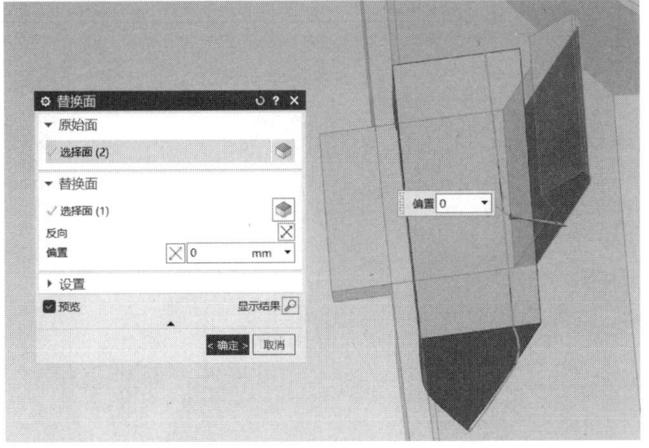

图 9-72　按照特征替换面

(12) 使用【修剪体】命令，以主体内表面作为修剪刀具，裁剪增厚体，如图 9-73 所示。

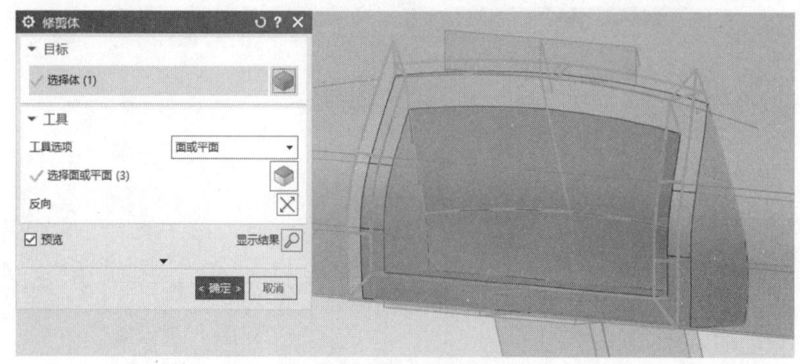

图 9-73　修剪增厚体

(13) 使用【减去】命令，利用上面步骤拉伸的实体，得到零件主体上的缺口，如图 9-74 所示。

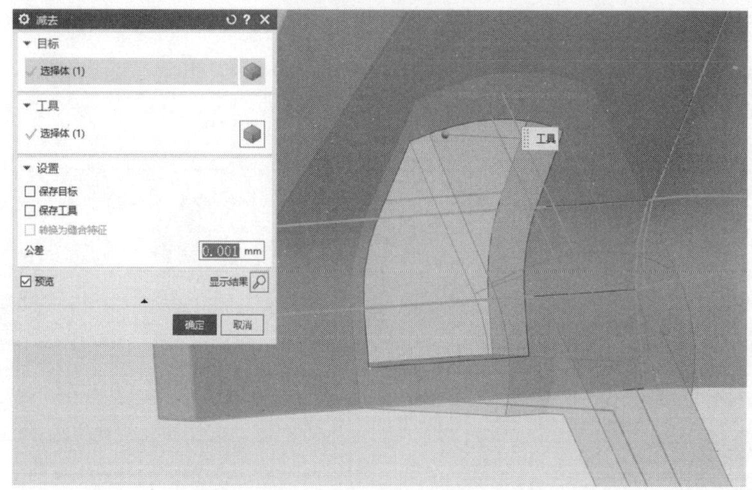

图 9-74　创建零件主体缺口

(14) 使用【替换面】命令，把创建的壳体面向卡钩的平面替换，如图 9-75 所示。

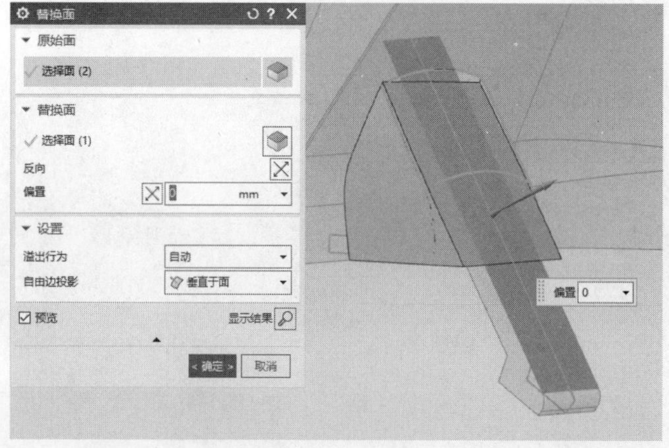

图 9-75　按照特征替换面

(15) 使用【修剪体】命令，切除卡钩的多余部分，如图 9-76 所示。

图 9-76　修剪卡钩多余部分

9.3.9　卡钩加强筋特征创建

(1) 使用【草图】命令，在基准平面六内，根据图纸创建草图十五，如图 9-77 所示。

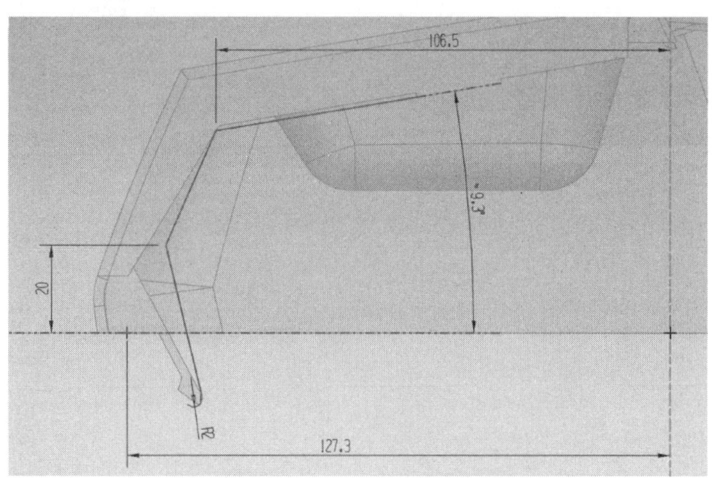

图 9-77　创建草图十五

(2) 使用【拉伸】命令，在坐标系的 XC-ZC 平面内制作一条和 X 轴平行的直线，拉伸这条直线偏置到零件主体中心得到厚度为 2 的筋板，如图 9-78 所示。

(3) 使用【拉伸】命令，拉伸草图十五的曲线，如图 9-79 所示。

(4) 使用【替换面】命令，把上面直线创建的筋板按照特征进行替换，如图 9-80 所示。

(5) 使用【修剪体】命令，以主体内表面和拉伸的片体作为修剪刀具，裁剪筋板，如图 9-81 所示。

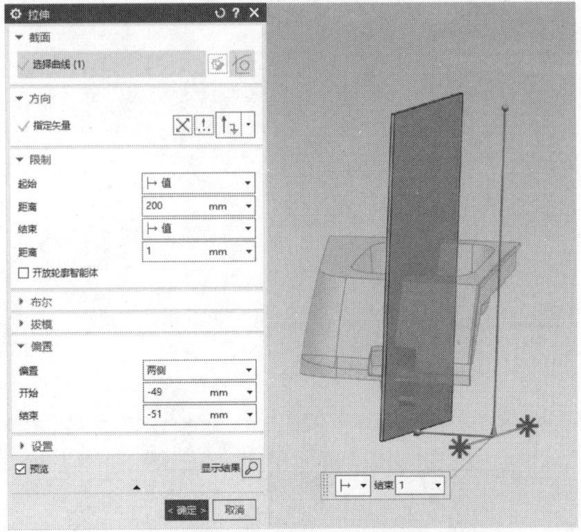

图 9-78　创建拉伸特征(1)

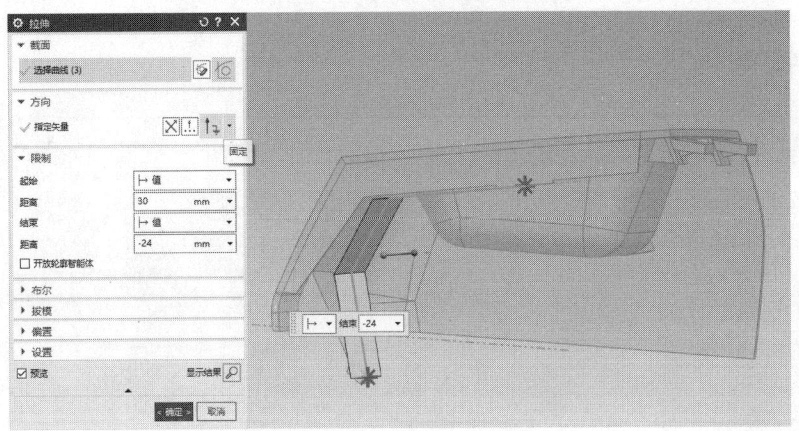

图 9-79　创建拉伸特征(2)

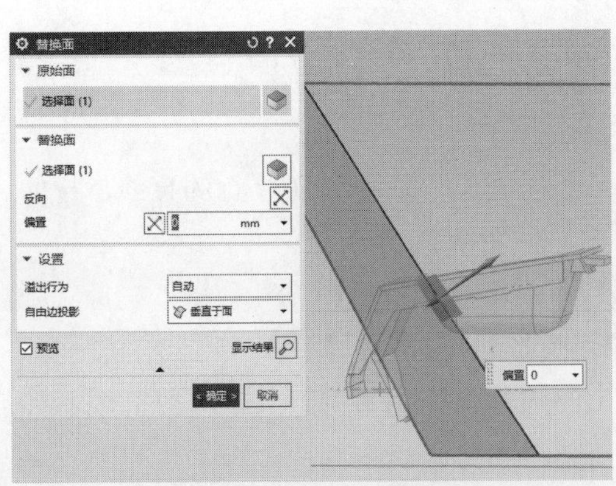

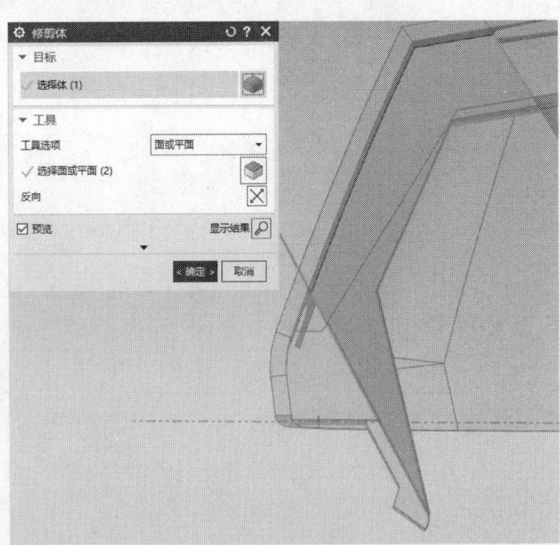

图 9-80　按照特征替换面

图 9-81　修剪体

(6) 使用【拉伸】命令，拉伸卡钩的边缘制作卡钩的细节特征，如图 9-82 所示。

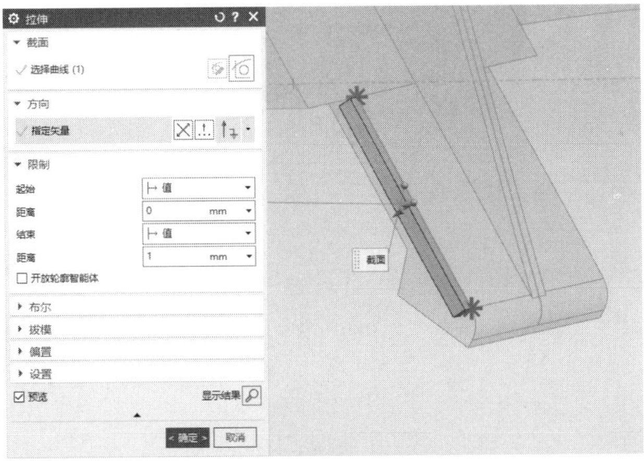

图 9-82　创建拉伸特征

(7) 使用【替换面】命令，卡钩细节按照特征进行替换，如图 9-83 所示。

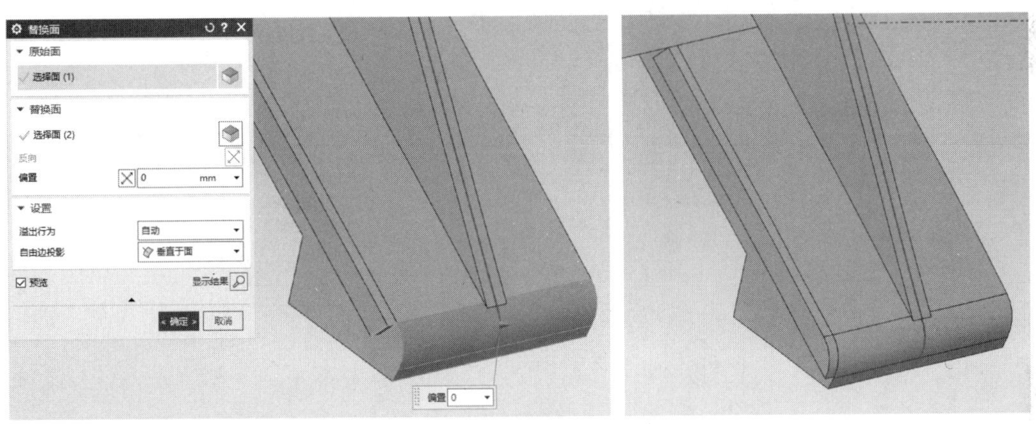

图 9-83　按照特征替换面

(8) 使用【直纹】命令，依照卡钩细节特征的边缘创建直纹面，如图 9-84 所示。

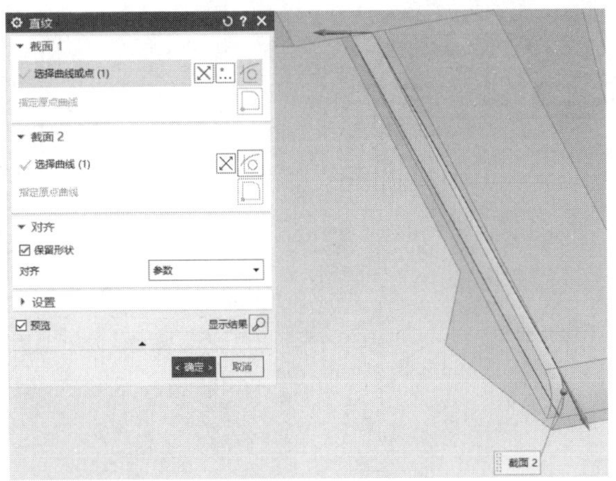

图 9-84　创建直纹面

(9) 使用【修剪体】命令，按照上一步得到的直纹面修剪细节特征体，如图9-85所示。

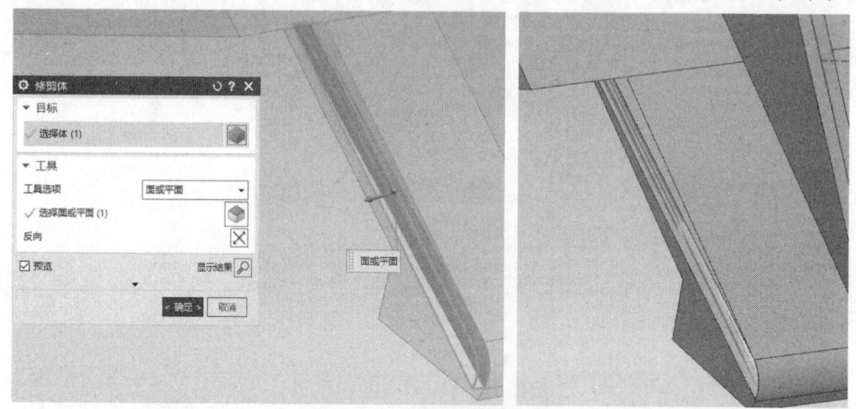

图9-85　修剪细节特征体

(10) 使用【镜像体】命令，以基准平面六为镜像面，镜像卡钩的细节特征，如图9-86所示。

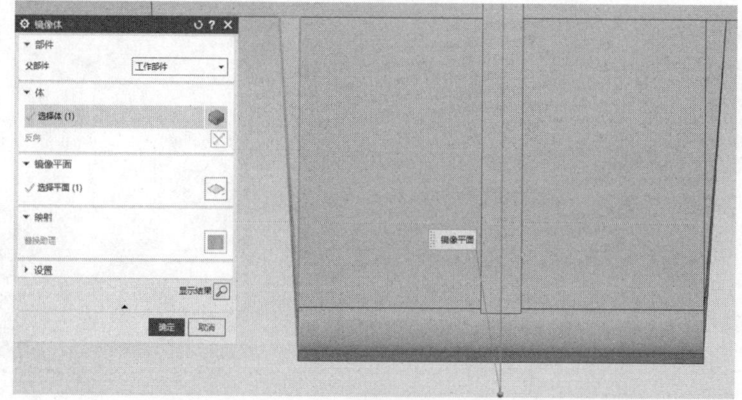

图9-86　创建镜像特征

(11) 使用【合并】命令，通过布尔运算把所有实体合并成一个整体，如图9-87所示。

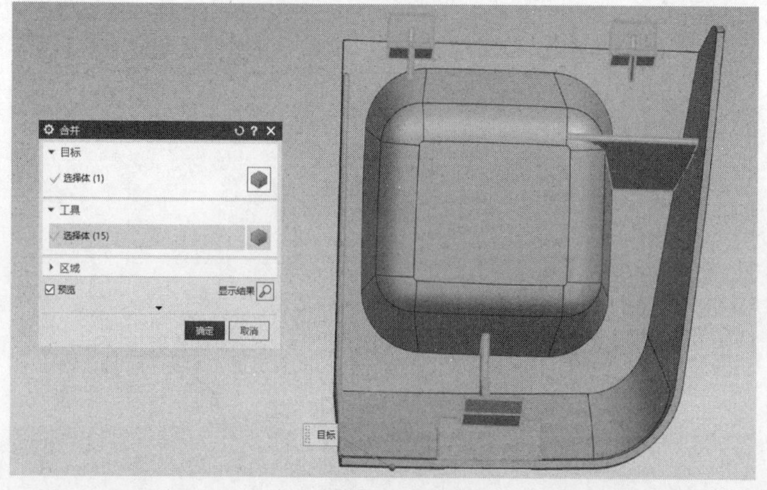

图9-87　布尔运算

(12) 使用【拔模】命令，选择筋板的底边进行拔模，拔模角度 0.5°，如图 9-88 所示。

图 9-88　拔模

9.3.10　表面小凹槽特征创建

(1) 使用【草图】命令，在坐标系的 YC-ZC 平面内，根据图纸创建草图十六，如图 9-89 所示。

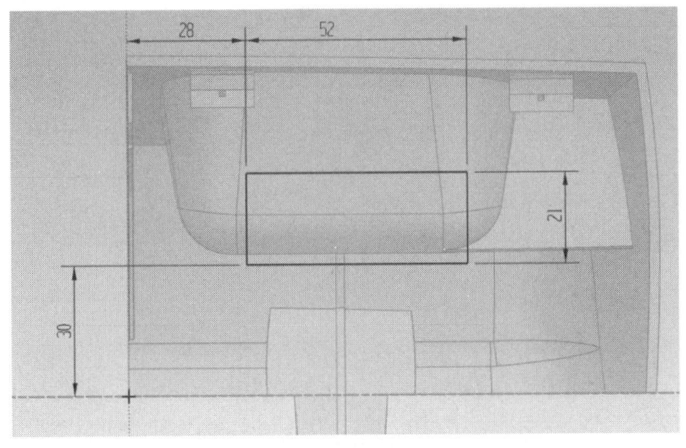

图 9-89　创建草图十六

(2) 使用【抽取几何特征】命令，选取零件主体上的面抽取片体，如图 9-90 所示。

(3) 使用【投影曲线】命令，把草图十六的曲线按照 X 轴方向投影到抽取的片体上，如图 9-91 所示。然后使用【修剪片体】命令，对抽取的片体沿着投影曲线进行修剪。

(4) 使用【加厚】命令，通过布尔减去运算直接在零件主体上制作出 0.5 深度的凹槽，如图 9-92 所示。

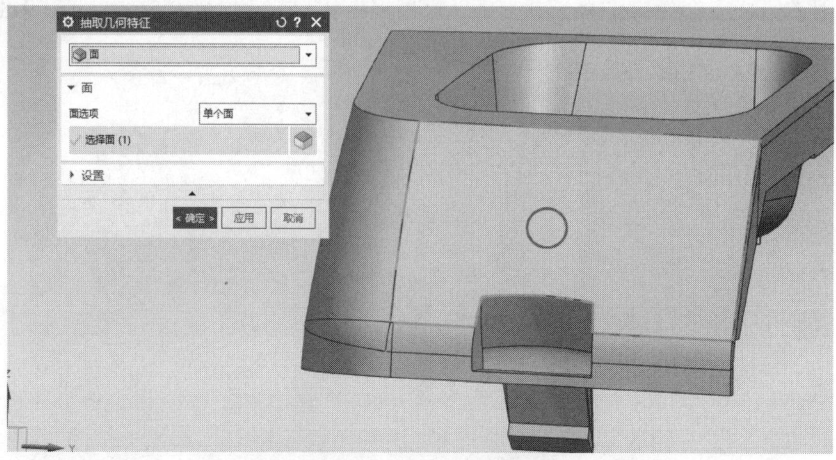

图 9-90　抽取片体

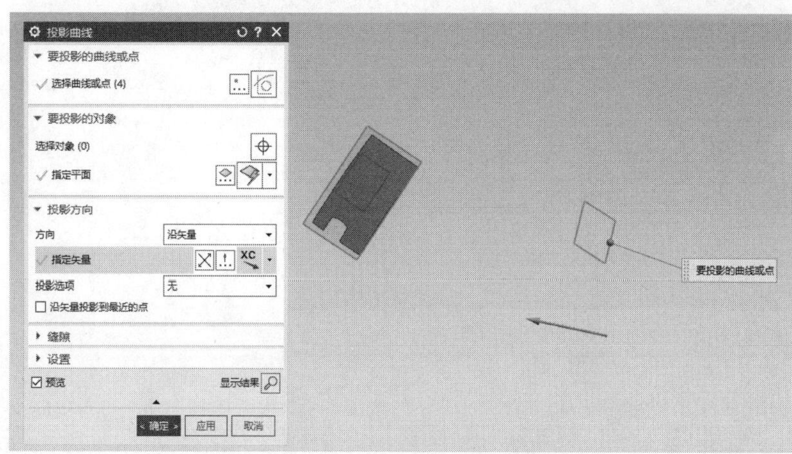

图 9-91　修剪片体

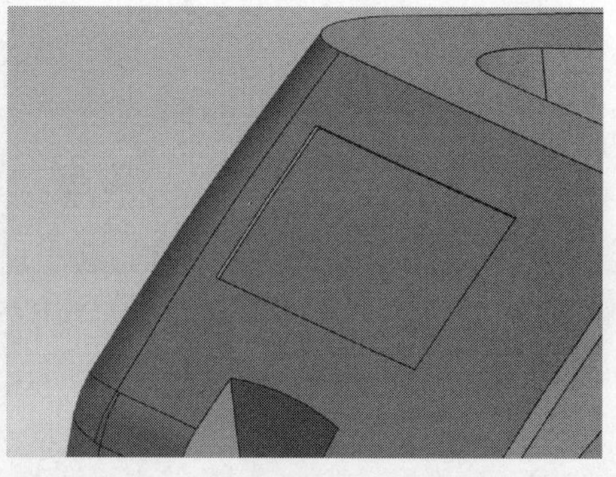

图 9-92　创建加厚减去实体

(5) 使用【边倒圆】命令，按照图纸对零件实体进行圆角修饰，如图 9-93 所示。

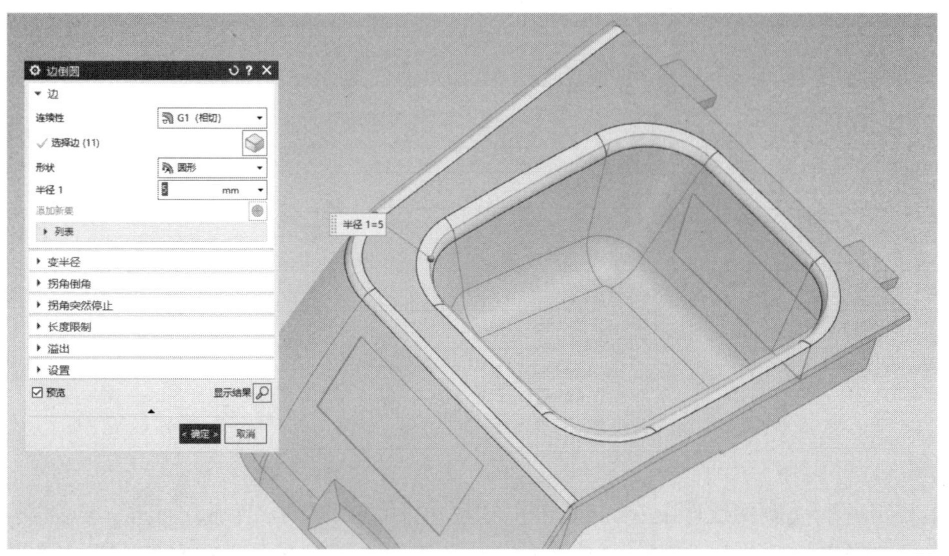

图 9-93　创建零件圆角

(6) 最终模型如图 9-94 所示。

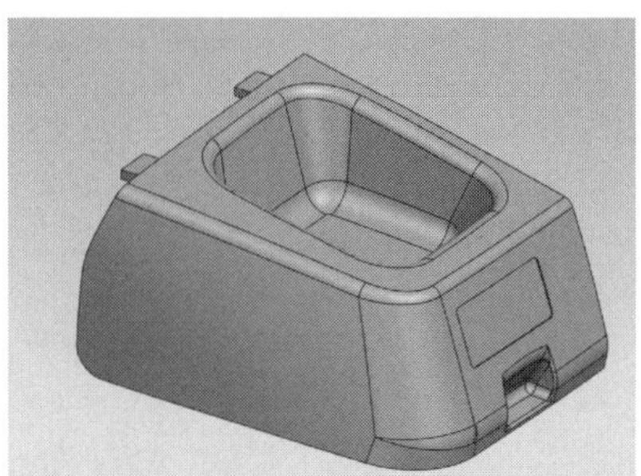

图 9-94　最终模型

9.4　拓展练习

绘制如图 9-95 所示曲线，尺寸自拟，利用“通过曲线组”和“沿引导线扫掠”完成咖啡壶造型的建模。

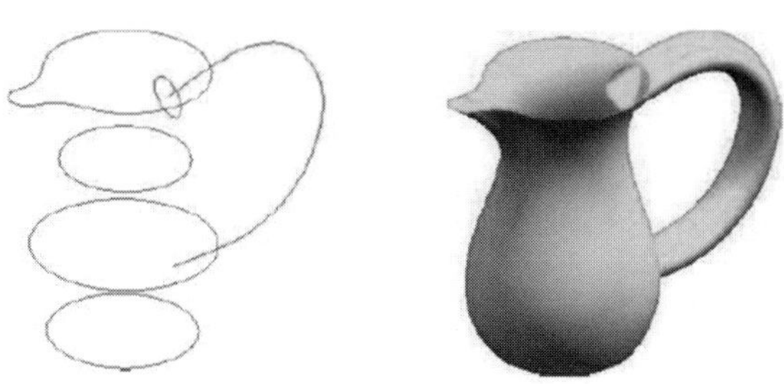

图 9-95　咖啡壶造型

引导问题：请简要叙述拓展练习案例的操作思路。

9.5 总结

油箱盖零件建模实例比较复杂，涉及了大量不同位置的草图绘制、对片体的制作与编辑，以及对体元素的制作与修剪，因此，本案例需要结合草图、曲面和实体命令才能完成。通过对本案例的学习，读者可以熟练掌握零件建模的方法。

第 10 章 便携式吸尘器外壳零件建模

项目要求

- ✧ 熟练使用 NX 部分命令。
- ✧ 掌握案例中的建模思路。
- ✧ 熟练完成便携式吸尘器外壳零件的建模。

10.1 案例分析

10.1.1 案例说明

本案例根据图纸完成便携式吸尘器外壳零件建模，如图 10-1 所示。

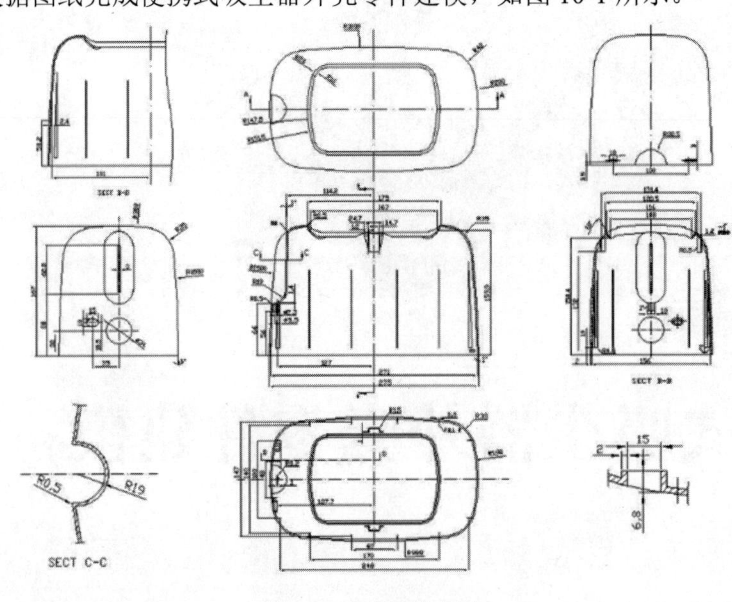

图 10-1 建模示意图

10.1.2 思路分析

通过观察图纸，发现便携式吸尘器外壳零件中有很多筋板，而且它们之间存在着对称关系，因此，在制作过程中可以使用【镜像体】命令来简化筋板的制作步骤。同时，此零件为壳体，所有的结构和筋板都是在壳体上制作的。因此，确定便携式吸尘器外壳的建模思路为，先创建壳体，再创建结构，最后进行圆角处理。具体建模流程如图 10-2 所示。

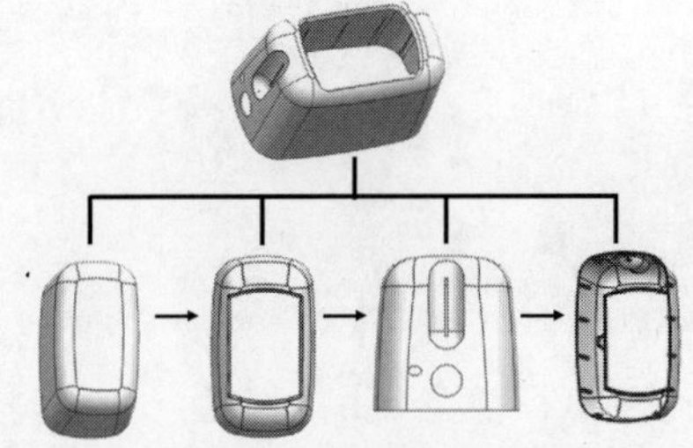

图 10-2 建模流程示意

便捷式吸尘器外壳零件使用的建模命令及其命令索引如表 10-1 所示。

表 10-1　便携式吸尘器外壳零件使用的建模命令及其命令索引

特征	建模命令	命令索引
主体	草图	2.2.2
	扫掠	5.2.1
	曲线长度	7.2.4
	拉伸	3.2.2
	修剪与延伸	7.2.6
	边倒圆	4.2.5
顶部	草图	2.2.2
	拉伸	3.2.2
	替换面	7.2.9
	边倒圆	4.2.5
	缝合	7.2.8
侧边孔	草图	2.2.2
	拉伸	3.2.2
	减去	10.2.5
加强筋	草图	2.2.2
	拉伸	3.2.2
	修剪体	10.2.3

10.2　知识链接

10.2.1　直纹命令解析

直纹面又称为规则面，可看作由一系列直线连接两组线串上的对应点而编织成的一张曲面。每组线串可以是单一的曲线，也可以由多条连续的曲线、体(实体或曲面)边界组成。因此，直纹面的建立应首先在两组线串上确定对应的点，然后用直线将对应点连接起来。对齐方式决定了两组线串上对应点的分布情况，因而直接影响直纹面的形状。单击【曲面】选项卡上【基本】功能区中【更多】下拉列表的【直纹】命令，弹出的对话框如图 10-3 所示。

图 10-3　【直纹】对话框

【直纹】命令提供了 6 种对齐方式，它们的示意如图 10-4 所示。

- ✧ 参数：曲线在软件中是以参数方程来表述的。参数对齐方式下，对应点就是两条线串上的同一参数值所确定的点。
- ✧ 弧长：两条线串都进行 n 等分，得到 $n+1$ 个点，用直线连接对应点即可得到直纹面。n 的数值是系统根据公差值自动确定的。
- ✧ 根据点：按截面间的指定点对齐等参数曲线。可以添加、删除和移动点来优化曲面形状。
- ✧ 距离：由用户指定方向的等距离沿每个截面对齐等参数曲线。
- ✧ 角度：按相等角度绕指定的轴线对齐等参数曲线。
- ✧ 脊线：在脊线上悬挂一系列与脊线垂直的平面，按选定截面与垂直于选定脊线的平面的交线来对齐等参数曲线。

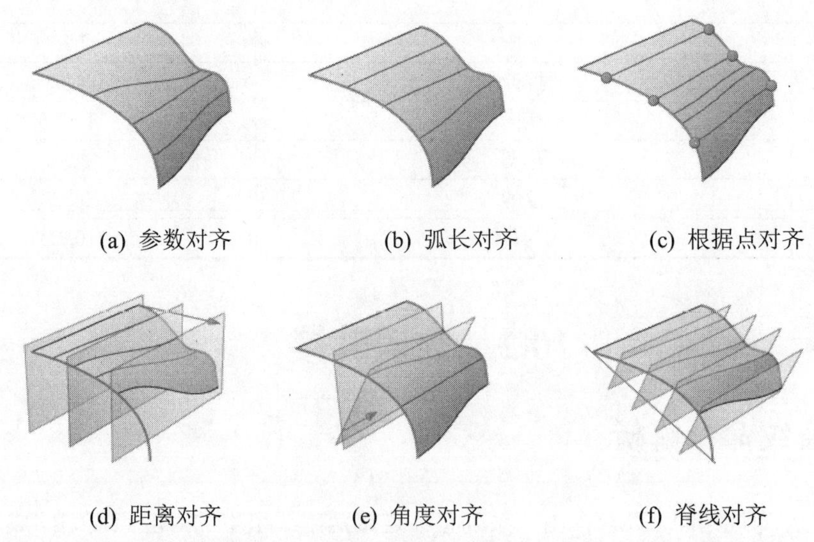

图 10-4　直纹命令对齐方式示意

对于大多数直纹面，应该选择每条截面线串相同的端点，以便得到相同的方向，否则会得到一个形状扭曲的曲面，如图 10-5 所示。

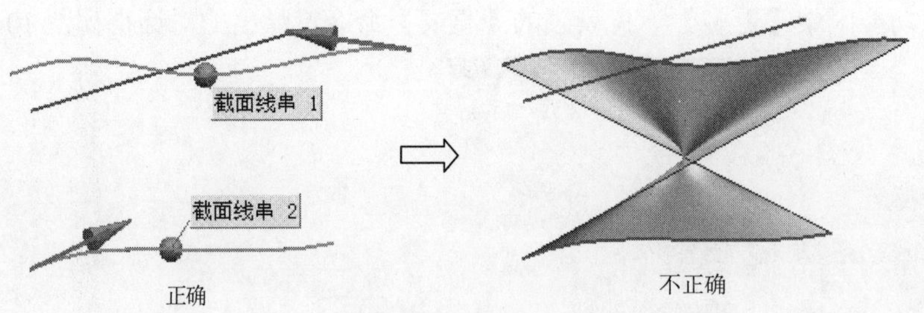

图 10-5　不良直纹面

10.2.2　加厚命令解析

使用【加厚】命令可以通过为一组面增加厚度来创建实体。在【曲面】选项卡的【基本】功能区中单击【加厚】命令，弹出【加厚】对话框，选择加厚对象面，设置加厚尺寸，单击【确定】按钮即可完成加厚。【加厚】对话框及效果示意如图 10-6 所示。

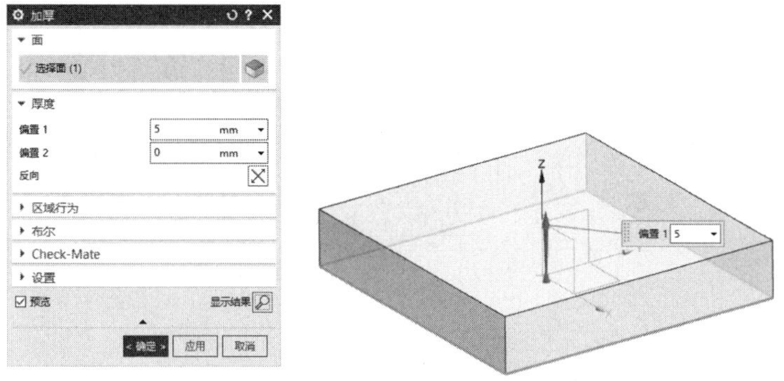

图 10-6　【加厚】对话框及效果示意图

10.2.3　修剪体命令解析

使用【修剪体】命令可以用一个面或基准平面修剪一个或多个目标体。单击【主页】选项卡的【基本】功能区中的【修剪体】命令，弹出【修剪体】对话框。【修剪体】对话框及效果示意图如图 10-7 所示。

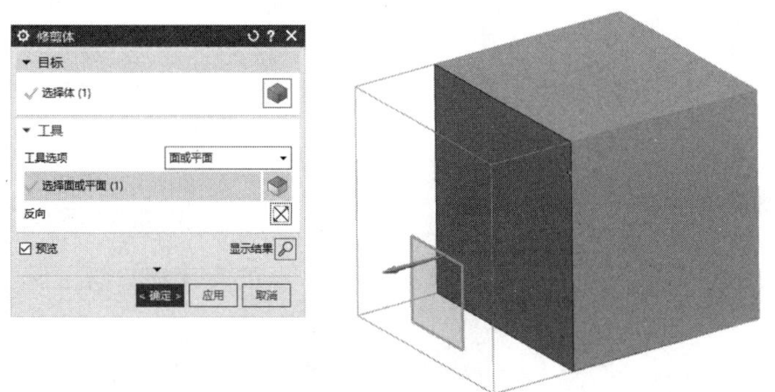

图 10-7　【修剪体】对话框及效果示意图

10.2.4　偏置区域命令解析

通过【偏置区域】命令可以在单个步骤中偏置一组面或整个体，并重新生成相邻圆角。单击【主页】选项卡上【同步建模】中的【偏置区域】命令，弹出【偏置区域】对话框。【偏置区域】对话框及效果示意如图 10-8 所示。

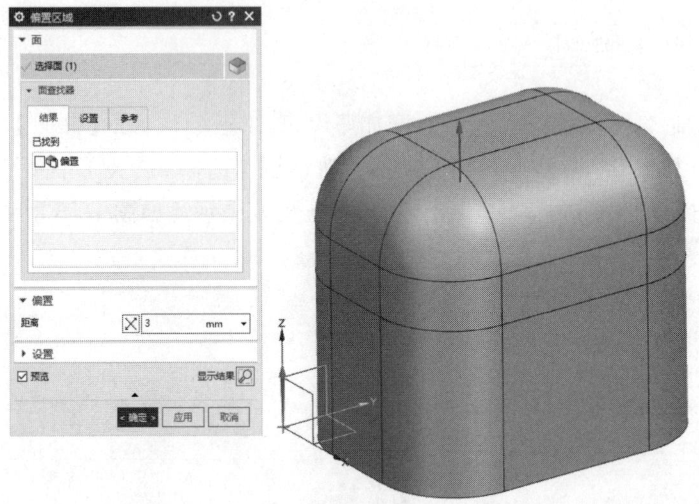

图 10-8 【偏置区域】对话框及效果示意图

【偏置区域】在很多情况下和【偏置面】效果相同，但在遇到圆角时会有所不同。

10.2.5 布尔运算命令解析

(1) 合并。

使用【合并】命令，可以将两个或多个工具实体的体积组合为一个目标体。例如，把4个圆柱体和长方体进行合并，效果如图10-9所示。

(2) 减去。

通过【减去】命令，可以从目标体中减去刀具体的体积，即将目标体中与刀具体相交的部分去掉，从而生成一个新的实体。单击【减去】命令，弹出如图10-10所示的【减去】对话框。

图 10-9 合并示意图　　图 10-10 【减去】对话框

减去的时候，目标体与刀具体之间必须有公共的部分，体积不能为零，如图 10-11所示。

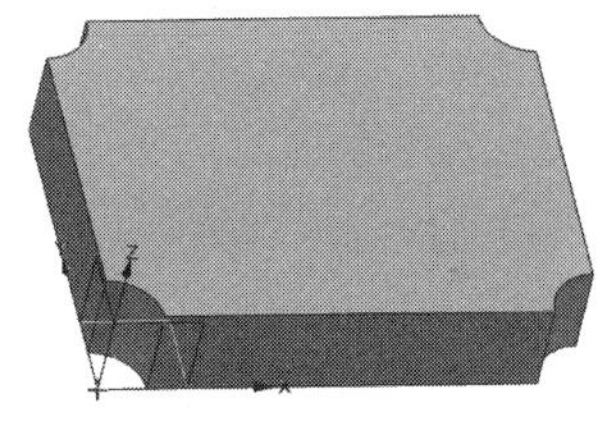

图 10-11　减去示意图

(3) 求交。

通过【求交】命令，可以创建一个体，包括两个不同体的公共体积，【求交】对话框及效果示意图如图 10-12 所示。

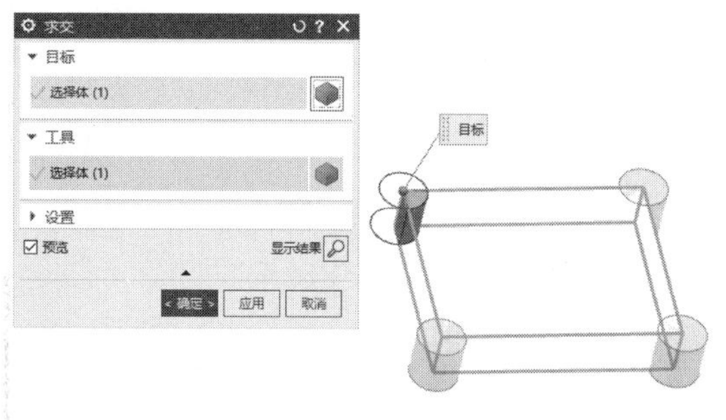

图 10-12　【求交】对话框及效果示意图

10.3　案例实施

便携吸尘器外壳零件建模

10.3.1　草图创建

(1) 在 XC-YC 平面上创建草图一，如图 10-13 所示。需注意草图的坐标方向，下同。

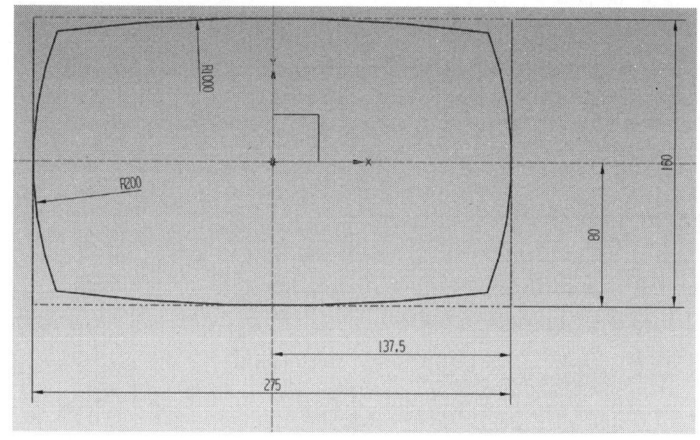

图 10-13　创建草图一

(2) 在 YC-ZC 平面上创建草图二，如图 10-14 所示。

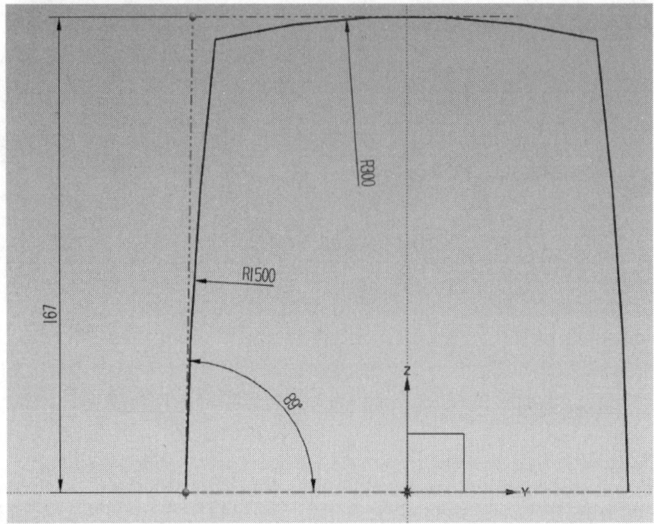

图 10-14　创建草图二

(3) 在 XC-ZC 平面上创建草图三，如图 10-15 所示。

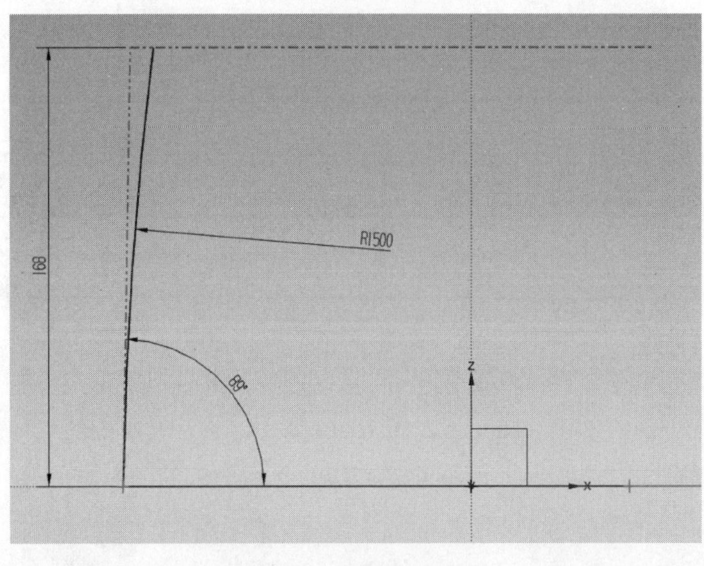

图 10-15　创建草图三

10.3.2　主体特征创建

(1) 使用【扫掠】命令，根据草图一和草图二内的曲线制作片体，如图 10-16 所示。其中截面线为草图二内的曲线，引导线为草图一内的曲线。

(2) 同样使用【扫掠】命令，创建另外几个侧面，其中一个片体利用【镜像体】命令创建，如图 10-17 所示。

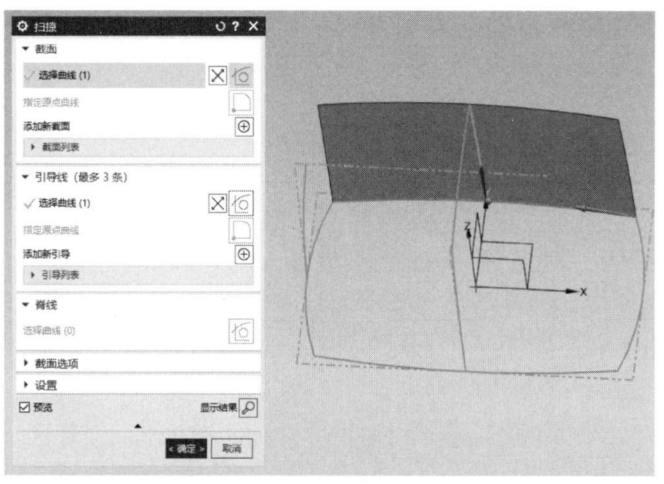

图 10-16　扫掠曲面

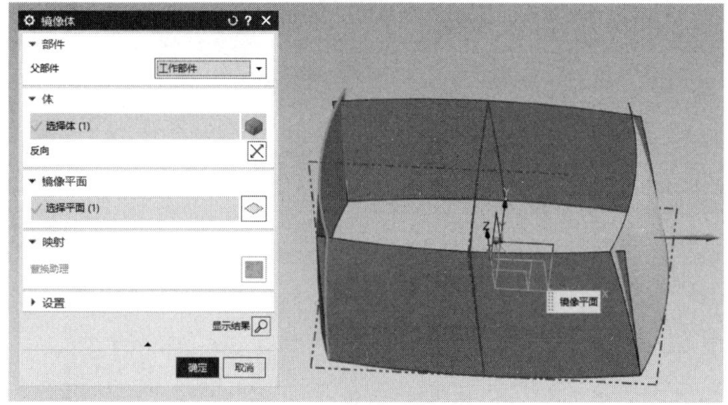

图 10-17　创建侧面

(3) 创建顶部曲面，如图 10-18 所示，其中两根引导线分别为草图创建的曲面的边界线。

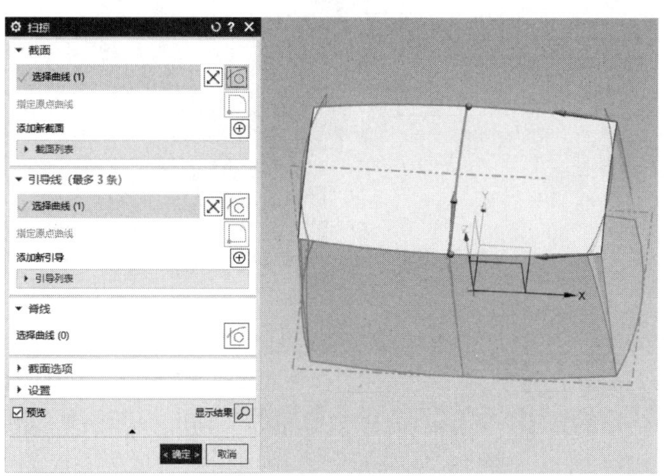

图 10-18　创建顶部曲面

(4) 使用【面倒圆】命令，对侧面进行倒圆，如图 10-19 所示。对其余侧面进行同样的操作，圆角大小均为 R40。

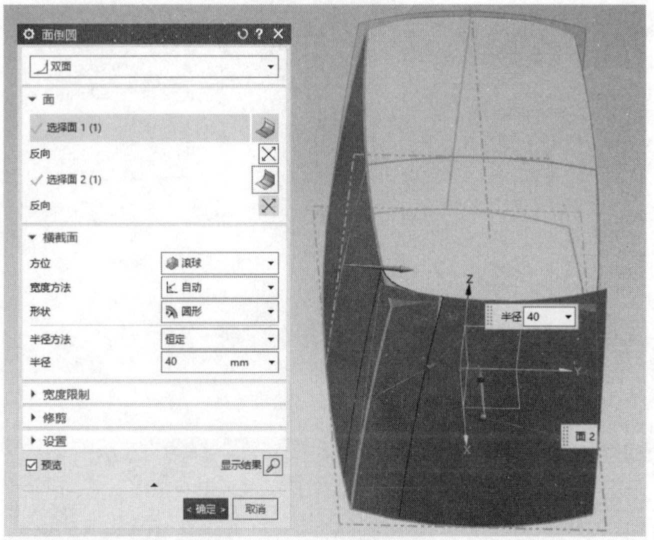

图 10-19　侧面倒圆角

(5) 在顶面和侧面之间倒圆角，如图 10-20 所示。

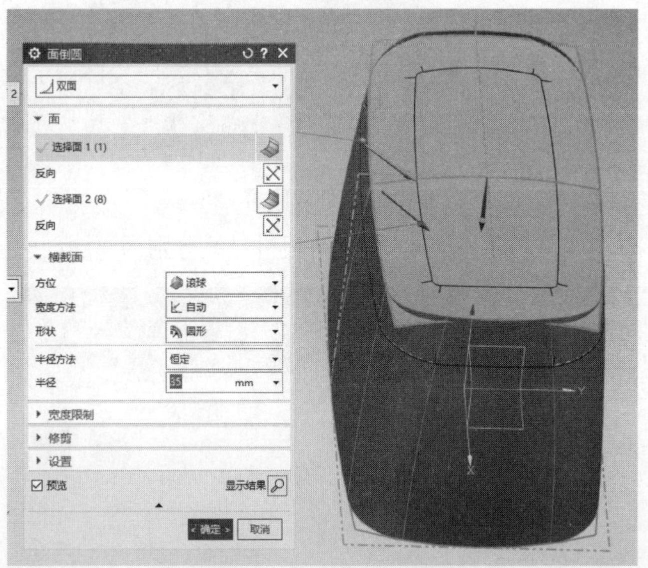

图 10-20　顶面和侧面倒圆角

(6) 使用【加厚】命令，将步骤(5)产生的片体加厚成实体，如图 10-21 所示。

(7) 由于曲面有一定的倾斜度，因此需将加厚出的实体的根部整平以得到零件的主体，使其变为一个平面，操作方法如图 10-22 所示。其中用于修剪体的平面为 XC-YC 平面。

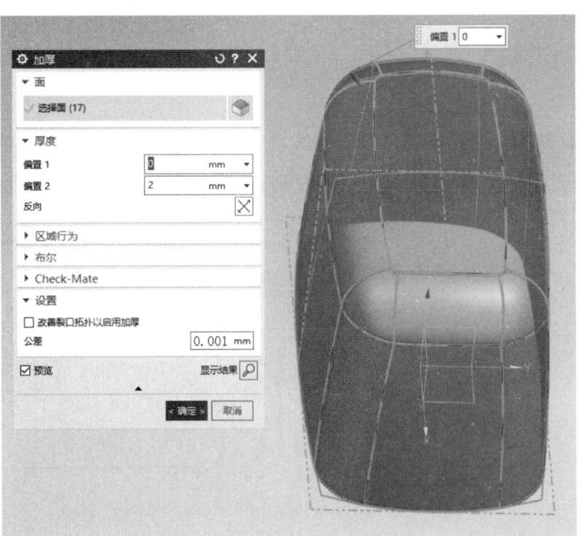

图 10-21　加厚

(a)

(b)

图 10-22　偏置及修剪体

10.3.3　顶部特征创建

(1) 创建一个平行于 XC-YC 平面且与 XC-YC 平面距离为 159.9 的平面，如图 10-23 所示。

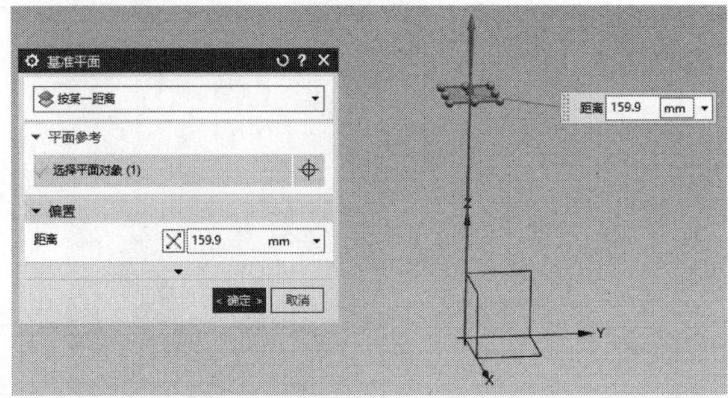

图 10-23　创建基准平面

(2) 在步骤(1)所创建的基准平面上创建一个草图，如图 10-24 所示。

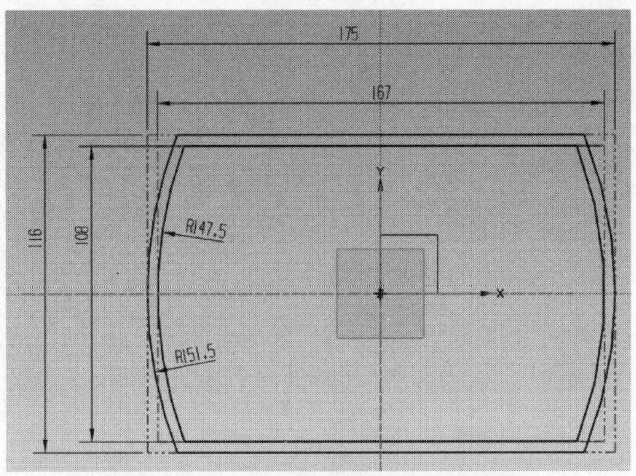

图 10-24　创建草图

(3) 使用【拉伸】命令，利用步骤(2)所创建草图的外圈曲线拉伸一个实体，如图 10-25 所示，利用拉伸出的实体外表面与零件的主体外表面求交线。

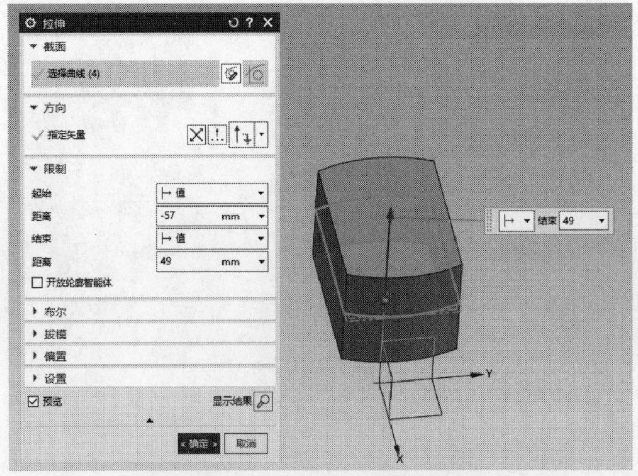

图 10-25　拉伸实体和求交线

(4) 创建一个平行于 XC-YC 平面且与 XC-YC 平面距离为 150.4 的平面，如图 10-26 所示。

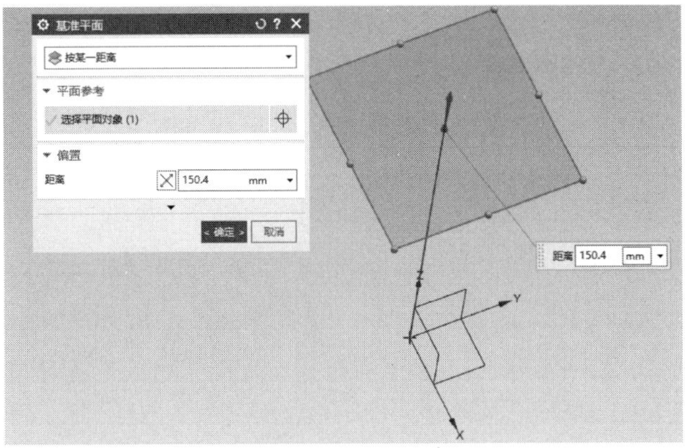

图 10-26　创建平面

(5) 使用【投影曲线】命令，将上面步骤所创建草图的内圈曲线的两条直边进行投影，如图 10-27 所示。

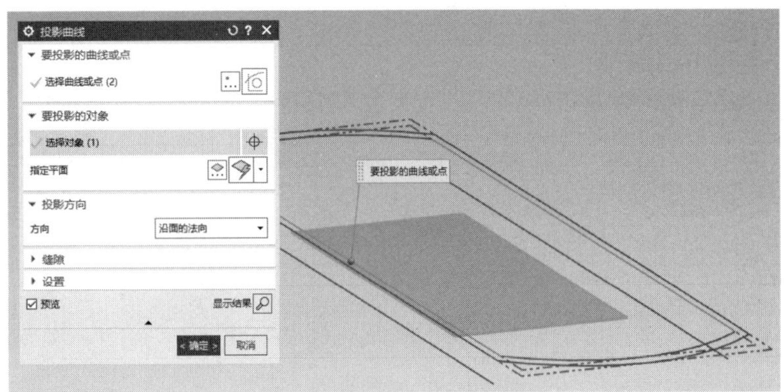

图 10-27　创建投影曲线

(6) 使用【直纹】命令，利用上面步骤创建的交线和投影曲线创建一个直纹面，如图 10-28 所示。此面共有两个，二者相互对称。

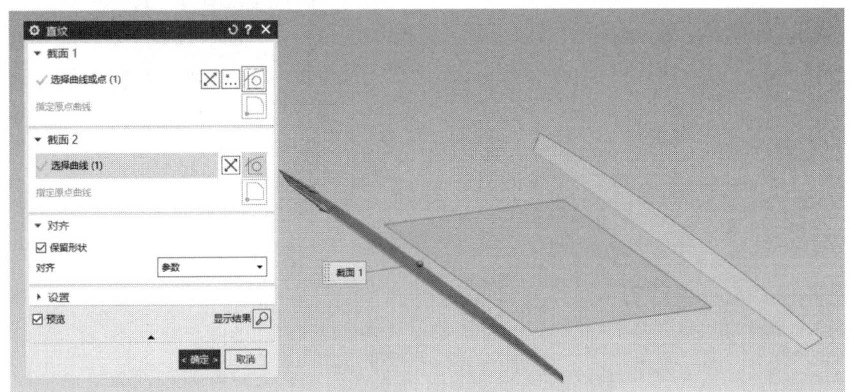

图 10-28　创建直纹面

(7) 使用【扫掠】命令，以顶部与外圈拉伸创建的交线为截面，曲面的边为引导线创建扫掠曲面，如图 10-29 所示。

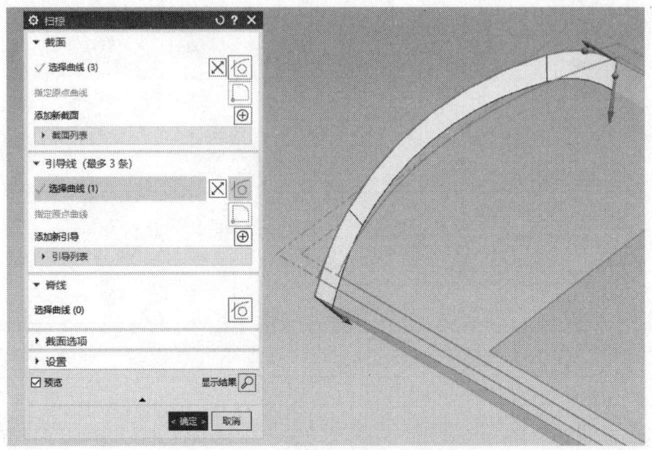

图 10-29　创建扫掠曲面

(8) 使用【修剪和延伸】命令，将步骤(7)所创建的曲面延伸一定的距离，这主要是为了后续的修剪，如图 10-30 所示。

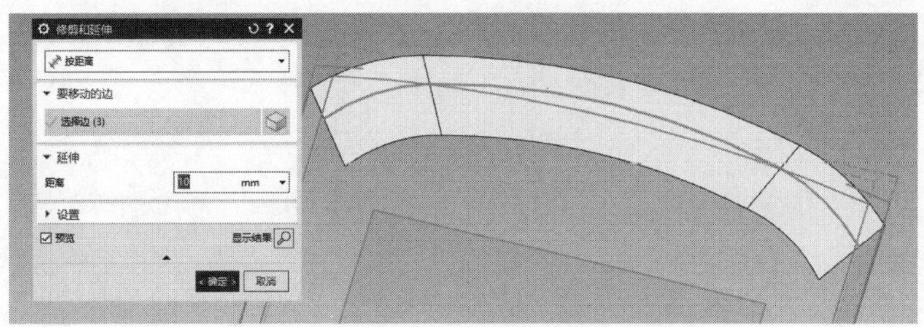

图 10-30　延伸曲面

(9) 使用【拉伸】命令，利用步骤(1)所创建草图的内圈圆弧拉伸一个曲面，如图 10-31 所示。

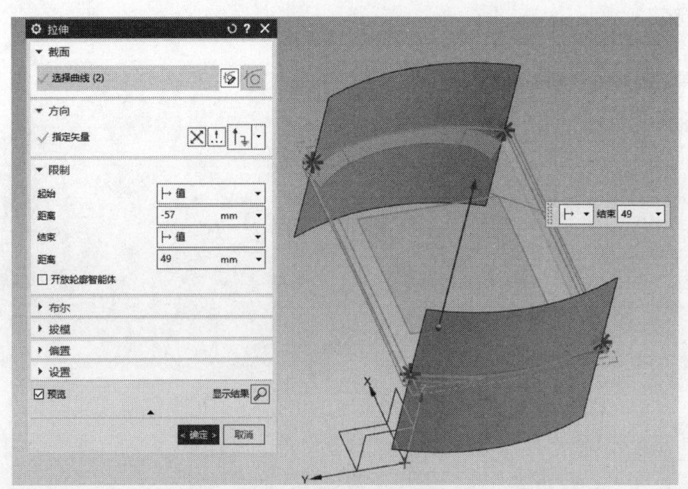

图 10-31　拉伸曲面

(10) 使用【修剪片体】命令，利用拉伸出来的片体对创建的曲面进行修剪，如图 10-32 所示。

图 10-32　裁剪片体

(11) 使用【缝合】命令，将上面所创建的 4 个小侧面缝合为一个片体，如图 10-33 所示。

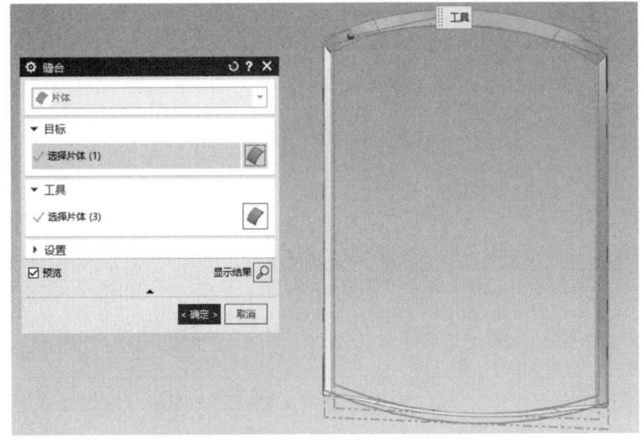

图 10-33　缝合片体

(12) 使用【修剪体】命令，利用创建的片体对零件主体进行修剪，如图 10-34 所示。

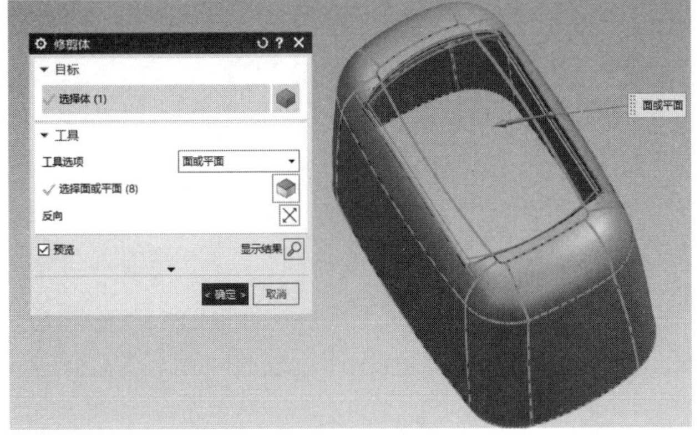

图 10-34　修剪零件主体

(13) 使用【加厚】命令，将缝合的片体加厚为实体，如图 10-35 所示。

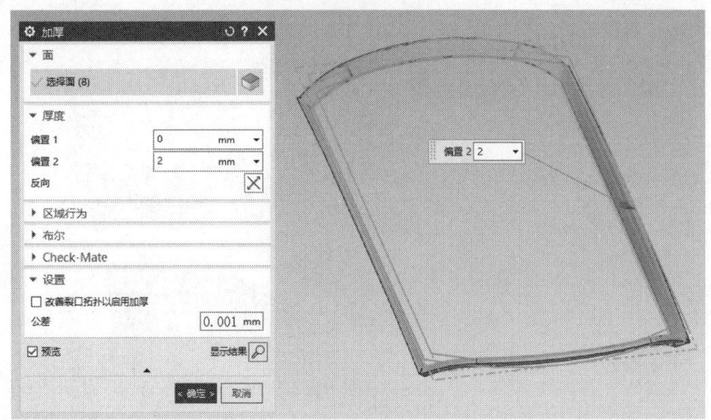

图 10-35 加厚实体

(14) 使用【拉伸】命令，创建三个片体然后缝合，用于修剪上一步加厚出的实体，创建方式如图 10-36 所示。

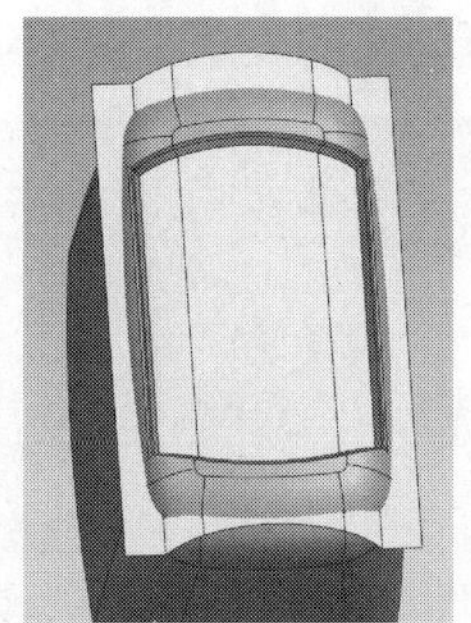

图 10-36 拉伸缝合片体

(15) 使用【修剪体】命令，利用缝合的片体对步骤(14)创建的实体进行修剪，如图 10-37(a)所示，此操作主要作用是使加厚的实体底部平整；然后利用零件本体的内表面将此实体的顶部切除，如图 10-37(b)所示。

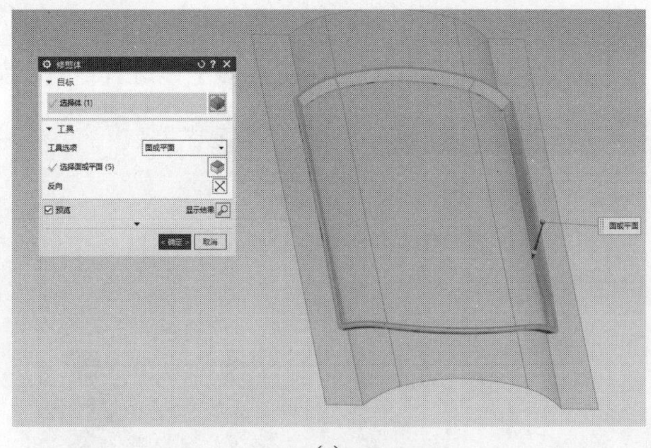

(a)

图 10-37 修剪体

(b)

图 10-37　修剪体(续)

(16) 使用【合并】命令，将所创建的实体与零件本体进行合并，如图 10-38 所示。

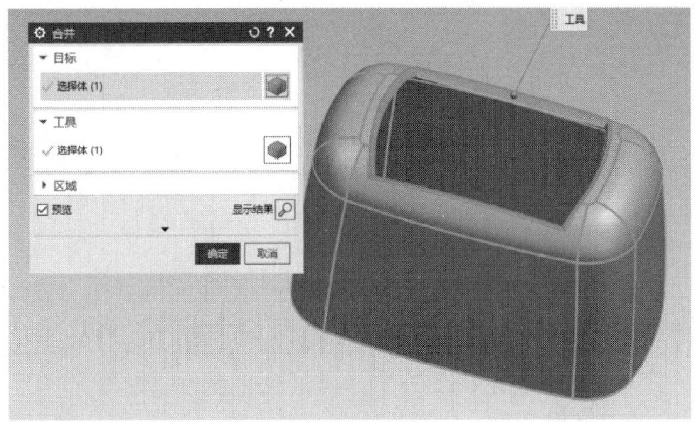

图 10-38　合并

10.3.4　侧边圆柱特征创建

(1) 创建一个平行于 XC-YC 平面且与 XC-YC 平面距离为 66 的平面，如图 10-39 所示。

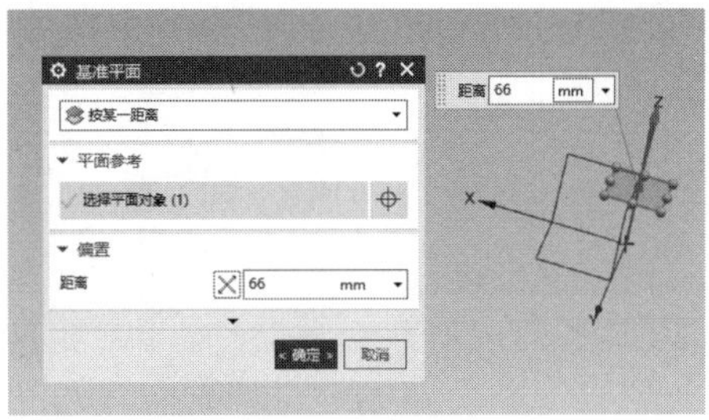

图 10-39　创建基准平面

(2) 使用【草图】命令，在创建的基准平面上创建一个草图，如图 10-40 所示。

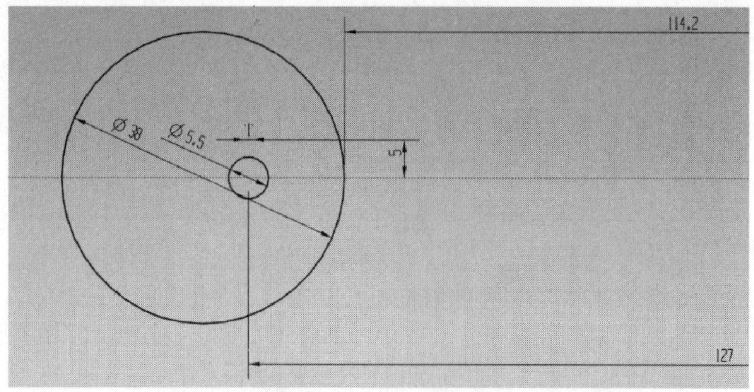

图 10-40　创建草图

(3) 使用【拉伸】命令，利用上一步骤所创建的草图的大圆拉伸一个实体，如图 10-41 所示。

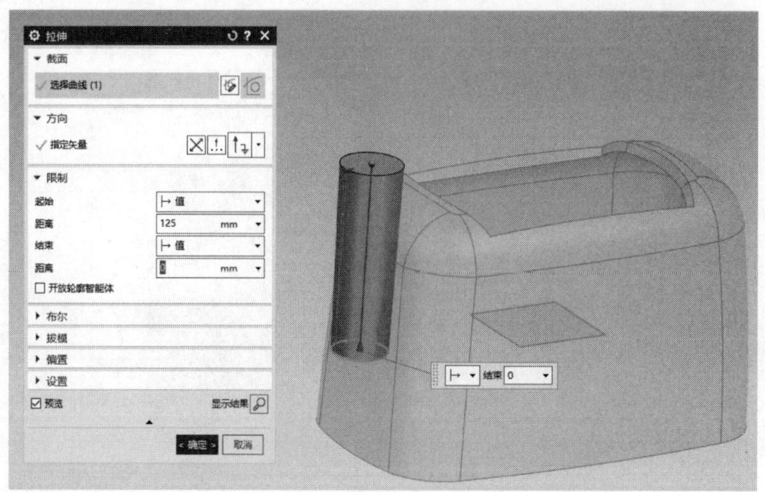

图 10-41　拉伸实体

(4) 使用【加厚】命令，为上一步骤所创建的实体表面增厚一个壳体，如图 10-42 所示。

图 10-42　加厚实体

(5) 使用【修剪体】命令，利用零件本体外表面对上面步骤创建的实体进行修剪，如图 10-43 所示。

(6) 使用【减去】和【合并】命令，利用上面步骤创建的实体对零件本体进行【减去】操作，并将创建的实体与零件本体进行【合并】操作，如图 10-44 所示。

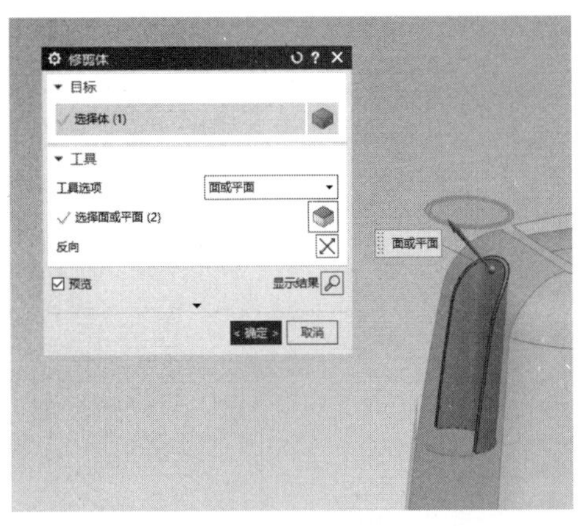

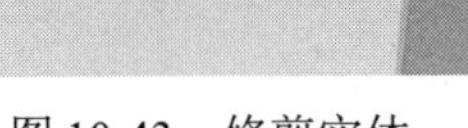

图 10-43　修剪实体

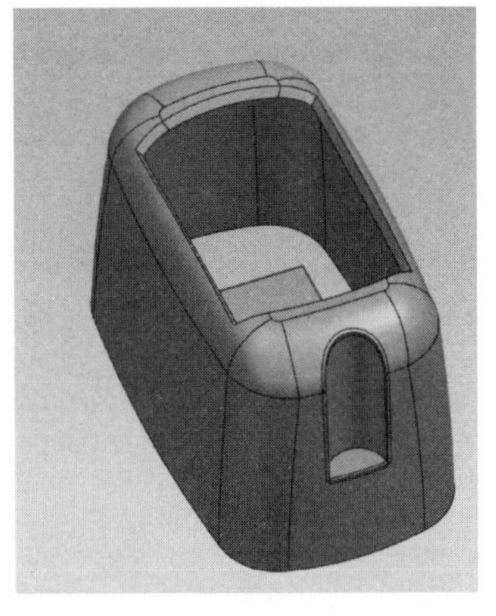

图 10-44　零件局部效果

(7) 使用【边倒圆】命令，对刚完成的凹槽的内外侧进行倒圆角，如图 10-45 所示。

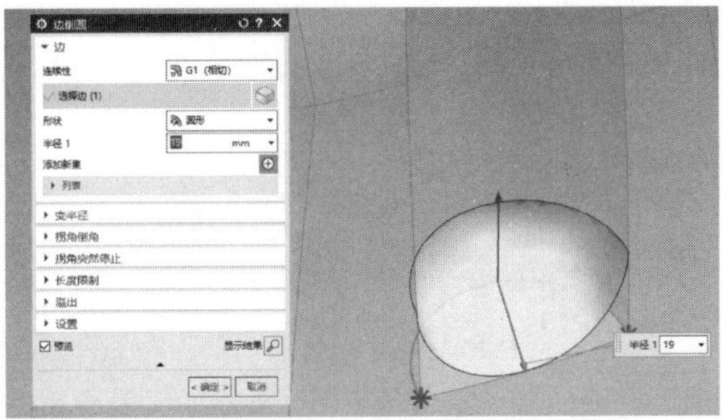

(a)

(b)

图 10-45　内外倒圆角

10.3.5　侧孔特征的创建

(1) 使用【草图】命令，在 YC-ZC 平面上创建一个草图，如图 10-46 所示。

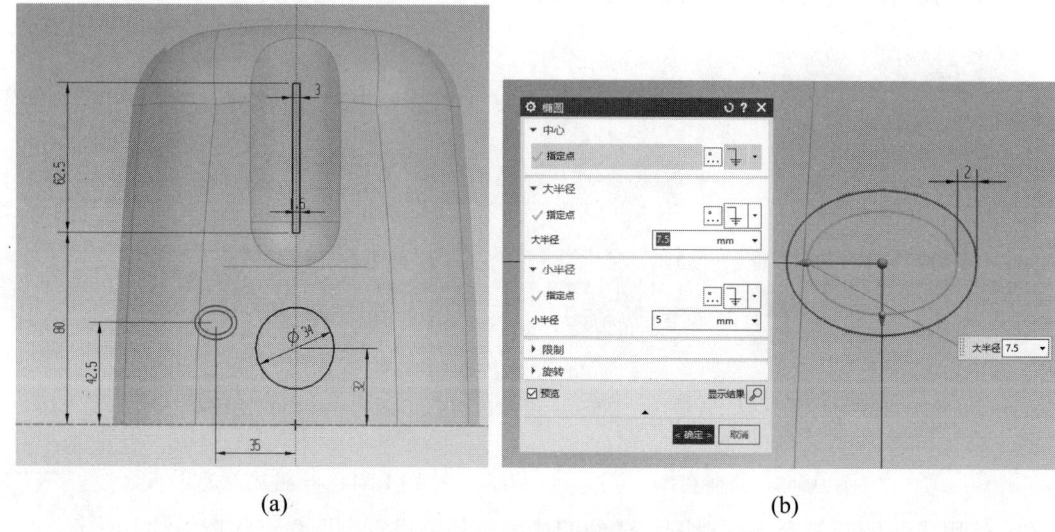

(a)　　　　　　　　　　(b)

图 10-46　创建草图

(2) 使用【拉伸】命令，利用刚创建的草图曲线对零件本体进行一些创建凸台和通孔的操作，如图 10-47 所示。

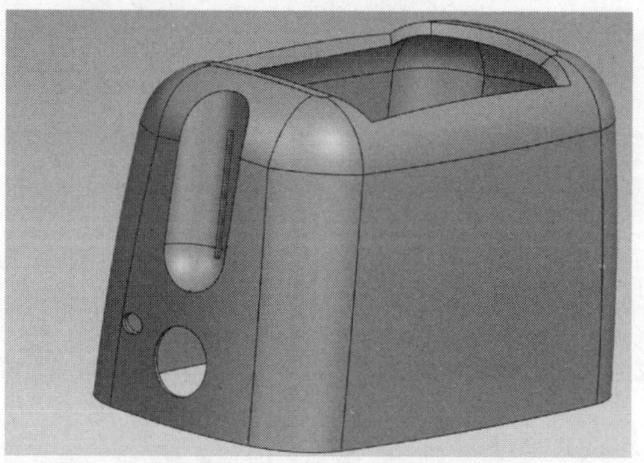

图 10-47　拉伸裁剪示意

10.3.6　加强筋特征创建

(1) 使用【拉伸】命令，利用侧边圆柱特征创建时的草图中的小圆和短线来创建凹槽内的安装凸台和孔位，如图 10-48 所示。

(2) 使用【拔模】命令，对安装凸台的加强筋进行拔模，如图 10-49 所示。

(3) 使用【草图】命令，在 XC-YC 平面上创建草图，如图 10-50 所示。

(4) 使用【拉伸】命令，利用刚创建的草图拉伸一个实体，如图 10-51 所示。

图 10-48　创建凸台及打孔

图 10-49　拔模

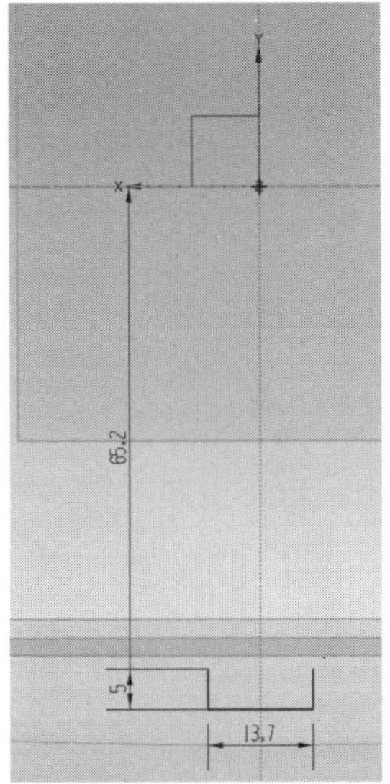

图 10-50　创建草图

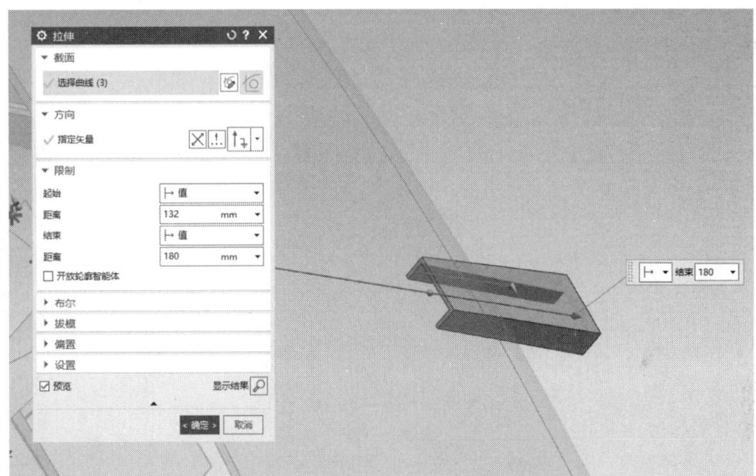

图 10-51　拉伸实体

(5) 使用【拔模】命令，将拉伸出的实体的直面进行拔模，如图 10-52 所示。

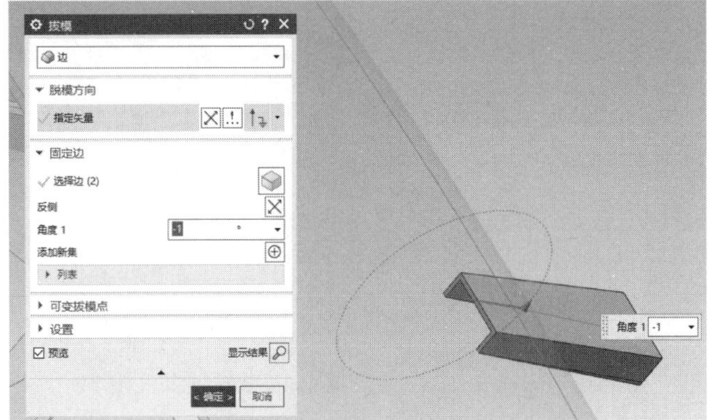

图 10-52　拔模

(6) 分别使用【拉伸】【替换面】和【修剪体】命令，创建加强筋，如图 10-53 所示。

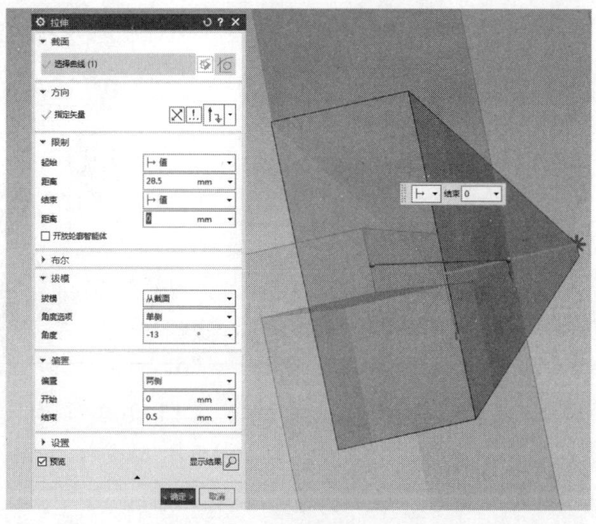

(a)

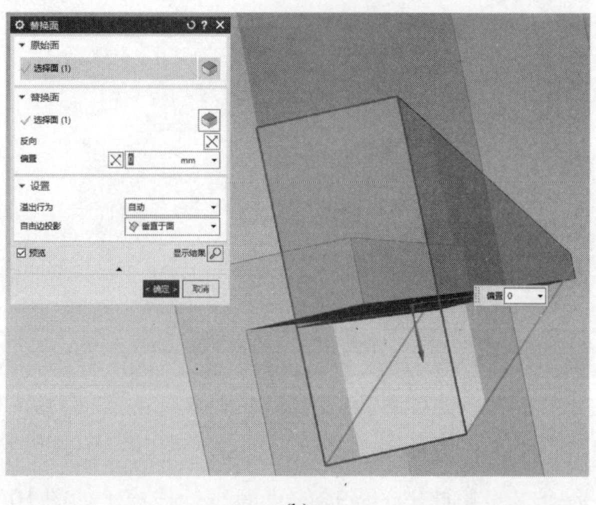

(b)

(c)

图 10-53　创建加强筋

(7) 使用【拔模】命令，将上一步骤创建的筋板镜像拔模处理；再使用【镜像体】命令，将该筋板镜像到另一侧并进行合并，选择 YC-ZC 平面为镜像面，如图 10-54 所示。

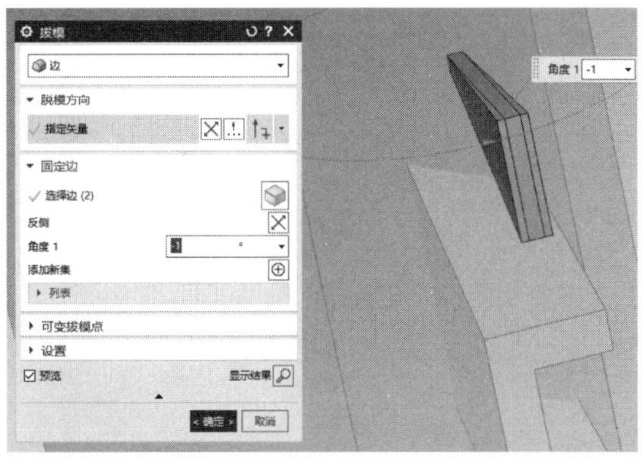

(a)

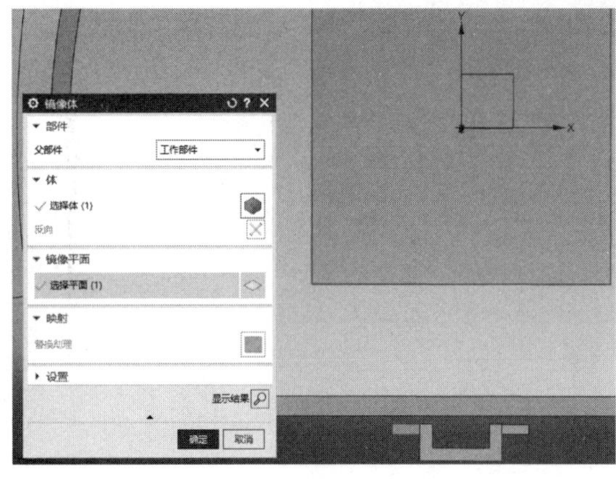

(b)

图 10-54　镜像加强筋

(8) 使用【修剪体】命令，利用零件本体的内表面修剪创建的加强筋实体，如图 10-55 所示。

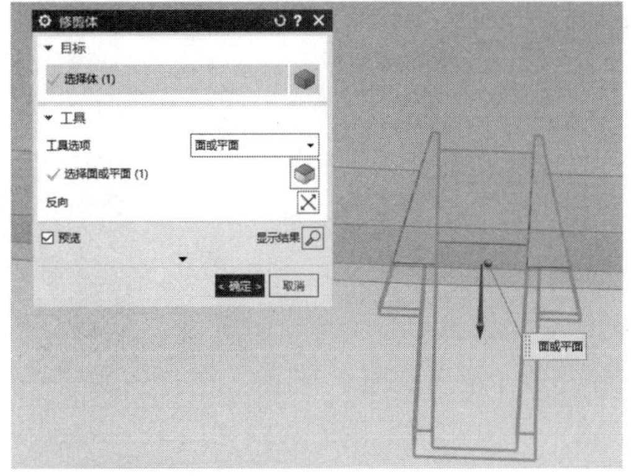

图 10-55　修剪体

(9) 使用【镜像体】命令，通过 XC-ZC 平面将创建的实体镜像到另一侧，并将镜像得到的体和原来的体都与零件本体进行合并，如图 10-56 所示。

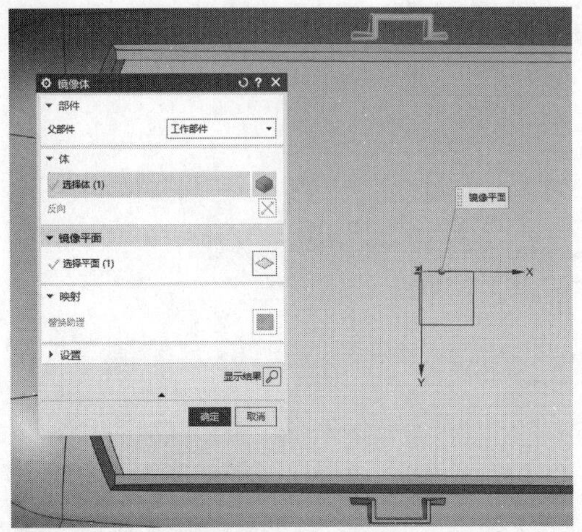

图 10-56 镜像实体

10.3.7 后边孔特征的创建

(1) 使用【草图】命令，在 YC-ZC 平面上创建草图，如图 10-57 所示。

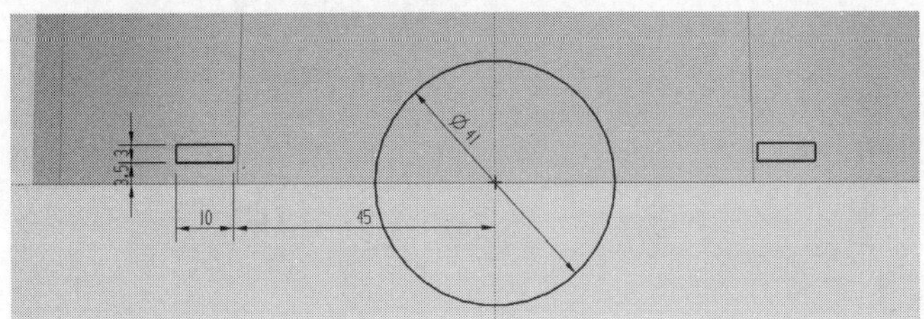

图 10-57 创建草图

(2) 使用【拉伸】命令，利用创建的草图进行拉伸，在零件本体上创建相应的孔，如图 10-58 所示。

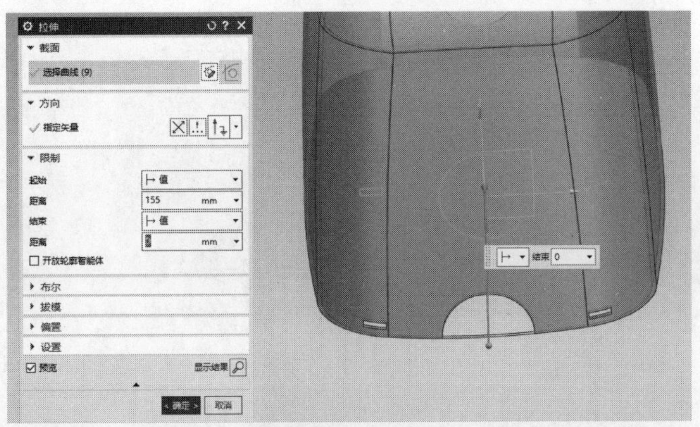

图 10-58 拉伸

10.3.8 加强筋特征的创建

(1) 使用【草图】命令，在 XC-YC 平面上创建草图，注意线段位置要准确，长度要适当，如图 10-59 所示。

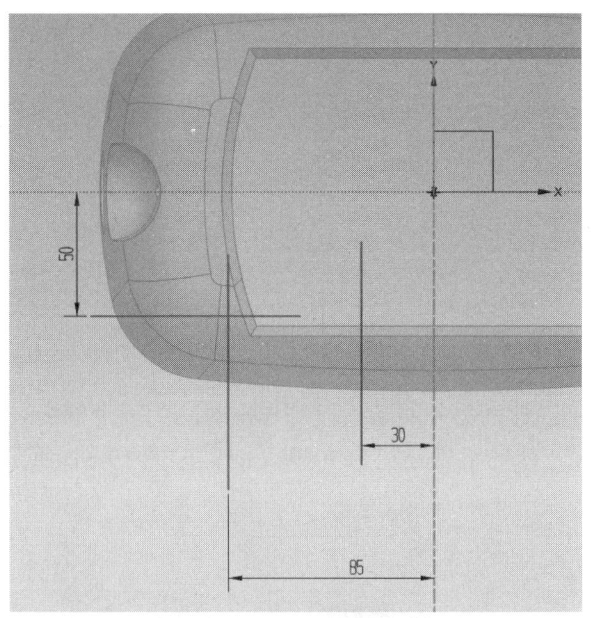

图 10-59 创建草图

(2) 使用【拉伸】和【修剪体】命令创建筋板，利用所创建的草图上的线段拉伸一个实体，并利用与 YC-ZC 平面距离为 124 的平面以及零件的内表面对其进行修剪，如图 10-60 所示。

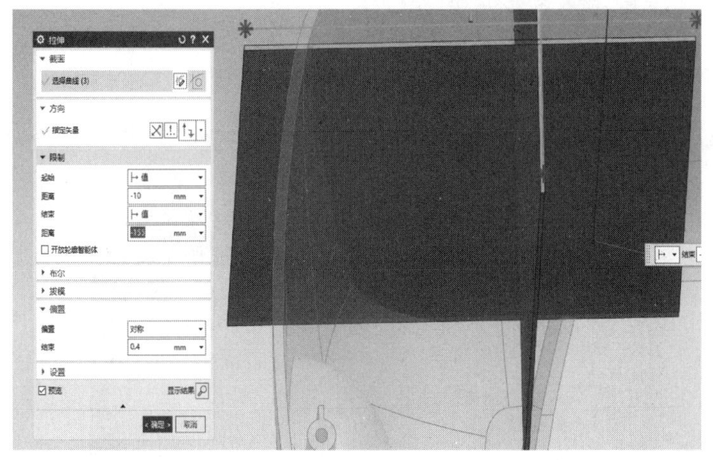

(a)

图 10-60 拉伸裁剪筋板

(b)

图 10-60 拉伸裁剪筋板(续)

(3) 重复操作，利用创建的另外两条线段制作出对应的两个筋板。拉伸参数一致，修剪所用的基准平面与 XC-ZC 的距离分别为 70 和 73.5，如图 10-61 所示。

图 10-61 制作筋板

(4) 使用【镜像体】命令，将刚创建的筋板进行镜像，如图 10-62 所示。

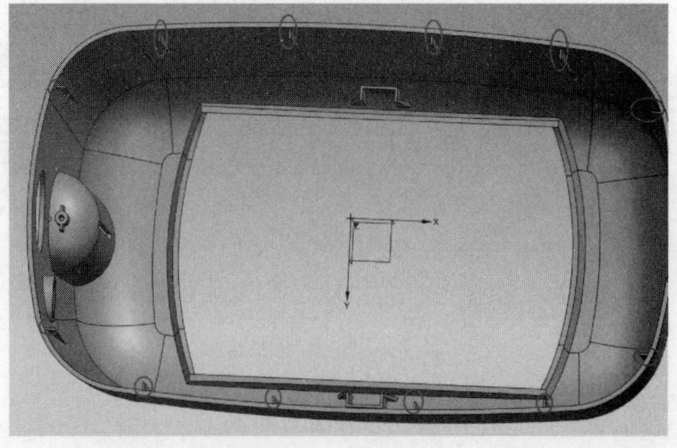

图 10-62 镜像筋板

(5) 使用【草图】命令，在 XC-YC 平面上创建草图，如图 10-63 所示。

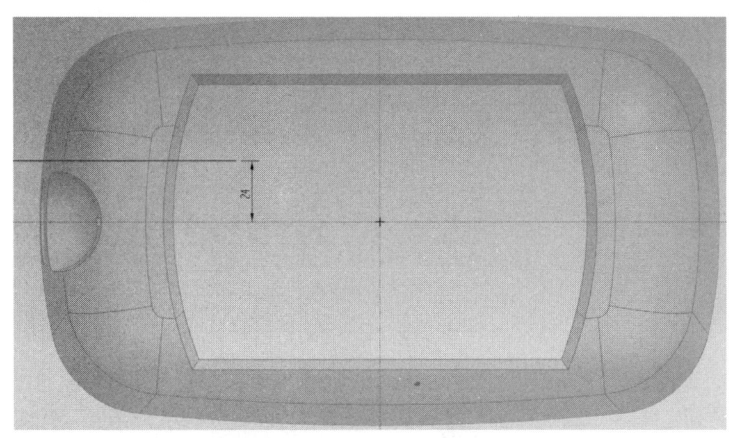

图 10-63　创建草图

(6) 使用【拉伸】命令，利用刚创建的曲线进行拉伸，并进行筋板修剪，如图 10-64 所示。

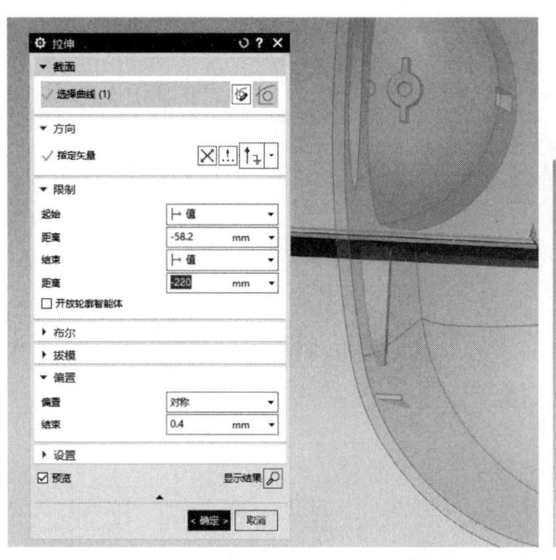

(a)

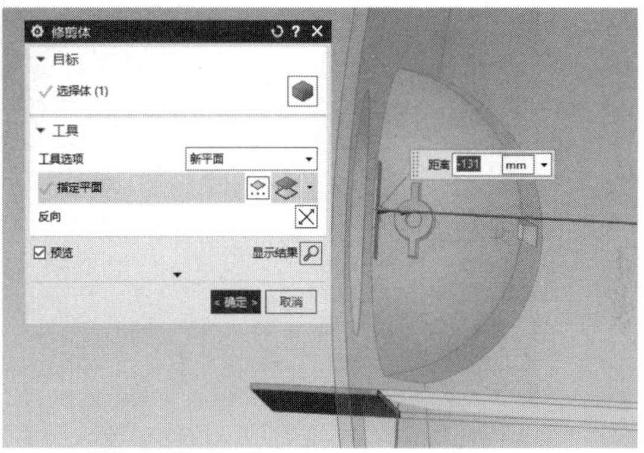

(b)

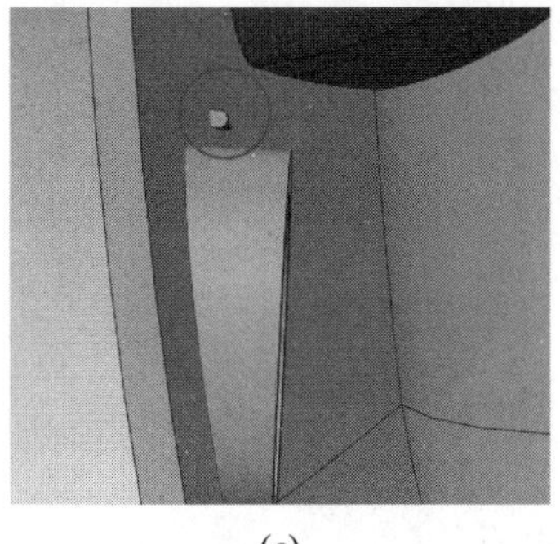

(c)

图 10-64　创建筋板

(7) 将所创建的筋板通过 XC-ZC 平面镜像到另一侧，并使筋板与零件本体进行合并，如图 10-65 所示。

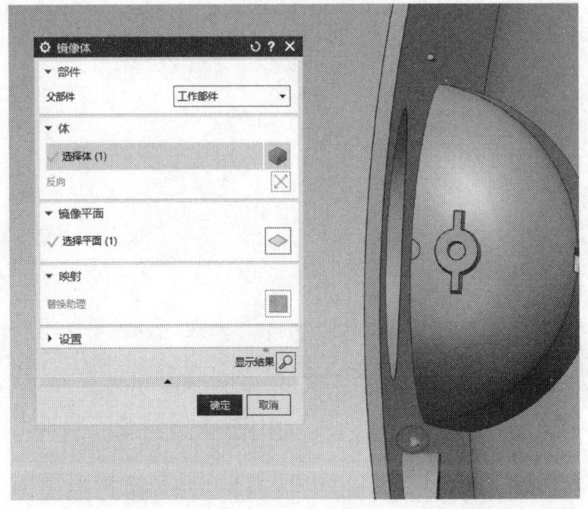

图 10-65 合并

(8) 使用【边倒圆】命令，对零件主体进行圆角处理，如图 10-66 所示。

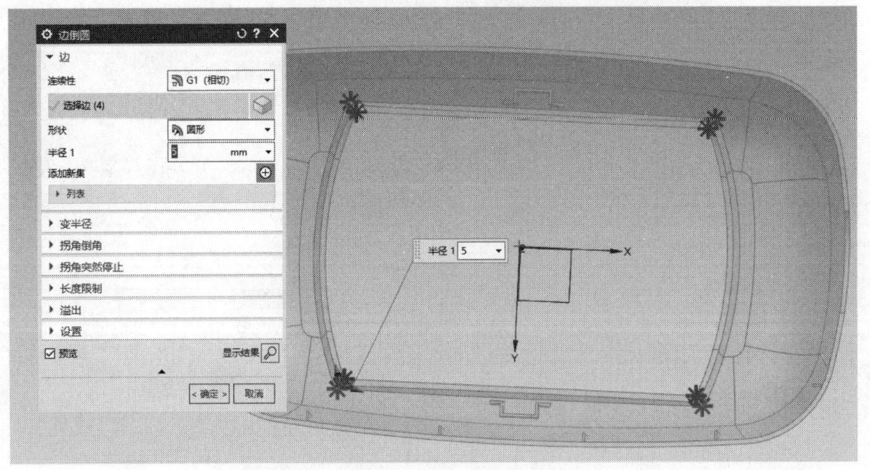

图 10-66 倒圆角

(9) 最终模型如图 10-67 所示。

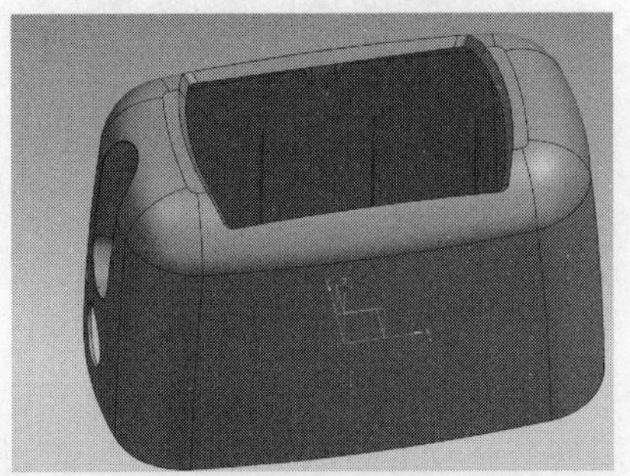

图 10-67 最终模型

10.4　拓展练习

完成如图 10-68 所示的风扇设计造型，尺寸自拟，可利用“直纹”特征绘制叶片，再绘制轴，通过阵列得到其余两片扇叶。

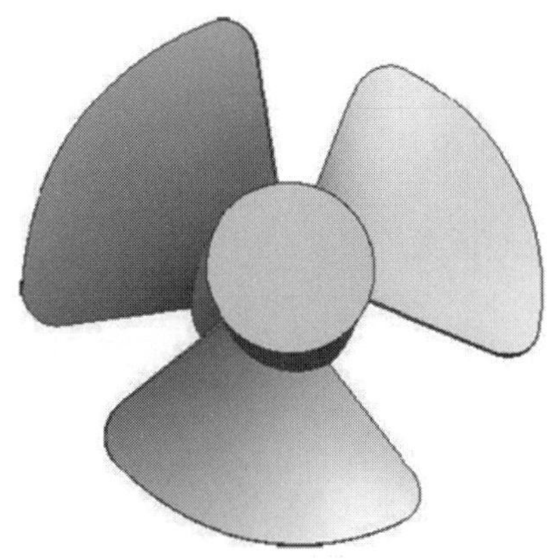

图 10-68　风扇示意图

引导问题：请简要叙述拓展练习案例的操作思路。

____

____

____

____

10.5　总结

便携式吸尘器外壳零件建模实例比较复杂，涉及大量不同位置的草图绘制、对片体的制作和编辑，以及大量的筋板制作。通过对本案例的学习，读者可以熟练掌握筋板制作的方法和技巧，并对复杂零件的建模方法有了更深一步的了解。

第 11 章

脚轮的装配

项目要求

- ✧ 熟悉 NX 软件的装配模块。
- ✧ 掌握案例中的装配思路及装配过程。
- ✧ 掌握组件装配的操作方法。

11.1 案例分析

11.1.1 案例说明

根据脚轮装配示意图，如图 11-1 所示，完成脚轮的装配。要求：装配约束完整正确。脚轮部件相关模型在资源库的 Jiaolun 文件夹中。

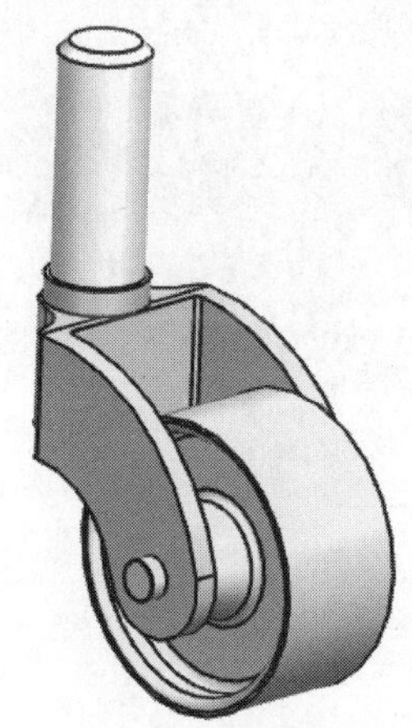

图 11-1 脚轮装配示意图

11.1.2 思路分析

通过观察脚轮的示意图，发现本案例的脚轮组件包括叉架、垫圈、轮子、销、轴。根据脚轮的特征，确定装配思路为，自底向上装配，即先定位轮子，再添加组件进行装配，最后完成脚轮的装配。脚轮使用的装配命令及其命令索引如表 11-1 所示。

表 11-1 脚轮使用的装配命令及其命令索引

特征	装配命令	命令索引
叉架	添加组件	11.2.1
	固定约束	11.2.2-4
轮子	接触对齐约束	11.2.2-1
	中心约束	11.2.2-9
销	接触对齐约束	11.2.2-1
	中心约束	11.2.2-9
垫圈	接触对齐约束	11.2.2-1
轴	接触对齐约束	11.2.2-1

11.2　知识链接

11.2.1　装配功能简介

装配是指通过关联条件在部件间建立约束关系，从而确定部件在产品中的空间位置。NX具有很强的装配能力，其装配模块不仅能快速地将零部件组合成产品，而且在装配的过程中能参照其他部件进行关联设计。此外，生成装配模型后，可以根据装配模型进行间隙分析、干涉分析，还可以建立爆炸视图，以显示装配关系。装配操作界面如图 11-2 所示。

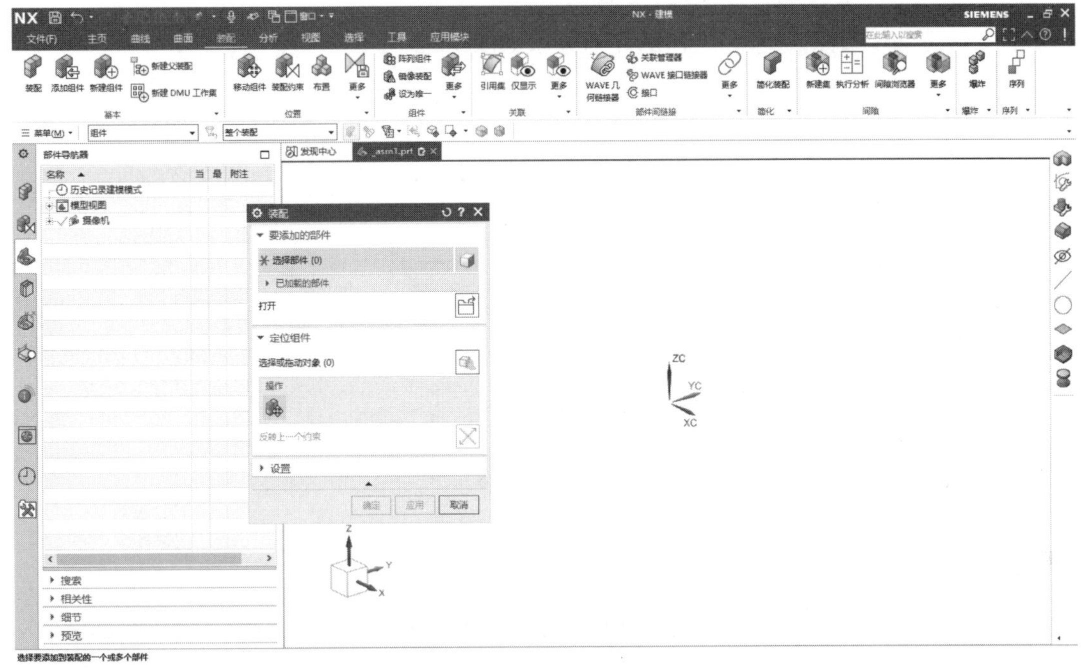

图 11-2　装配操作界面

装配的一般思路如下：首先完成各个零部件的建模；再新建一个部件文件，并调用装配模块，将预先完成的零部件以组件的形式加入部件中；通过指定组件间的装配约束，确定零部件的装配位置；对于需要参照其他零部件进行设计的零件，可采用部件间建模技术进行零部件设计；最后将装配文件保存即可。

为便于读者学习后续内容，下面集中介绍相关的装配术语。

1. 装配

装配是一个包含组件对象的部件。由于采用的是虚拟装配，装配文件并没有包括各个零部件的实际几何体数据，因此，各个零部件文件应与装配文件在同一个目录下，否则在打开装配文件时会很容易出错。

2. 子装配

子装配是一个相对概念，当一个装配被更高层次的装配所使用时就成了子装配。子装配实质上是一个装配，只是被更高一层的装配作为一个组件使用。例如，一辆自行车是由把手、车架、两个轮胎等构成的，而轮胎又是由钢圈、内胎、外胎等构成。轮胎是一个装配，但当被更高一层的装配——自行车所使用时，在整个装配中只作为一个组件，成为子装配。

3. 组件对象

组件对象是指向独立部件或子装配的指针。一个组件对象记录的信息有：部件名称、层、颜色、线型、线宽、引用集和装配约束等。

装配、子装配、组件对象和组件部件的关系如图 11-3 所示。

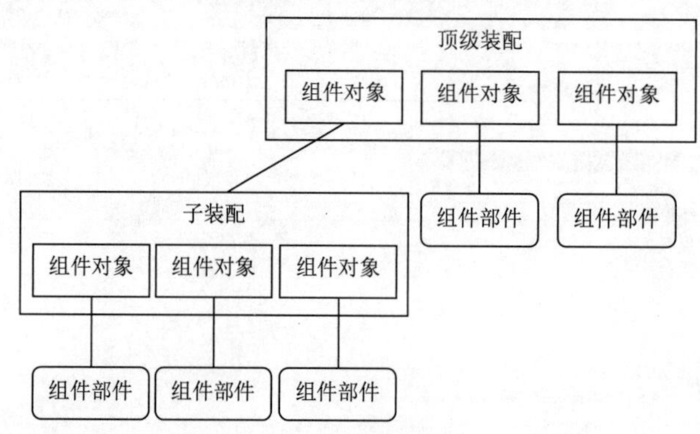

图 11-3　装配关系

4. 组件部件

组件部件是被一装配内的组件对象引用的部件。保存在组件部件内的几何体在部件中是可见的，在装配中它们是被虚拟引用而不是复制。

例如，汽车后轴 axle_subassm.prt 是由一根车轴和两个车轮所构成，该装配中含有 3 个组件对象：左车轮、右车轮及车轴；但这里只有两个组件部件：一个是车轮(假设两个车轮是相同的，即基于同一个车轮模型 wheel.prt)，另一个是车轴 axle.prt，如图 11-4 所示。

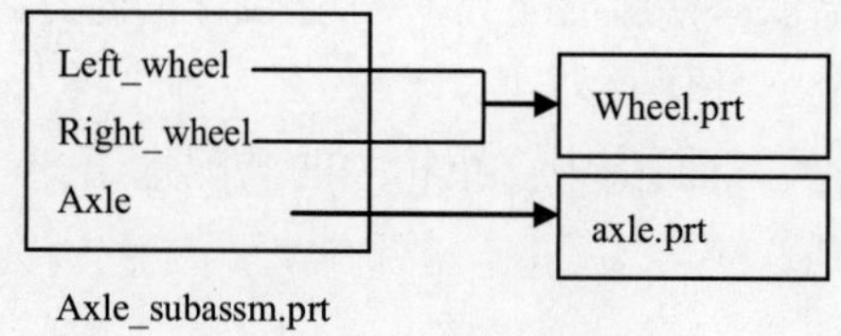

图 11-4　装配组件示意

由于指向车轮的组件对象只包含车轮的部件名称、层、颜色、引用集等信息，并不包含车轮的全部信息(例如车轮造型的过程)，所以组件对象远小于相应部件文件的大小。

5. 零件

零件是指装配外存在的零件几何模型。

零件与组件对象的区别：组件对象是指针实体，所包含的几何体的信息小于零件的几何信息。

6. 从底向上装配

从底向上装配是先创建部件几何模型，再组合成子装配，最后生成装配部件的装配方法。

所创建的装配体将按照组件、子装配体和总装配的顺序进行排列，并利用约束条件进行逐级装配，从而形成装配模型，如图 11-5 所示。

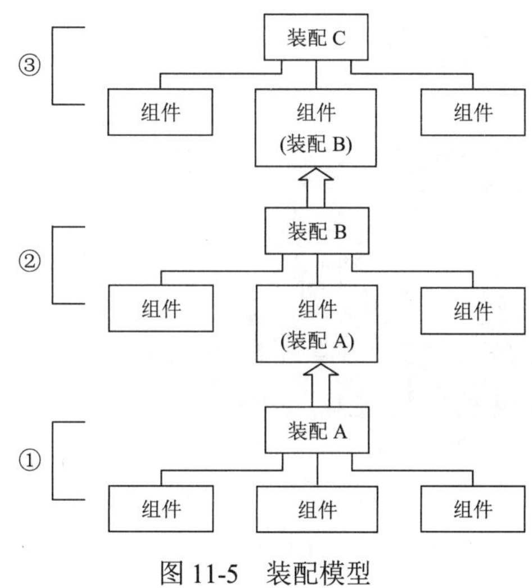

图 11-5　装配模型

7. 自顶向下装配

自顶向下装配是先生成总体装配，然后下移一层，生成子装配和组件，最后生成单个零部件。

8. 混合装配

混合装配是自顶向下装配和从底向上装配的结合。设计时，往往是先创建几个主要部件模型，然后将它们装配在一起，再在装配体中设计其他部件。混合装配一般均涉及部件间建模技术。

9. 引用集

组件对象是指向零部件的指针实体，其内容由引用集来确定，引用集可以包含零部件的名称、原点、方向、几何对象、基准、坐标系等信息。使用引用集的目的是控制组件对象的数据量。

管理出色的引用集策略具有以下优点：加载时间更短；使用的内存更少；图形显示更整齐。

使用引用集有两个主要原因：排除或过滤组件部件中不需要显示的对象，使其不出现在装配中；用一个更改或较简单的几何体而不是全部实体表示在装配中的一个组件部件。

默认引用集：每个部件有5个系统定义的引用集，分别是整个部件、空、模型、轻量化和简化的引用集，如图11-6所示。下面介绍前面3种比较常用的默认引用集类型。

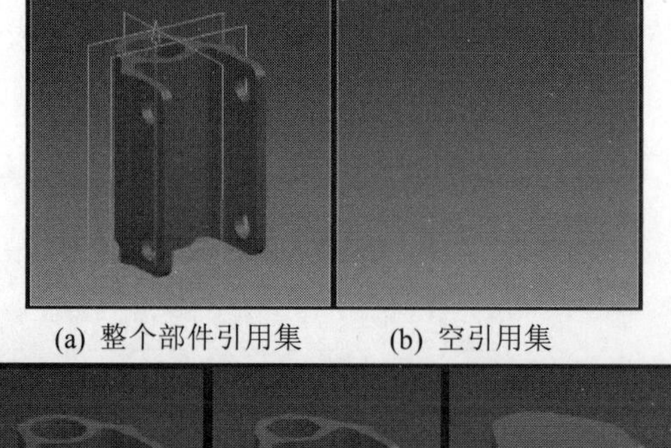

(a) 整个部件引用集　　(b) 空引用集

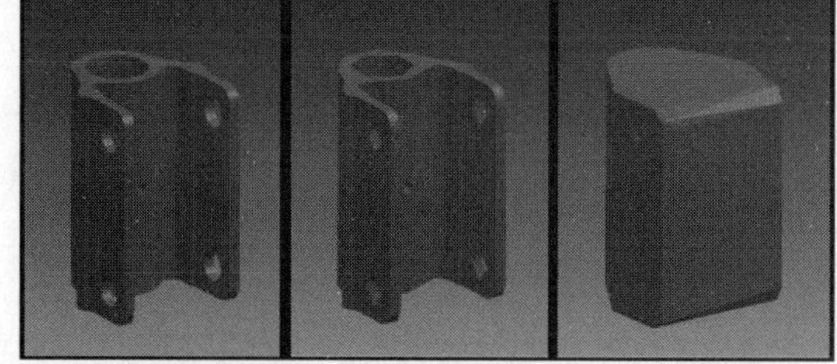

(c) 模型引用集　(d) 轻量化引用集　(e) 简化引用集

图11-6　引用集类型

- ✧ 整个部件：整个部件引用集表示引用部件的全部几何数据。在添加部件到装配时，如果不选择其他引用集，则默认使用该引用集。
- ✧ 空：空引用集表示不包含任何几何对象。当部件以空的引用集形式添加到装配中时，在装配中看不到该部件。
- ✧ 模型：模型引用集包含实际模型几何体，这些几何体包括实体、片体及不相关的小平面表示。一般情况下，它不包含构造几何体，如草图、基准和工具实体。

11.2.2　装配约束

装配约束是指组件的装配关系，以确定组件在装配中的相对位置。装配约束由一个或多个关联的约束组成，关联约束限制组件在装配中的自由度。

选择【装配】选项卡的【位置】功能区中的【装配约束】命令，即可调用【装配约束】对话框，如图11-7所示。

在【装配约束】对话框中包含了11种装配约束条件，分别是接触对齐约束、同心约束、距离约束、固定约束、平行约束、垂直约束、对齐/锁定约束、等尺寸配对约束、胶合约束、中心约束和角度约束。

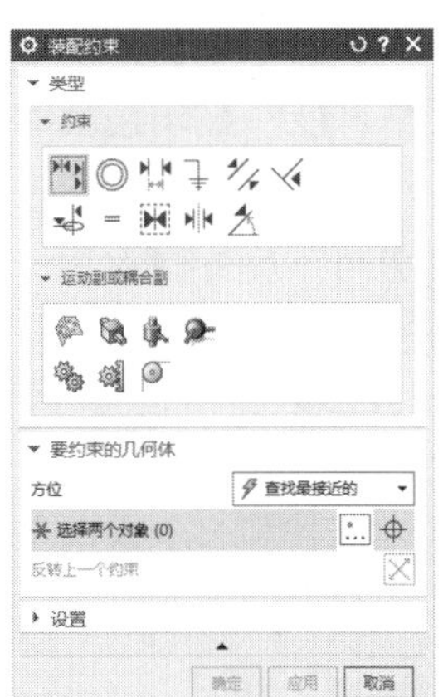

图 11-7　【装配约束】对话框

1. 接触对齐约束

接触对齐约束其实是两个约束：接触约束和对齐约束。接触约束是指约束对象贴着约束对象，图 11-8 表示在圆柱 1 的上表面和圆柱 2 的下表面之间创建接触约束。

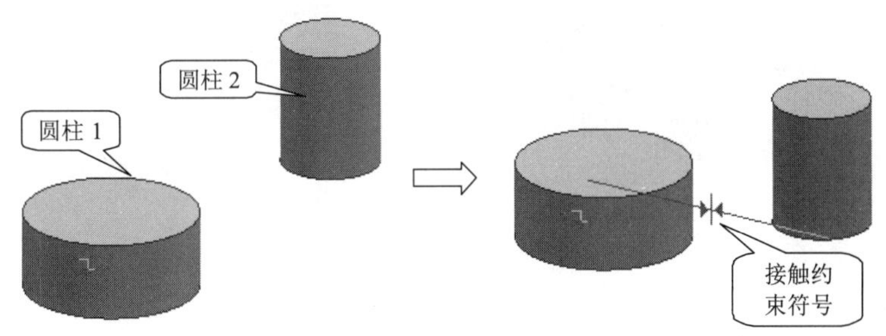

图 11-8　接触约束操作

对齐约束是指约束对象与约束对象是对齐的，且在同一个点、线或平面上，图 11-9 表示在圆柱 1 的轴与圆柱 2 的轴之间创建对齐约束。

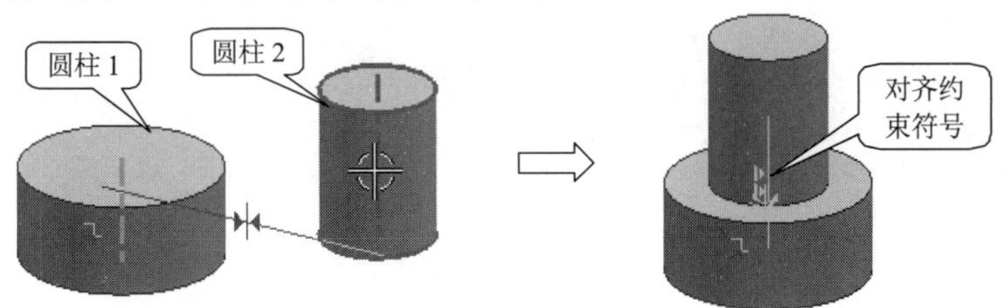

图 11-9　对齐约束操作

创建接触对齐约束的操作步骤如下。

(1) 调用【装配约束】命令。

(2) 在图 11-7所示的对话框中选择【接触对齐】选项。

(3) 根据实际需要对【设置】组中的选项进行设置。

(4) 将【方位】设置为其中之一：首选接触、接触、对齐或自动判断中心/轴。

✧ 首选接触：当接触和对齐解都可能时显示接触约束。在大多数模型中，接触约束比对齐约束更常用。当接触约束过度约束装配时，将显示对齐约束。

✧ 接触：约束对象，使其曲面法向在反方向上。

✧ 对齐：约束对象，使其曲面法向在相同的方向上。

✧ 自动判断中心/轴：自动将约束对象的中心或轴进行对齐或接触约束。

(5) 选择要约束的两个对象。

(6) 如果有多种解的可能，可以单击【反转上一个约束】按钮，在可能的解之间切换。

(7) 完成添加约束后，单击【确定】或【应用】按钮即可。

2. 同心约束

同心约束是指约束两个组件的圆形边界或椭圆边界，以使中心重合，并使边界的面共面，如图 11-10 所示。

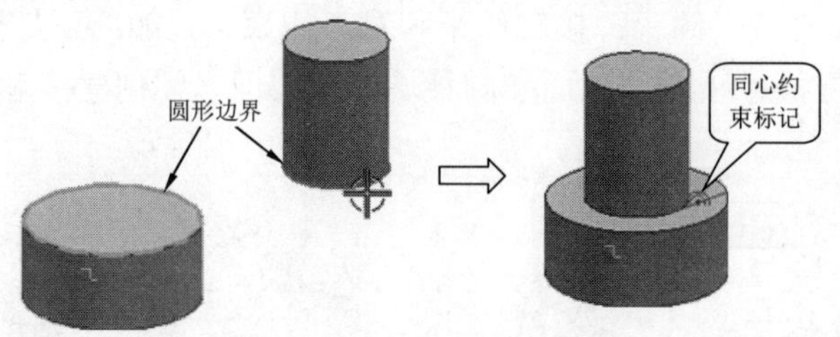

图 11-10　同心约束操作

3. 距离约束

距离约束主要是调整组件在装配中的定位。通过距离约束可以指定两个对象之间的最小 3D 距离。图 11-11 表示指定面 1 与面 2 之间的最小 3D 距离为 150。

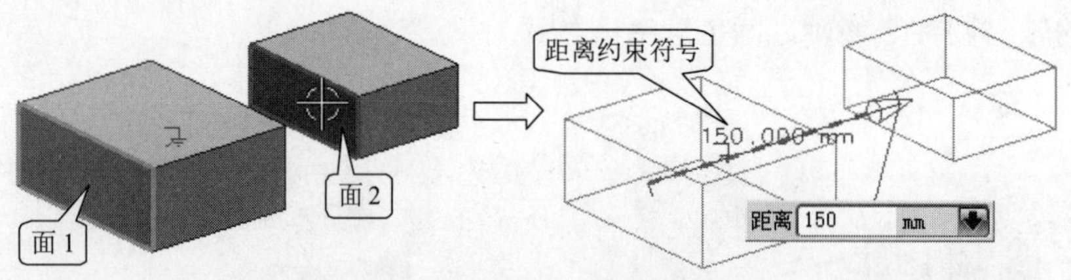

图 11-11　距离约束操作

4. 固定约束

固定约束是将组件固定在其当前位置。要确保组件停留在适当位置，且根据其约束其他组件时，此约束很有用。

5. 平行约束

平行约束是指定义两个对象的方向矢量为互相平行。图 11-12 表示指定长方体 1 的上表面和长方体 2 的上表面之间为平行约束。

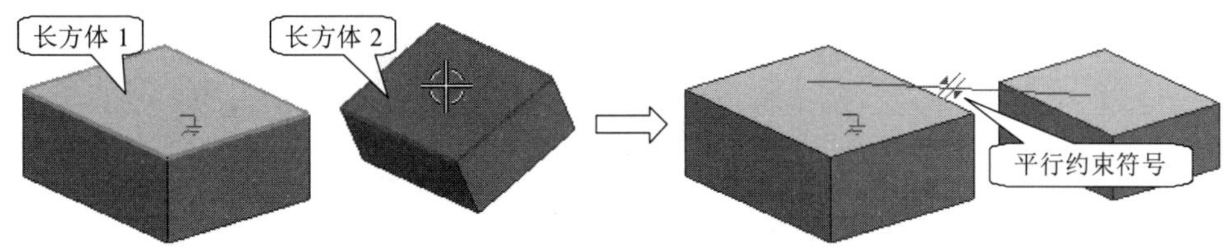

图 11-12　平行约束操作

创建平行约束的操作步骤如下。

(1) 调用【装配约束】命令。

(2) 在图 11-7所示的对话框中选择【平行】选项。

(3) 根据实际需要对【设置】组中的选项进行设置。

(4) 选择要使其平行的两个对象。

(5) 如果有多种解的可能，可以单击【反转上一个约束】按钮，在可能的解之间切换。

(6) 完成添加约束后，单击【确定】或【应用】按钮即可。

6. 垂直约束

垂直约束是指定义两个对象的方向矢量为互相垂直。

7. 对齐/锁定约束

对齐/锁定约束是指对齐不同对象中的两个轴，同时防止绕公共轴旋转。

8. 等尺寸配对约束

等尺寸配对约束是指约束具有等半径的两个对象，例如，圆边或椭圆边，圆柱面或球面。此约束对确定孔中销或螺栓的位置很有用。如果以后半径变为不等，则该约束无效。

9. 胶合约束

胶合约束是指将组件“焊接”在一起，使它们作为刚体移动。胶合约束是一种不做任何平移、旋转、对齐的装配约束。

10. 中心约束

中心约束能够使一对对象之间的一个或两个对象居中，或使一对对象沿着另一个对象居中。中心约束共有 3 个子类型，如图 11-13 所示。

✧　1 对 2：在后两个所选对象之间使第一个所选对象居中。

✧　2 对 1：使两个所选对象沿第三个所选对象居中。如图 11-14 所示，依次选择面 1、

面 2(面 2 是与面 1 相对称的面)和基准平面，应用 2 对 1 中心约束后，基准平面自动位于面 1 和面 2 中间。

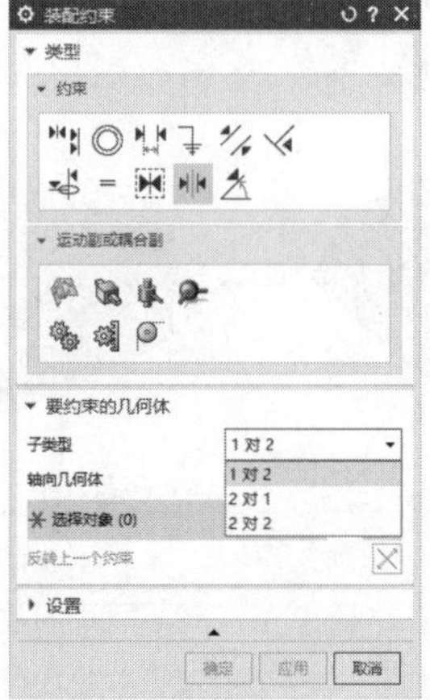

图 11-13　中心约束的子类型

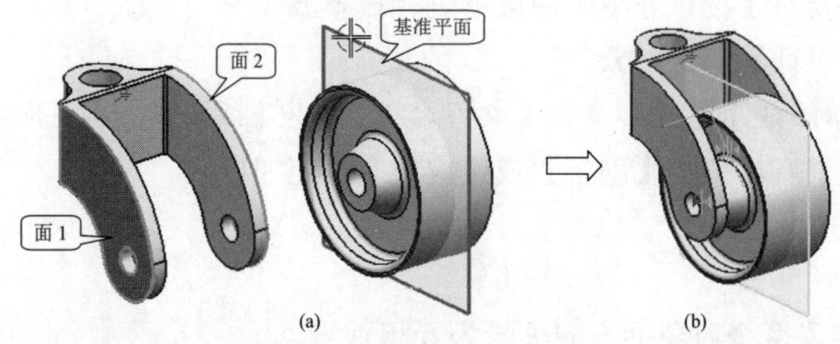

图 11-14　2 对 1 中心约束操作

✧ 2 对 2：使两个所选对象在两个其他所选对象之间居中。如图 11-15 所示，依次选择面 1、面 2(面 2 是与面 1 相对称的面)、面 3、面 4(面 4 是与面 3 相对称的面)，应用 2 对 2 中心约束后，面 3 和面 4 自动位于面 1 和面 2 中间。

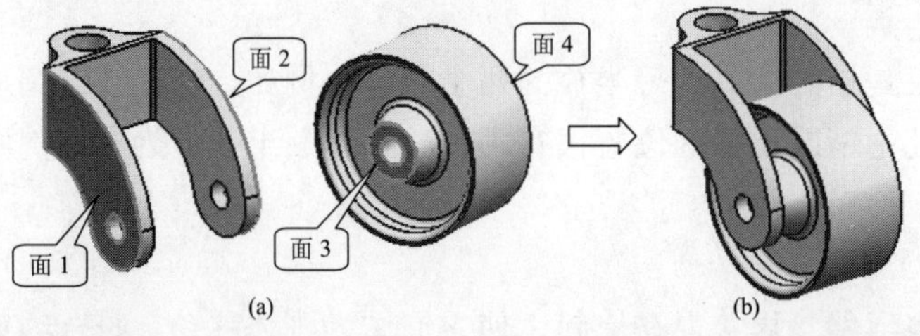

图 11-15　2 对 2 中心约束操作

创建中心约束的操作步骤如下。

(1) 调用【装配约束】命令。

(2) 在图 11-7所示的对话框中选择【中心约束】选项。

(3) 根据实际需要对【设置】组中的选项进行设置。

(4) 设置子类型为【1 对 2】【2 对 1】或【2 对 2】。

(5) 若子类型为【1 对 2】或【2 对 1】，则设置【轴向几何体】选项。

✧　【使用几何体】命令：对约束使用所选圆柱面。
✧　【自动判断中心/轴】命令：使用对象的中心或轴。

(6) 选择要约束的对象，对象的数量由子类型决定。

(7) 如果有多种解的可能，可以单击【反转上一个约束】按钮，在可能的解之间切换。

(8) 完成添加约束后，单击【确定】或【应用】按钮即可。

11. 角度约束

角度约束是指两个对象呈一定角度的约束。角度约束可以在两个具有方向矢量的对象间产生，角度是两个方向矢量的夹角。这种约束允许关联不同类型的对象，例如，可以在面和边缘之间指定一个角度约束。角度约束有两种类型：3D 角和方向角。图 11-16 表示在两个圆柱的轴之间创建 90° 的角度约束。

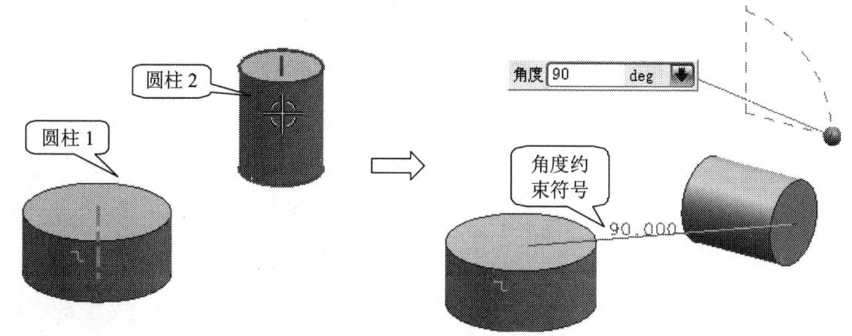

图 11-16　角度约束操作

11.2.3　移动组件

选择【装配】|【组件位置】|【移动组件】命令，或单击【装配】选项卡的【位置】功能区上的【移动组件】命令，即可调用【移动组件】对话框，如图 11-17 所示。

图 11-17　【移动组件】对话框

移动组件命令用来在一装配中，在所选组件的自由度内移动它们。用户可以选择组件动态移动(如用拖拽手柄)，也可以建立约束以移动组件到所需位置，还可以同时移动不同装配级上的组件。

11.2.4 部件间链接

部件间链接是指通过“链接关系”建立部件间的相互关联，从而实现部件间的参数化设计。利用部件间链接技术可以提高设计效率，并且保证部件间的关联性，如图 11-18 所示。

利用 WAVE 几何链接器可以在工作部件中建立相关或不相关的几何体。如果建立相关的几何体，它必须被链接到同一装配中的其他部件。链接的几何体相关到它的父几何体，改变父几何体会引起所有部件中链接的几何体自动更新。如图 11-19 所示，轴承尺寸被更改，但未编辑安装框架孔，通过 WAVE 复制，曲线从轴承复制到框架，无论轴承是尺寸更改、旋转还是轴位置移动，都可自动更新孔。

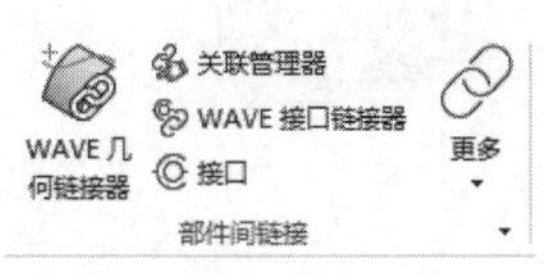

图 11-18 【部件间链接】功能区

不使用 WAVE

使用 WAVE

图 11-19 WAVE 几何链接操作对比

部件间建模的操作步骤如下。

(1) 保持显示部件不变，将新组件设置为工作部件。

(2) 在【部件间链接】功能区上单击【WAVE 几何链接器】命令，弹出【WAVE 几何链接器】对话框，如图 11-20 所示，可以将其他组件的对象(如点、草图、面、体等)链接到当前的工作部件中。

- ✧ 类型：下拉列表中列出可链接的几何对象类型。
- ✧ 关联：选中该选项，产生的链接特征与原对象关联。
- ✧ 隐藏原先的：选中此选项，则在产生链接特征后，隐藏原来的对象。

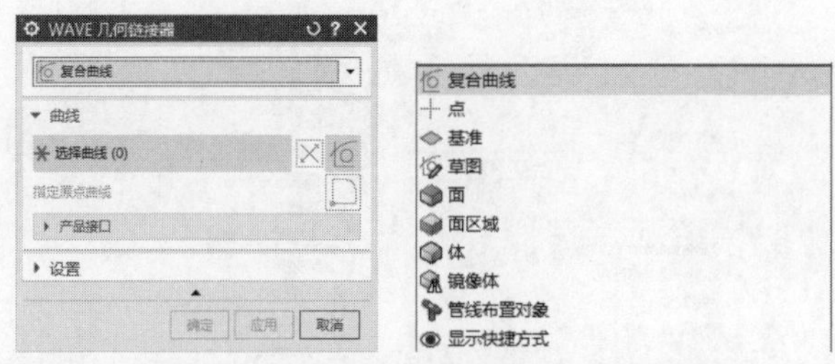

图 11-20 【WAVE 几何链接器】对话框

(3) 利用链接过来的几何对象生成几何体。

11.2.5　装配导航器的使用

装配导航器用树形结构表示部件的装配结构，每一个组件以一个节点显示，简称 ANT，如图 11-21 所示。它可以清楚地表达装配关系，还可以完成部件的常用操作，如将部件改变为工作部件或显示部件、隐藏与显示组件、替换引用集等。

装配导航器

描述性部件名 ▲	信息	只	已	数量	引用集
截面					
assy_jiaolun (顺序：时间顺...				6	
约束				9	
chajia					模型 ("BODY")
lunzi					模型 ("BODY")
xiao					模型 ("BODY")
dianquan					模型 ("BODY")
zhou					模型 ("BODY")

图 11-21　装配导航器

NX 软件中，单击视图左侧资源工具条上的【装配导航器】图标，即可打开装配导航器。在装配导航器中，为了识别各个节点，子装配和部件用不同的图标表示。

- ✧ ：由 3 块矩形体堆砌而成，表示一个装配或子装配。
  - ➢ 图标显示为黄色，该装配或子装配为工作部件。
  - ➢ 图标显示为灰色，且边框为实线，该装配或子装配为非工作部件。
  - ➢ 图标全部是灰色，且边框为虚线，该装配或子装配被关闭。
- ✧ ：由单个矩形体堆砌而成，表示一个组件。
  - ➢ 图标显示为黄色，该组件为工作部件。
  - ➢ 图标显示为灰色，且边框为实线，该组件为非工作部件。
  - ➢ 图标全部是灰色，且边框为虚线，该组件被关闭。
- ✧ ⊞或⊟：表示装配树节点的展开和压缩。
  - ➢ 单击⊞：展开装配或子装配树，以列出装配或子装配的所有组件，同时加号变减号。
  - ➢ 单击⊟：压缩装配或子装配树，即把装配或子装配树压缩成一个节点，同时减号变加号。
- ✧ ☑、☑或□：表示装配或组件的显示状态。
  - ➢ ☑表示当前部件或装配处于显示状态。
  - ➢ ☑表示当前部件或装配处于隐藏状态。
  - ➢ □表示当前部件或装配处于关闭状态。

在装配导航器中，选中一个组件并单击鼠标右键，将弹出如图 11-22 所示的快捷菜单。部件导航器的快捷菜单中的选项会随组件状态及是否激活【装配】和【建模】应用模块而改变。

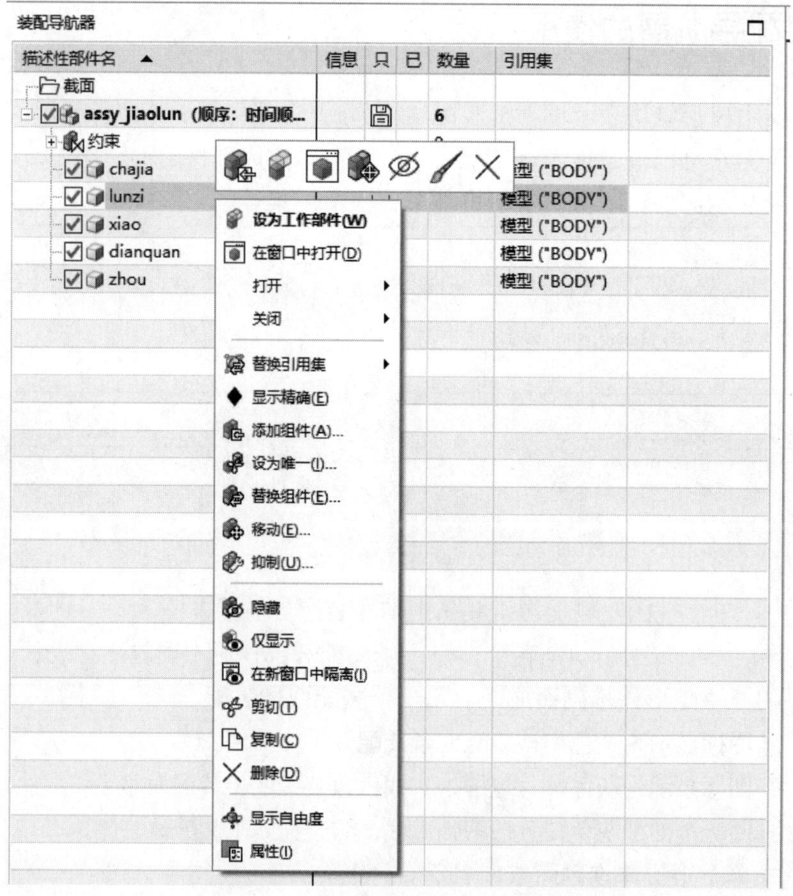

图 11-22　装配应用模块的快捷菜单

11.2.6　爆炸视图的创建

通过爆炸视图可以清晰地了解产品的内部结构及部件的装配顺序，主要用于产品的功能介绍，以及装配向导。

爆炸视图是装配结构的一种图示说明。在该视图中，各个组件或一组组件分散显示，就像各自从装配件的位置爆炸出来一样，用一条命令又能装配起来。利用装配视图可以清楚地显示装配或者子装配中各个组件的装配关系。

爆炸视图本质上也是一个视图，与其他视图一样，一旦定义和命名就可以被添加到其他图形中。爆炸视图与显示部件相关联，并存储在显示部件中。

爆炸图是一个已经命名的视图，一个模型中可以有多个爆炸图。默认的爆炸图名称为 Explosion，后加数字后缀，用户也可以根据需要指定其他名称。

单击【装配】选项卡上的【爆炸】功能区中的【爆炸】命令，打开的对话框如图 11-23 所示。

单击【创建爆炸图】命令，弹出如图 11-24 所示的对话框，在该对话框中输入爆炸视图的名称或接受系统默认的名称后，单击【确定】按钮即可建立一个新的爆炸图。

图 11-23　【爆炸】对话框

图 11-24　【编辑爆炸】对话框

1. 移动组件

爆炸类型包括两种方式来生成爆炸图：手动爆炸类型与自动爆炸类型。

- ✧ 手动爆炸类型是指使用【编辑爆炸】工具在爆炸图中对组件重定位，以达到理想的分散、爆炸效果。
- ✧ 自动爆炸类型就是指使用【自动爆炸】命令，通过输入统一的爆炸距离值，系统会沿着每个组件的轴向、径向等矢量方向进行自动爆炸。

2. 编辑爆炸状态

- ✧ 【取消爆炸所选项】命令是指将组件恢复到未爆炸之前的位置。
- ✧ 【删除爆炸视图】命令只能删除非工作状态的装配爆炸视图。

其他还有【在工作视图中显示爆炸】【在工作视图中隐藏爆炸】【删除爆炸】等命令。

11.3　案例实施

脚轮的装配模型如图 11-25 所示。首先创建一个单位为毫米，名为 assy_jiaolun 的文件，并保存在 jiaolun 文件夹中；然后调用建模和装配模块，并打开装配导航器，将本例所需要的部件文件都复制到装配文件所在的目录下。

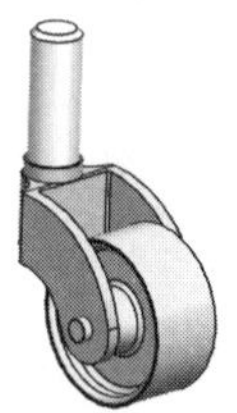

图 11-25　脚轮装配示意图

11.3.1 “叉架”组件装配

(1) 添加组件 chajia。

① 单击【装配】选项卡中的【添加组件】命令，单击【添加组件】对话框中的【打开】按钮，弹出部件文件选择的对话框，选取 chajia.prt 文件。

② 进行参数设置。在【位置】选项区中设置组件锚点为【绝对】、装配位置为【绝对坐标系-工作部件】，其余选项保持默认值。

(2) 为组件 chajia 添加装配约束。

① 单击展开【添加组件】对话框的【放置】选项区，在【约束类型】列表框中选择【固定】选项。

② 选择刚添加的组件 chajia。

③ 单击【确定】按钮，完成对组件 chajia 的约束，效果如图 11-26 所示。

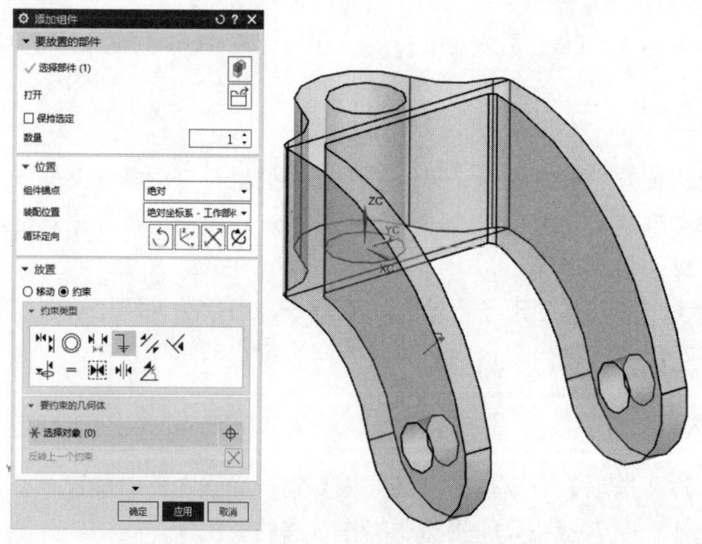

图 11-26 叉架组件的添加

11.3.2 “轮子”组件装配

(1) 添加组件 lunzi。

① 调用【添加组件】命令，并选取 lunzi.prt 文件。

② 进行参数设置。设置组件锚点为【绝对】，装配位置为【工作坐标系】，其余选项保持默认值。

(2) 定位组件 lunzi。

① 在【添加组件】对话框的【放置】选项区的【约束类型】列表框中选择【对齐约束】，选择方位为【自动判断中心/轴】，再依次选择如图 11-27 所示的中心线，完成第一组装配约束。

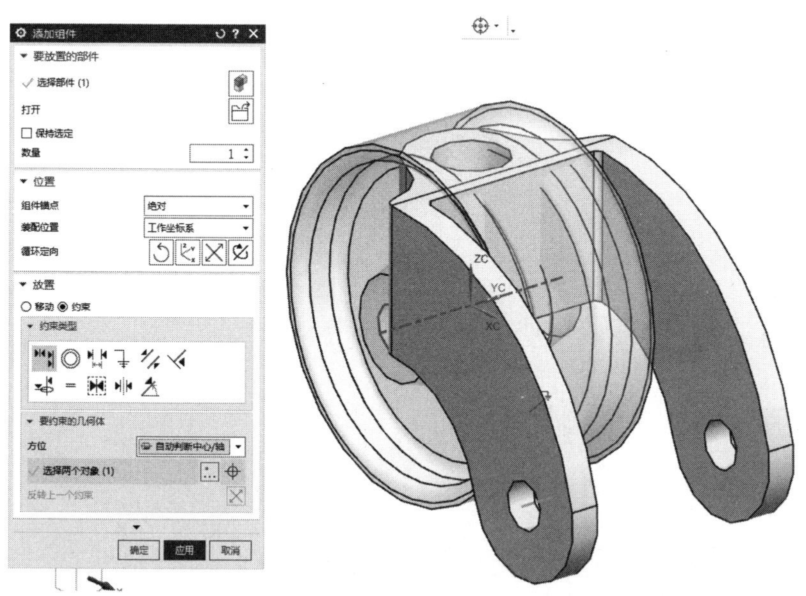

图 11-27　轮子的轴线对齐约束

② 在【添加组件】对话框的【放置】选项区的【约束类型】列表框中选择【中心约束】，设置子类型为【2 对 2】，再依次选择图 11-28 所示的面，完成第二组装配约束。

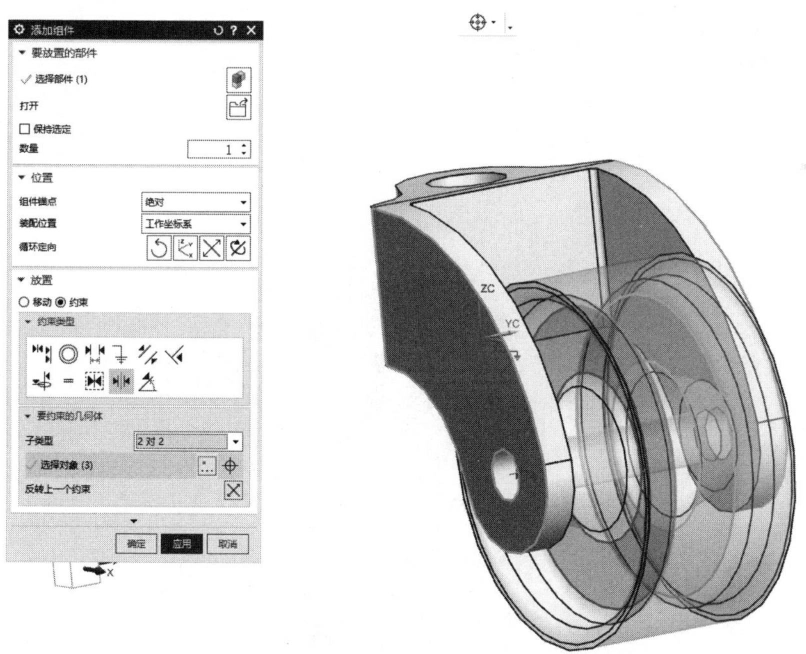

图 11-28　轮子的中心约束

③ 单击【确定】按钮，完成轮子的定位，结果如图 11-29 所示。

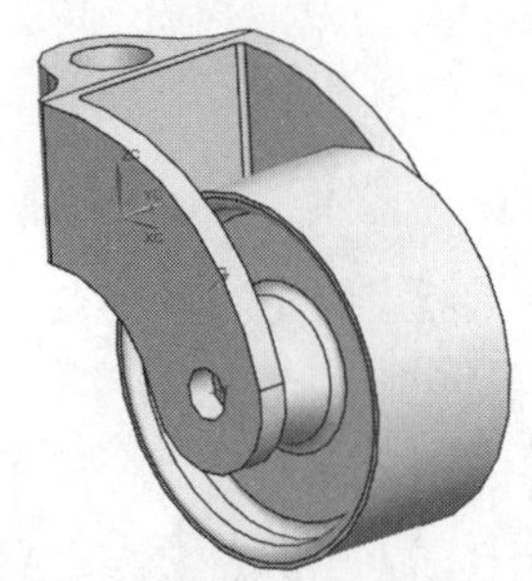

图 11-29　轮子的添加效果

11.3.3　“销”组件的装配

(1) 添加组件 xiao。

调用【添加组件】命令，并选取 xiao.prt 文件，其参数设置同组件 lunzi。

(2) 定位组件 xiao。

① 在【添加组件】对话框的【放置】选项区的【约束类型】列表框中选择【接触对齐约束】，选择方位为【自动判断中心/轴】，依次选择如图 11-30 所示的中心线，完成第一组装配约束。

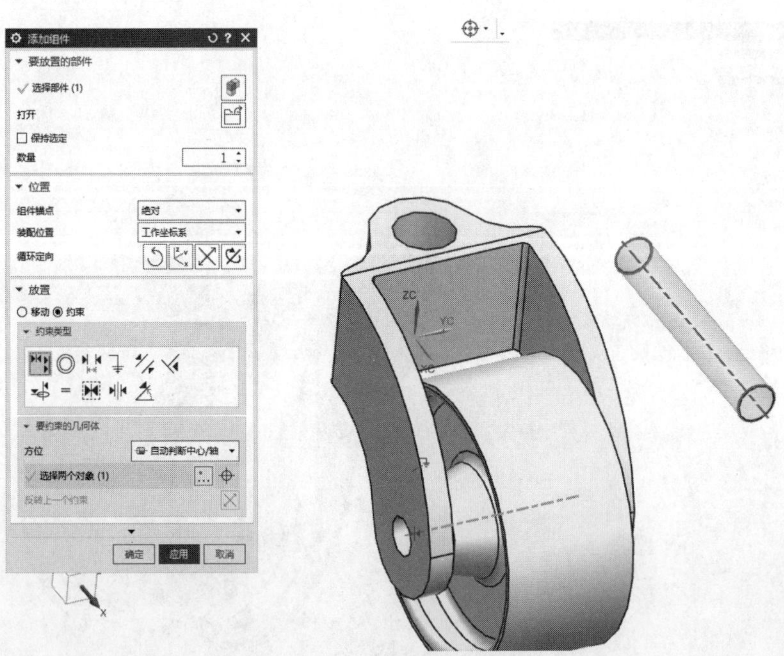

图 11-30　销的轴线对齐约束

② 在【添加组件】对话框的【放置】选项区的【约束类型】列表框中选择【中心约束】，设置子类型为【2 对 2】，依次选择如图 11-31 所示的面，完成第二组装配约束。

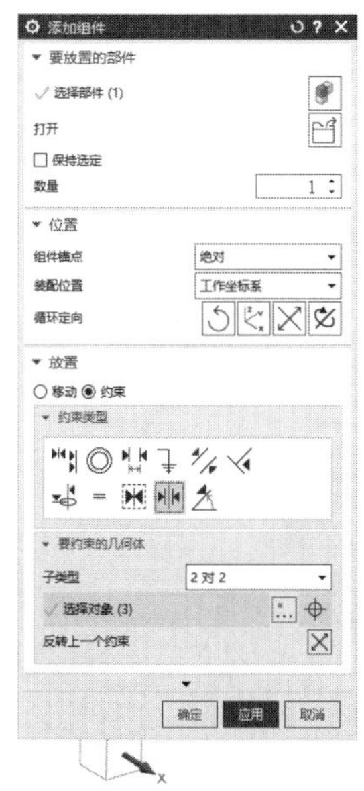

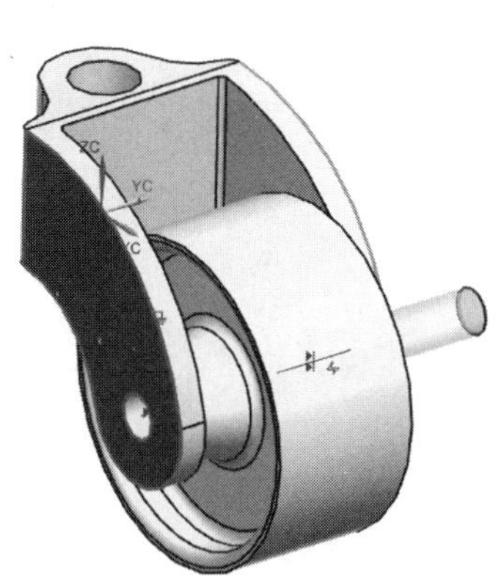

图 11-31　销的中心结束

③ 单击【确定】按钮，完成销的定位，结果如图 11-32 所示。

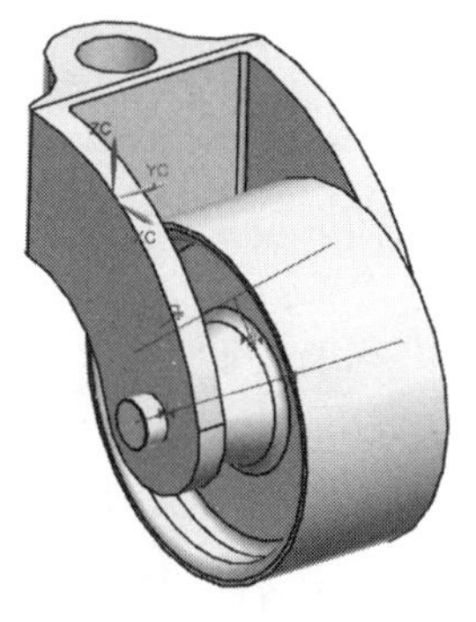

图 11-32　销组件的添加效果

11.3.4　“垫圈”组件的装配

(1) 添加组件 dianquan。

调用【添加组件】命令，并选取 dianquan.prt 文件，其参数设置同组件 lunzi。

(2) 定位组件 dianquan。

① 在【添加组件】对话框的【放置】选项区的【约束类型】列表框中选择【接触对齐约束】，方位选择【接触】，再依次选择如图 11-33 所示的面，完成第一组装配约束。

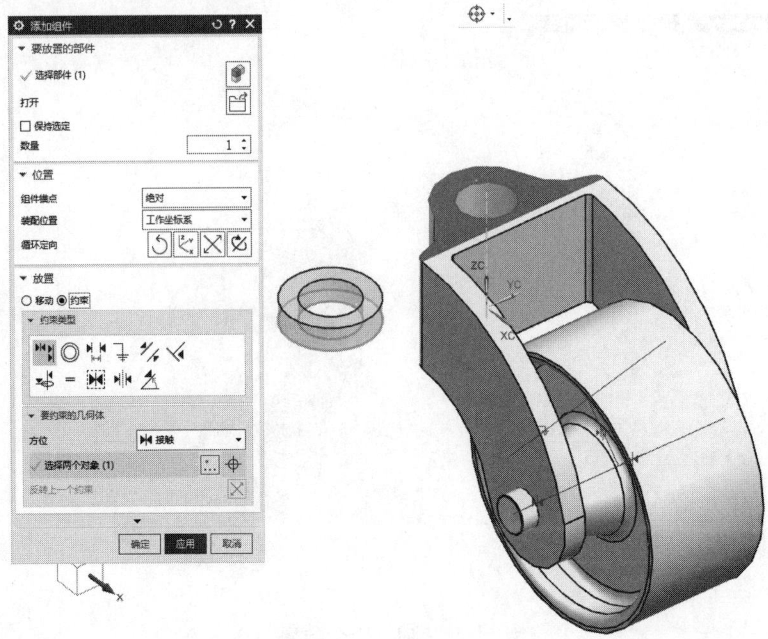

图 11-33　垫圈的接触约束

② 约束类型保持不变，选择方位为【自动判断中心/轴】，依次选择如图 11-34 所示的中心线，完成第二组装配约束。

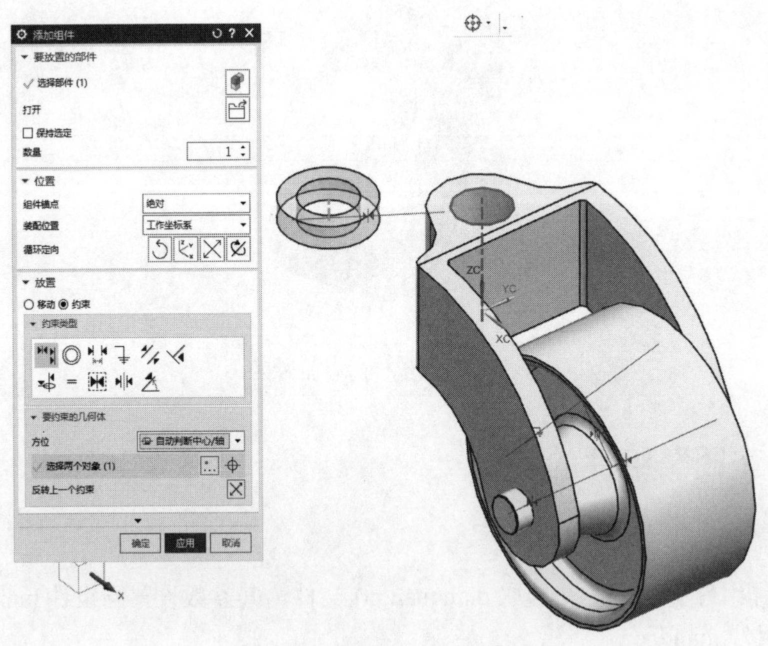

图 11-34　垫圈的轴线对齐约束

③ 单击【确定】按钮，完成垫圈的定位，结果如图 11-35 所示。

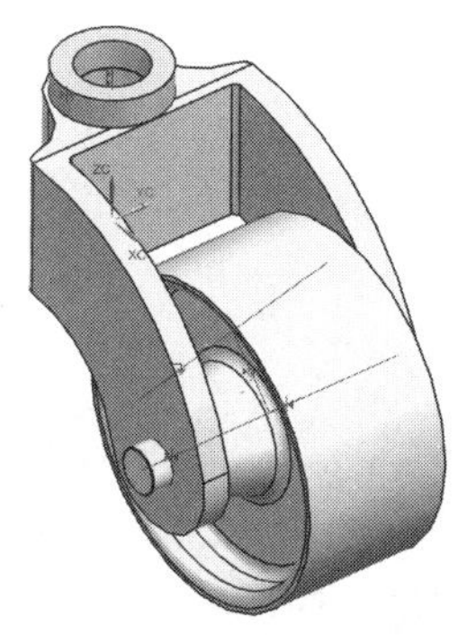

图 11-35　垫圈的添加效果

11.3.5　“轴”组件的装配

(1) 添加组件 zhou。

调用【添加组件】命令，并选取 zhou.prt 文件，其参数设置同组件 lunzi。

(2) 定位组件 zhou。

① 在【添加组件】对话框的【放置】选项区的【约束类型】列表框中选择【接触对齐约束】，选择方位为【接触】，依次选择图 11-36 所示的面，完成第一组装配约束。

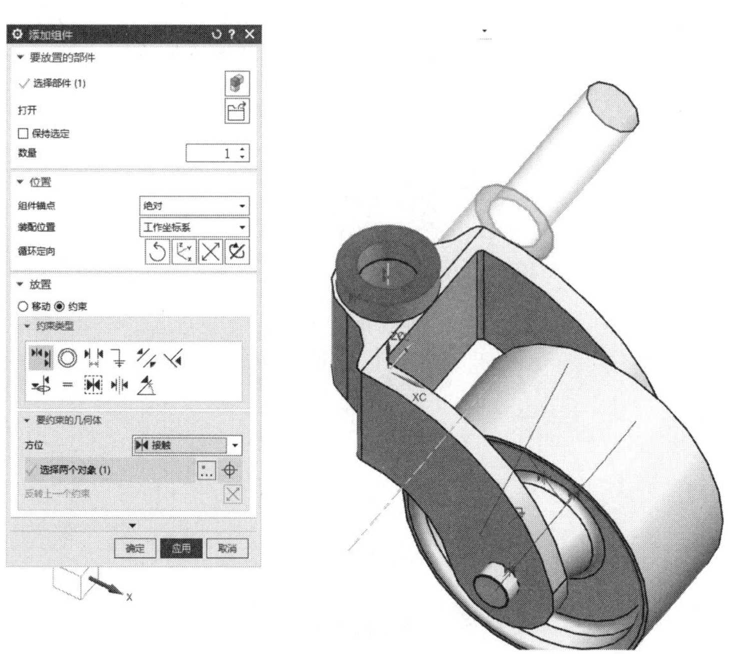

图 11-36　轴的接触约束

② 类型保持不变，选择方位为【自动判断中心/轴】，依次选择如图 11-37 所示的中心线，完成第二组装配约束。

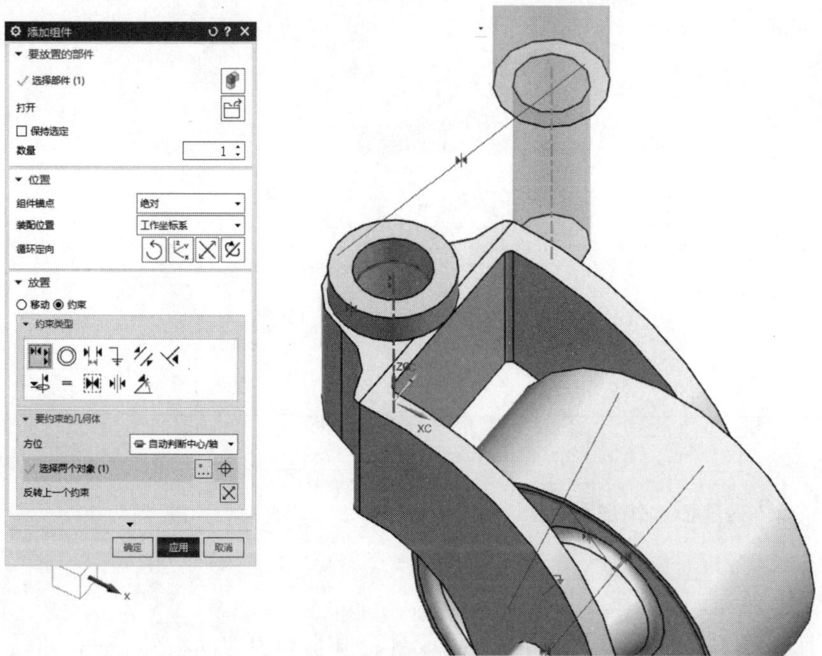

图 11-37　轴的轴线对齐约束

③ 单击【确定】按钮，完成轴的定位，最终结果如图 11-37 所示。

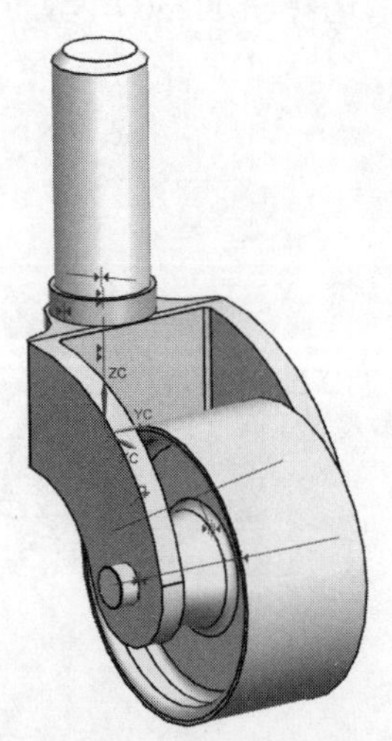

图 11-38　最终装配效果

11.4　拓展练习

创建英制装配部件，添加组件(组件部件文件在 disuzhou 文件夹下)，创建如图 11-39 所示装配。根据装配示意图的装配关系，完成装配文件 dachilun.prt、dingjuhuan.prt、jian.prt、 zhou.prt 和 zhoucheng.prt。要求：装配约束完整正确，完成后所有组件的引用集均设置为 Model。完成后的轴承装配图如图 11-39 所示。

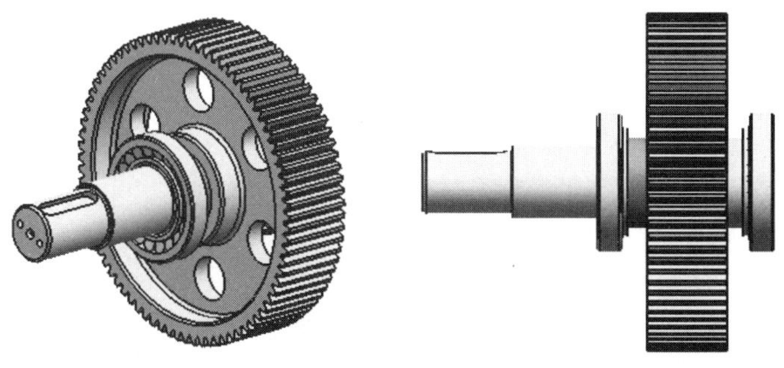

图 11-39　轴承的装配示意图

引导问题：请简要叙述拓展练习案例的操作思路。

____

____

____

____

11.5　总结

任何一台机器都是由多个零件组成的，将零件按装配工艺过程组装起来，并经过调整、试验使之成为合格产品的过程，称为装配。在 NX 中，可模拟实际产品的装配过程，将所建立的零部件进行虚拟装配。装配结果可用于创建二维装配图、进行零部件间的干涉检查、进行运动分析等。本案例主要介绍 NX 的装配功能，讲解从底向上建立装配、自顶向下建立装配、引用集、爆炸视图、装配顺序等重要知识。

第 12 章

法兰轴工程图绘制

项目要求

- ✧ 了解 NX 制图模块的特点、用户界面及一般出图过程。
- ✧ 掌握工程图纸的创建和编辑方法。
- ✧ 掌握工程图的标注方法。
- ✧ 掌握制图模块参数预设置的方法。

12.1 案例分析

12.1.1 案例说明

法兰轴零件的主要功用是传递运动和转矩，用于直径差距较大的齿轮间的扭矩传动，其结构比较简单，如图 12-1 所示。

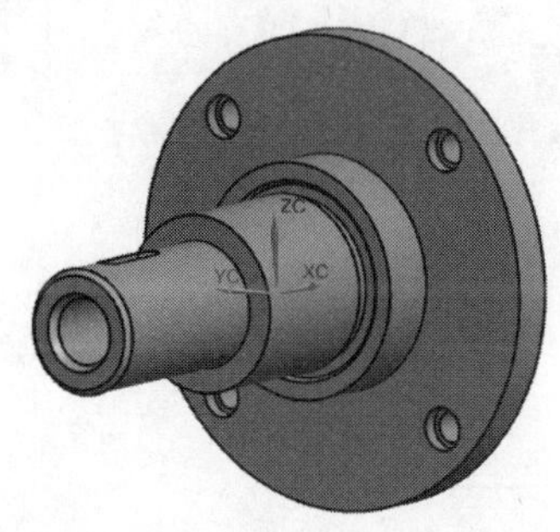

图 12-1 法兰轴模型

根据工作要求，创建该法兰轴的工程图，并清晰、完整、合理地标注出零件的基本尺寸、表面粗糙度及技术要求等相关内容，以提供该零件在实际制造中的主要加工依据。最终完成的法兰轴工程图，如图 12-2 所示。

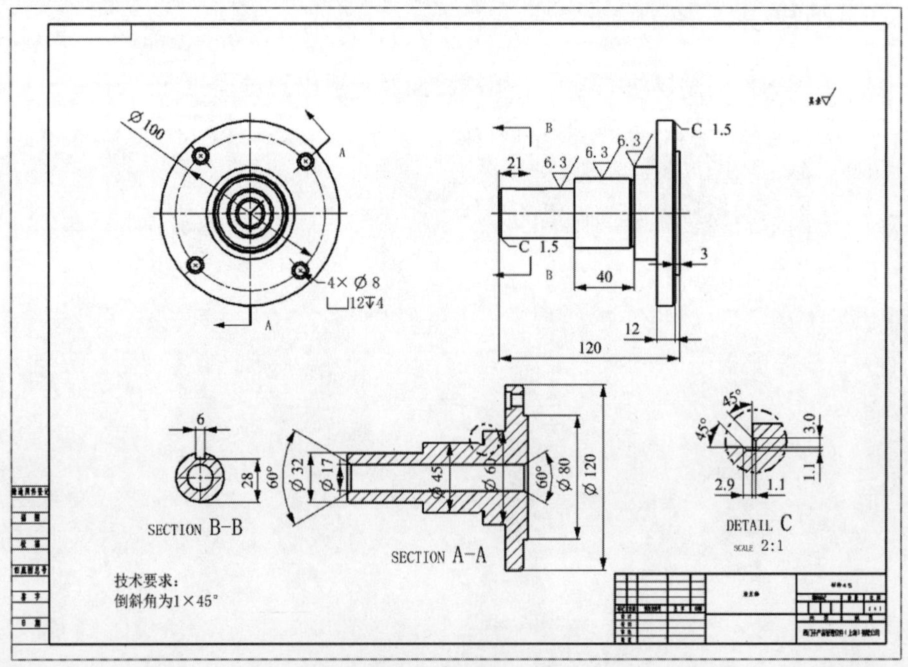

图 12-2 法兰轴工程图

12.1.2　思路分析

该零件的主要加工面有端面、外圆、孔和槽，是一个形状比较简单的零件，可以通过车、铣，以及钻来获得。因此，在创建其工程图时，只需添加表达其主要结构特征的全剖视图、键槽处的移出剖面图，以及退刀槽处的局部放大图，即可完整地表达出该零件的形状特征。工程图视图添加后，标注零件的基本尺寸、表面粗糙度以及技术要求等相关内容。

绘制法兰轴零件工程图需使用的命令及其知识索引如表 12-1 所示。

表 12-1　绘制法兰轴工程图使用的命令及其知识索引

命令	知识索引
基本视图	12.2.3
旋转剖视图	12.2.3
局部放大图	12.2.3
剖视图	12.2.3
投影视图	12.2.3
工程图标注	12.2.5

12.2　知识链接

12.2.1　工程制图概述

NX 软件中的工程图模块不应理解为传统意义上的二维绘图，它并不是用曲线工具直接绘制的工程图，而是将使用 NX 建模功能所创建的零件和装配模型，引用到 NX 的制图模块中，快速地生成二维工程图。

由于 NX 软件所创建的二维工程图是由三维实体模型的二维投影所得到的，因此，工程图与三维实体模型完全关联，实体模型的尺寸、形状和位置的任何改变，都会引起二维工程图的变化。

要调用 NX 软件的制图模块，可以单击【应用模块】选项卡上的【制图】命令或按快捷键 Ctrl+Shift+D。

如图 12-3 所示为 NX 的制图工作环境界面，该界面与实体建模界面相比，其【主页】选项卡上的命令更换为二维工程图的有关命令，包括视图、尺寸、注释、表、显示等功能区，可以快速创建和编辑二维工程图。

NX 出图的一般流程如下。

(1) 打开已经创建好的实体模型文件，并加载【制图】模块。

(2) 设定图纸，包括设置图纸的尺寸、比例，以及投影角等参数。

(3) 设置首选项。NX 软件的通用性比较强，其默认的制图格式不一定满足用户的需要，

因此在绘制工程图之前，需要根据制图标准设置绘图环境。

(4) 导入图纸格式(可选)。导入事先绘制好的符合国标、企标或者适合特定标准的图纸格式。

(5) 添加基本视图。例如主视图、俯视图、左视图等。

(6) 添加其他视图。例如局部放大图、剖视图等。

(7) 视图布局。包括移动、复制、对齐、删除，以及定义视图边界等。

(8) 视图编辑。包括添加曲线、修改剖视符号、自定义剖面线等。

(9) 插入视图符号。包括插入各种中心线、偏置点、交叉符号等。

(10) 标注图纸。包括标注尺寸、公差、表面粗糙度、文字注释，以及建立明细表和标题栏等。

(11) 保存或者导出为其他格式的文件。

(12) 关闭文件。

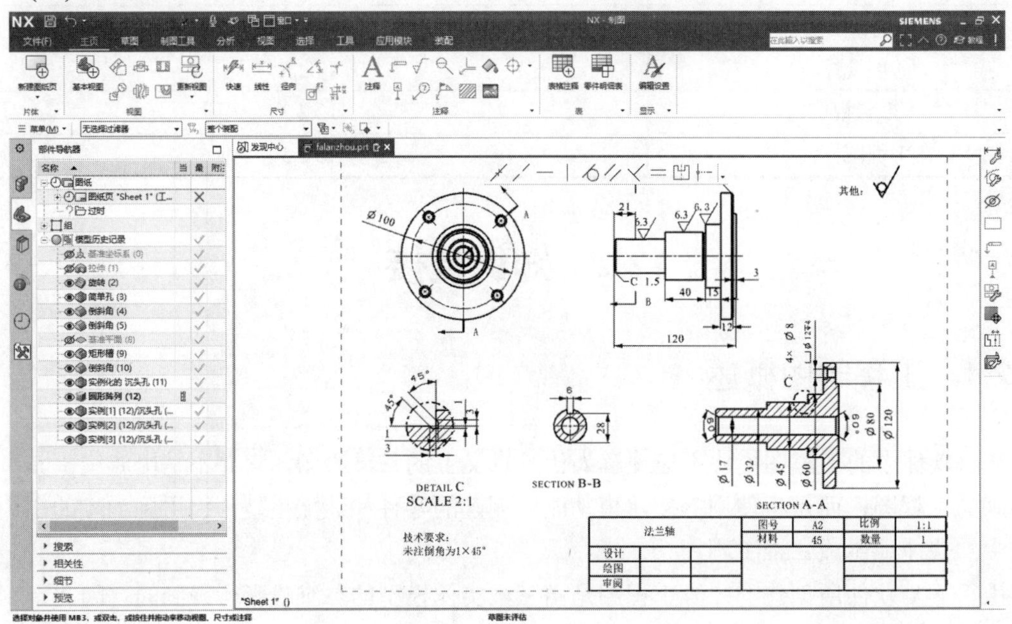

图 12-3　制图工作环境

12.2.2　工程图纸的创建与编辑

进入制图环境后，单击工程图纸相关的命令即可使用。

1. 新建图纸页

通过【新建图纸页】命令，可以在当前模型文件内新建一张或多张具有指定名称、尺寸、比例和投影角的图纸。图纸的创建可以由两个途径来完成。一是首次调用【制图】模块后，在进入制图环境的同时，系统会弹出【图纸页】对话框；二是在制图环境中，选择【菜

单】|【插入】|【图纸页】命令，也会弹出【图纸页】对话框，如图 12-4 所示。

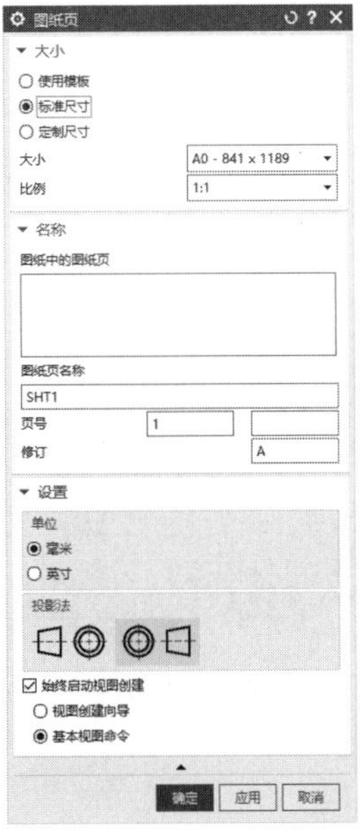

图 12-4　【图纸页】对话框

设置图纸的规格、名称、单位及投影法后，单击【确定】按钮，即可创建图纸页。【图纸页】对话框中各选项的含义如下。

- ✧ 大小：共有 3 种规格的图纸可供选择，即【使用模板】【标准尺寸】和【定制尺寸】。
  - ➢ 使用模板：使用该选项进行新建图纸的操作最为简单，可以直接选择系统提供的模板，将其应用于当前制图模块中，如图 12-5 所示。
  - ➢ 标准尺寸：图纸的大小都已标准化，可以直接选用。至于比例、边框、标题栏等内容需要自行设置。
  - ➢ 定制尺寸：图纸的大小、比例、边框、标题栏等内容均需自行设置。
- ✧ 名称：包括【图纸中的图纸页】和【图纸页名称】两个选项。
  - ➢ 图纸中的图纸页：列表显示图纸中所有的图纸页。对 NX 来说，一个部件文件中允许有若干张不同规格、不同设置的图纸。
  - ➢ 图纸页名称：输入新建图纸的名称。输入的名称最多包含 30 个字符，但不能含有空格、中文等特殊字符，所取的名称应具有一定的意义，以便管理。
- ✧ 单位：制图单位可以是英寸(in，为英制单位)或毫米(mm，为公制单位)。选择不同的单位，在图纸尺寸下拉列表中具有不同的内容，我国的标准是公制单位。
- ✧ 投影法：为工程图纸设置投影方法，其中【第一象限角投影】是我国国家标准，【第三象限角投影】则是国际标准。
- ✧ 始终启动视图创建：对于每个部件文件，插入第一张图纸页时，会出现该复选框。勾选该复选框，则创建图纸后系统会自动启用【基本视图】命令。

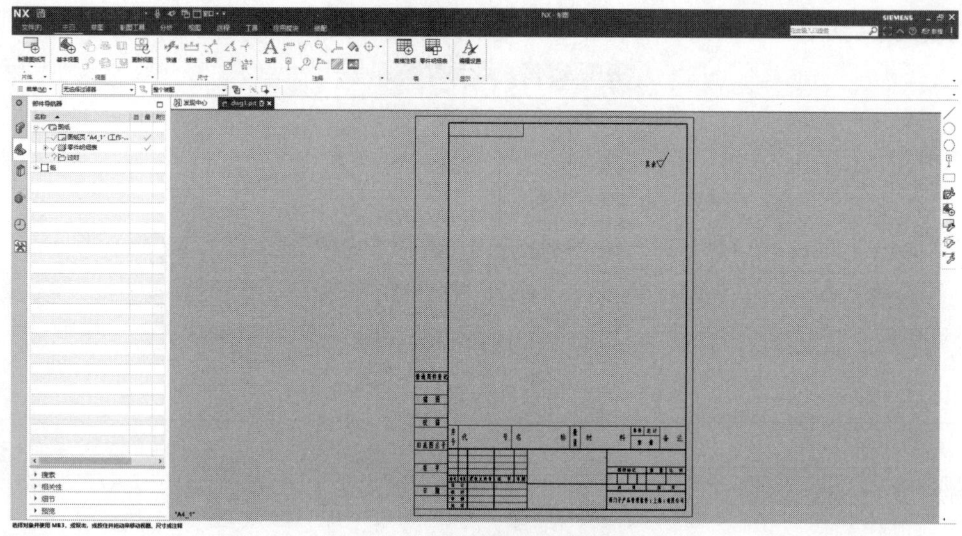

图 12-5　使用模板 A4 图纸

2. 打开工程图纸

若一个文件中包含多张工程图纸，则可以打开已经存在的图纸，使其成为当前图纸，以便进一步对其进行编辑。但是，原先打开的图纸将自动关闭。

打开工程图纸的方法有以下 3 种：

✧　在【部件导航器】中双击要打开的图纸页节点。

✧　在【部件导航器】中选择要打开的图纸页节点，然后单击鼠标右键，在弹出的快捷菜单中选择【打开】选项，如图 12-6 所示。

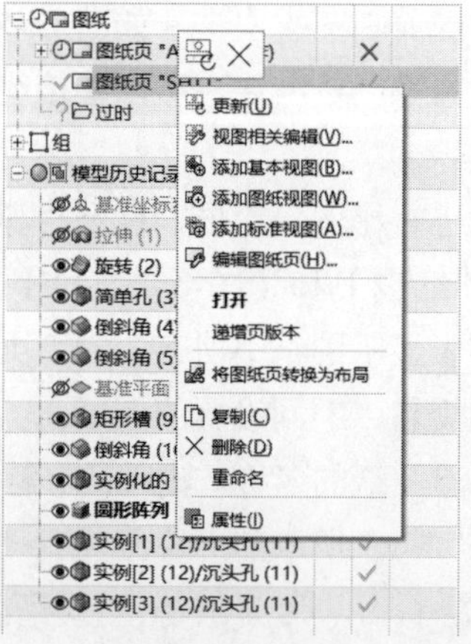

图 12-6　使用右键快捷菜单打开工程图纸

3. 编辑工程图纸

在进行视图添加及编辑过程中，有时需要临时添加剖视图、技术要求等，而在新建过程中设置的工程图参数可能无法满足一些要求(如图纸类型、图纸尺寸、图纸比例)，这时

需要对图纸进行编辑。编辑工程图纸的方法有以下三种：

- ✧ 在【部件导航器】中选择要编辑的图纸页节点，然后单击鼠标右键，在弹出的快捷菜单中选择【编辑图纸页】选项。
- ✧ 选择【菜单】|【编辑】|【图纸页】命令。
- ✧ 在【主页】选项卡中单击选择【编辑图纸页】命令。
- ✧ 单击【菜单】|【格式】|【打开图纸页】(默认为隐藏状态，可通过“搜索”将命令开启)命令，在弹出的【打开图纸页】对话框中，选择想要打开的工程图纸或直接在【图纸页名称】文本框中输入工程图纸名称，单击【确定】按钮即可打开所选工程图纸。

4. 删除工程图纸

删除工程图纸的方法有以下两种：

- ✧ 在【部件导航器】中选择要删除的图纸页节点，然后单击鼠标右键，在弹出的快捷菜单中选择【删除】选项。
- ✧ 将光标放置在图纸边界虚线部分，单击选中图纸页，然后单击鼠标右键，在弹出的快捷菜单中选择【删除】选项，或直接按键盘上的 Delete 键。

12.2.3　视图的创建

创建好工程图纸后，就可以向工程图纸添加需要的视图，如基本视图、投影视图、局部放大视图及剖视图等。

如图 12-7 所示，【视图】功能区上包含了创建视图的所有命令。另外，通过选择【菜单】|【插入】|【视图】下的子命令也可以创建视图。

图 12-7　【视图】功能区

1. 基本视图

基本视图指实体模型的各种向视图和轴测图，包括前视图、后视图、左视图、右视图、俯视图、仰视图、正等轴测图和正二测视图。基本视图是基于三维实体模型添加到工程图纸上的视图，所以又称为模型视图。

在一个工程图中至少要包含一个基本视图。除基本视图外的视图都是基于图纸页上的其他视图来建立的，被用来当作参考的视图称为父视图。每添加一个视图(除基本视图)时都需要指定父视图。

单击【视图】功能区上的【基本视图】命令图标，弹出【基本视图】对话框，如图 12-8 所示。

【基本视图】对话框中各选项的含义如下。

✧ 部件：该选项区的作用主要是选择部件来创建视图。如果是先加载了部件，再创建视图，则该部件被自动列入【已加载的部件】列表中。如果没有加载部件，则通过单击【部件】按钮来打开要创建基本视图的部件。

✧ 视图原点：该选项区用于确定原点的位置，以及放置主视图的方法。

✧ 模型视图：该选项区的作用是选择基本视图来创建主视图，【定向视图工具】用于在放置视图之前调整方位，如图 12-9 所示。

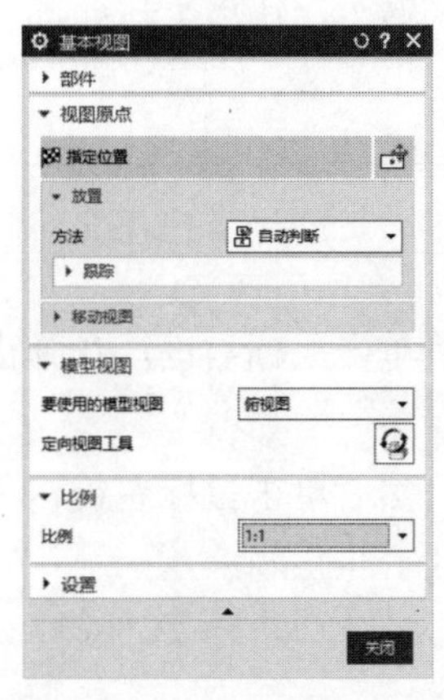

图 12-8 【基本视图】对话框

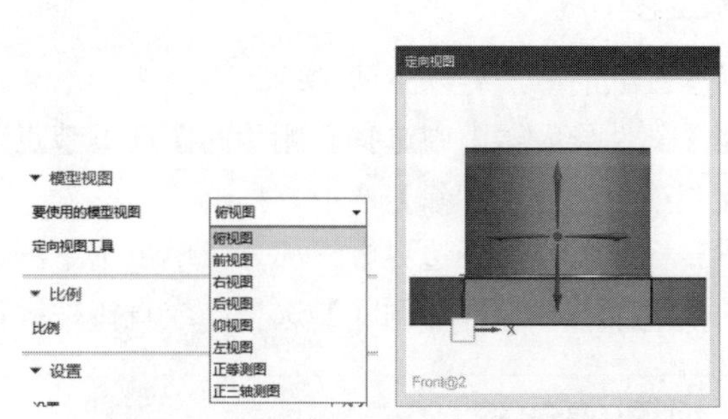

图 12-9 选择模型视图选项调整定向视图

✧ 比例：该选项区用于设置视图的缩放比例。在【比例】下拉列表中包含有多种给定的比例尺，如“1:5”表示视图缩小至原来的五分之一，而“2:1”则表示视图放大为原来的 2 倍。除了给定的固定比例值，还提供了“比率”和“表达式”两种自定义形式的比例。该比例只对正在添加的视图有效，如图 12-10 所示。

✧ 设置：该选项区主要用来设置视图的样式。单击【设置】按钮，弹出如图 12-11 所示的【基本视图设置】对话框，可以在该对话框中进行相关选项的设置。

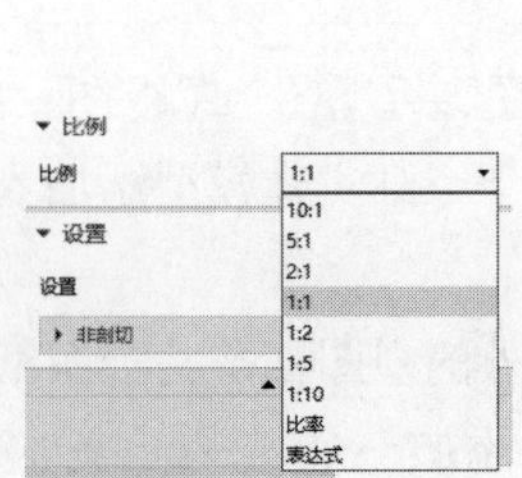

图 12-10 比例选项

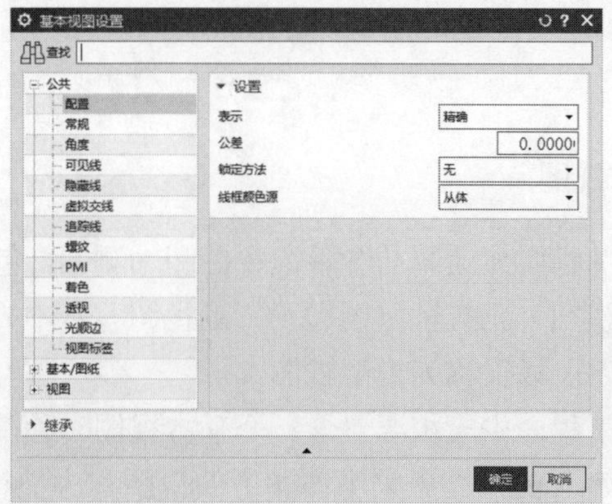

图 12-11 基本视图设置

2. 投影视图

投影视图，即国标中所称的向视图，它是根据主视图来创建的投影正交视图或辅助视图。

在 NX 制图模块中，投影视图是从一个已经存在的父视图沿着一条铰链线投影得到的，投影视图与父视图存在着关联性。创建投影视图需要指定父视图、铰链线及投影方向。单击【视图】功能区上的【投影视图】命令图标，弹出如图 12-12 所示的对话框。

图 12-12　【投影视图】对话框

【投影视图】对话框中各选项的含义如下。

- ✧ 父视图：该选项区的主要作用是选择创建投影视图的父视图(主视图)。
- ✧ 铰链线：铰链线其实就是一个矢量方向，投影方向与铰链线相垂直，即创建的视图沿着与铰链线相垂直的方向投影。选择【反转投影方向】复选框，则投影视图与投影方向相反。
- ✧ 视图原点：该选项区的作用是确定投影视图的放置位置。可通过移动视图，调整/移动图纸中的视图。在图纸中选择一个视图后，即可拖动此视图至任意位置。
- ✧ 设置：该选项区主要用来设置视图的样式。

3. 局部放大图

将零件的局部结构按一定比例进行放大，所得到的图形称为局部放大图。局部放大图主要用于表达零件上的细小结构。

单击【视图】功能区上的【局部放大图】命令图标，弹出如图 12-13 所示的【局部放大图】对话框。

【局部放大图】对话框中各选项含义如下。

- ✧ 边界：主要作用是通过中心点、边界点选定局部放大图需要放大的位置。
- ✧ 父视图：主要作用是选择创建投影视图的父视图(主视图)。
- ✧ 原点：该区域设置局部放大图的放置位置。
- ✧ 比例：设置放大比例。
- ✧ 父项上的标签：在选取的父视图上设置局部放大图标记。

4. 剖视图

在创建工程图过程中，为了清楚地表达腔体、箱体等类型零件的内部特征，往往需要创建剖视图，包括全剖视图、半剖视图、旋转剖视图、局部剖视图等。单击【视图】功能区上的【剖视图】命令图标，弹出如图 12-14 所示的【剖视图】对话框。

图 12-13　【局部放大图】对话框

图 12-14　【剖视图】对话框

通过【剖视图】命令可以创建全剖视图、半剖视图、旋转剖视图和阶梯剖视图等剖视图。

✧　剖切线：定义剖切线包括【动态】和【选择现有的】两个选项。

- 【动态】选项可以快速选择常用的剖切方法，包括简单剖、阶梯剖、半剖、旋转剖和点到点剖，如图 12-15 所示。
- 【选择现有的】选项可以选择独立的截面线，这时需要单击【视图】功能区上的【剖切线】按钮，弹出如图 12-16 所示的对话框，预先绘制截面线。这种适合使用复杂剖切的情况。

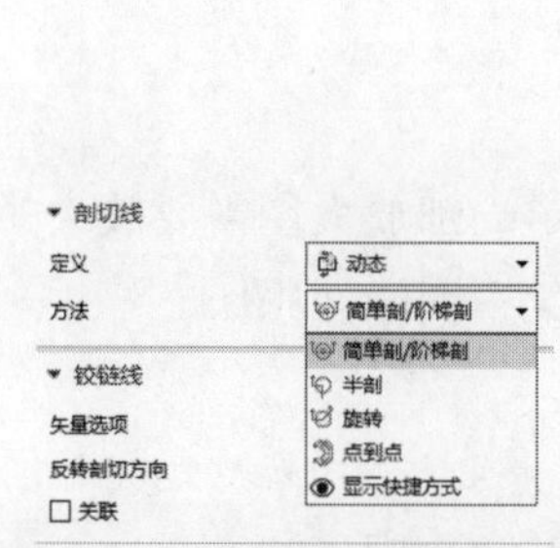

图 12-15　剖切线的动态选项

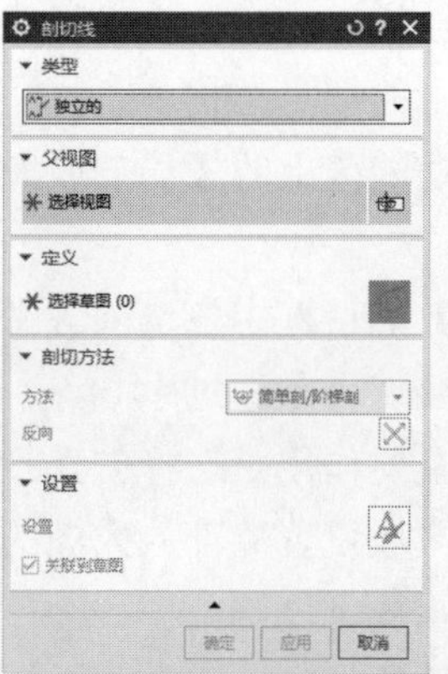

图 12-16　【剖切线】对话框

✧　视图原点：该选项区的作用是确定投影视图的放置位置。可通过移动视图，调整/移动图纸中的视图。在图纸中选择一个视图后，即可拖动此视图至任意位置。

5. 简单剖/阶梯剖

简单剖视图是最简单的视图剖切，只要定义好铰链线的矢量选项，将视图移动到合适的位置后，即可生成剖视图，如图 12-17 所示。

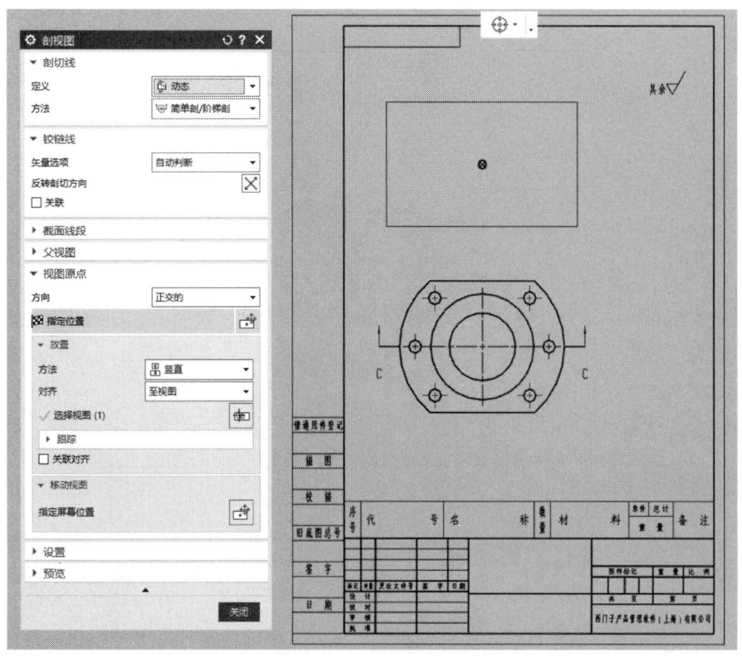

图 12-17　简单剖视图操作

阶梯剖视图的添加，则需要在对话框中稍作调整。在选定剖切方法后，通过指定位置来修改截面线段，然后再放置视图。此时，出现的就是阶梯剖视图，如图 12-18 所示。

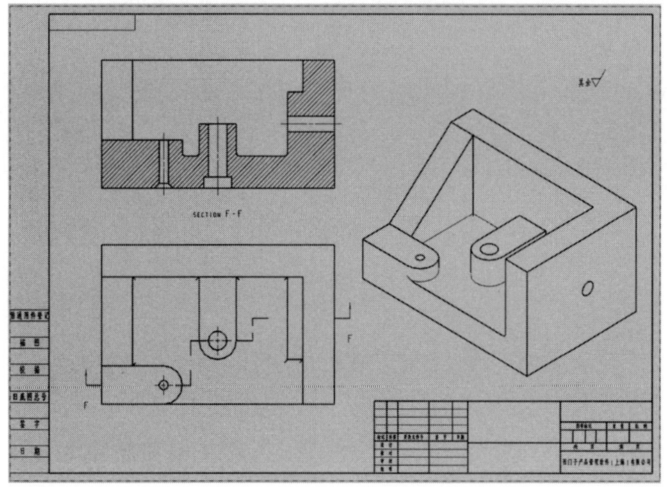

图 12-18　阶梯剖视图

6. 半剖视图

半剖视图是指以对称中心线为界，视图的一半被剖切，另一半未被剖切的视图。需要注意的是，半剖的剖切线包含一个箭头、一个折弯和一个剖切段，如图 12-19 所示。

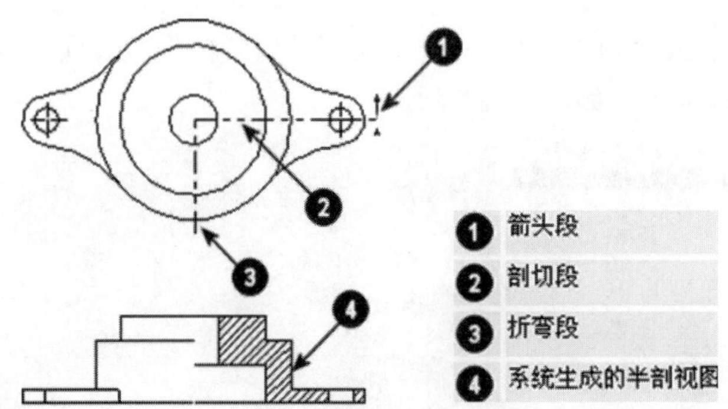

图 12-19 半剖视图说明

在【剖视图】对话框中，通过指定截面线段位置，即可完成半剖视图的创建，如图 12-20 所示。

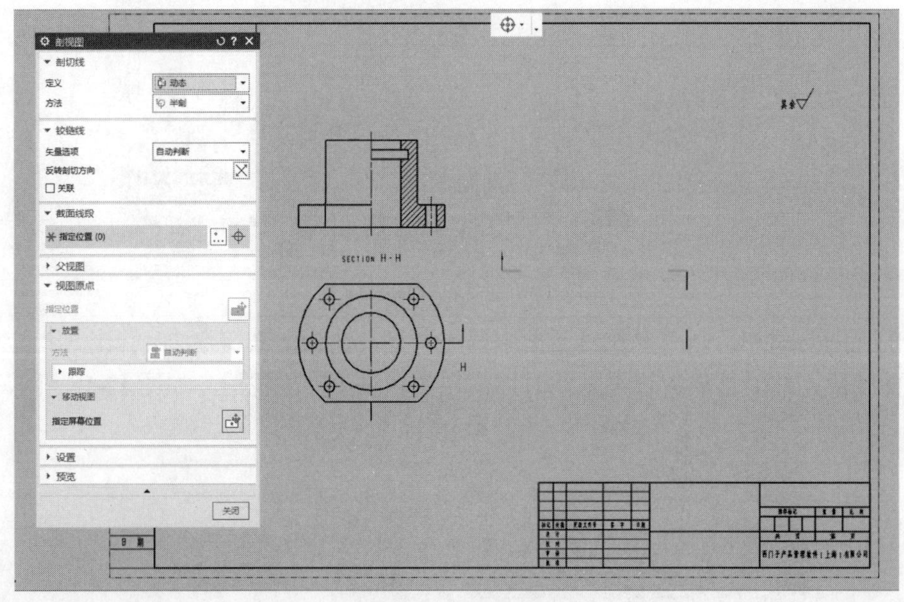

图 12-20 创建半剖视图

7. 旋转剖视图

旋转剖视图是指围绕轴旋转的剖视图。旋转剖视图可包含一个旋转剖面，也可以包含阶梯以形成多个剖切面。在任一情况下，所有剖面都旋转到一个公共面中。

在【剖视图】对话框中，通过指定截面线段位置，即可完成旋转剖视图的创建，如图 12-21 所示。

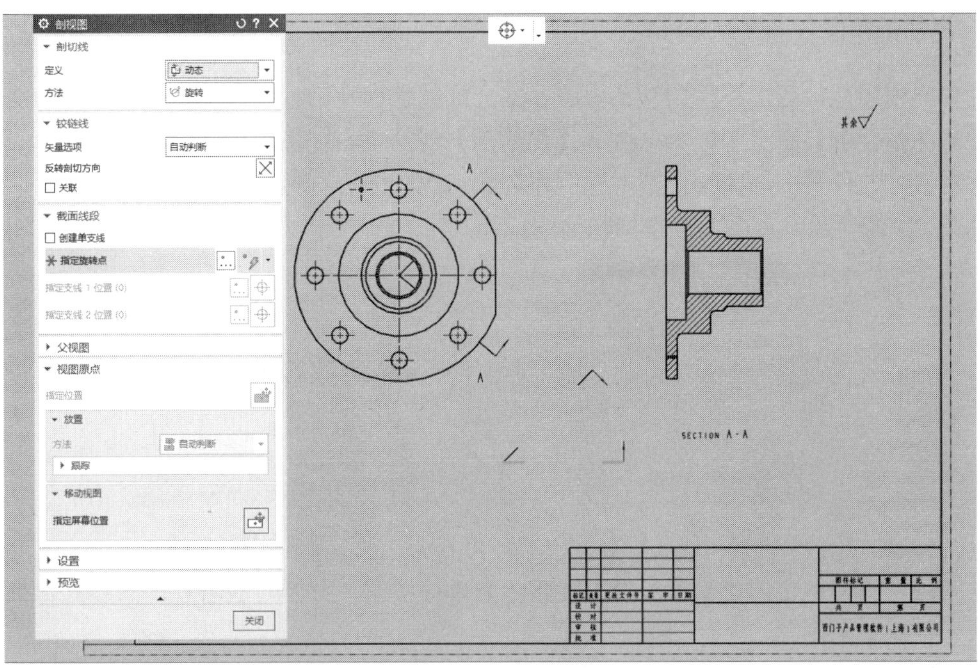

图 12-21　旋转剖视图

8. 点到点剖视图

点到点剖视图是展开剖视图，通过在视图中指定剖切线通过的点来定义剖切线，如图 12-22 所示。

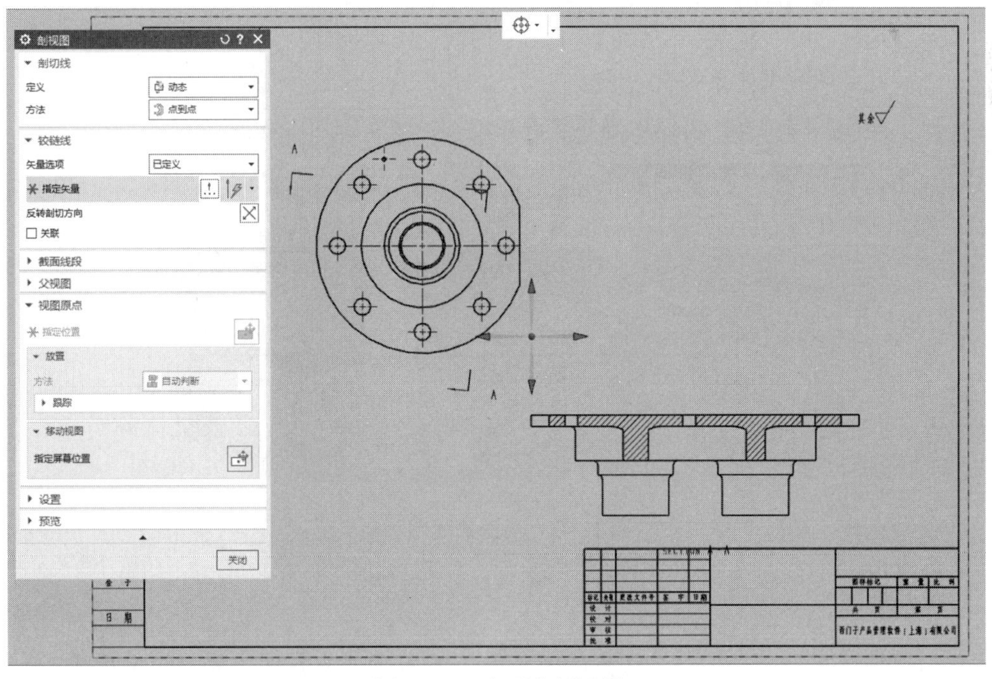

图 12-22　点到点剖视图

9. 局部剖视图

局部剖视图是指通过移除父视图中的一部分区域来创建剖视图。单击【视图】功能区上的【局部剖视图】命令图标，弹出【局部剖】对话框，如图 12-23 所示。

在对话框的列表中选择一个基本视图作为父视图，或者直接在图纸中选择父视图，将激活如图 12-24 所示的一系列操作步骤的图标。

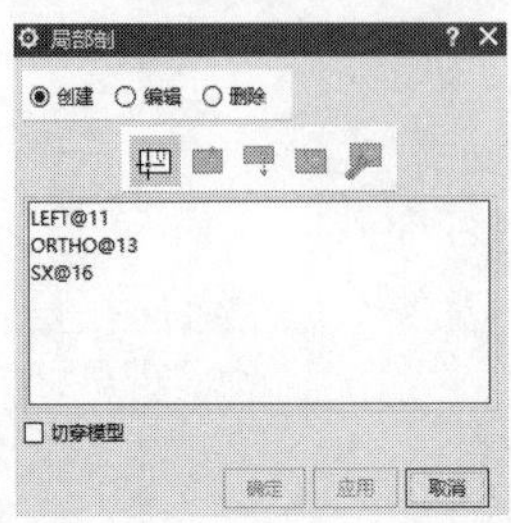

图 12-23 【局部剖】对话框

图 12-24 局部剖视图操作对话框

- ✧ 操作类型：【创建】【编辑】【删除】单选按钮，分别对应着视图的建立、编辑及删除操作。
- ✧ 操作步骤：如图 12-25 所示的 5 个操作步骤图标将指导用户完成创建局部剖视图所需的交互步骤。
  - ➢ 选择视图：选取局部剖视图的父视图。
  - ➢ 指出基点：指定局部剖视图的剖切位置。
  - ➢ 指出拉伸矢量：指定剖切方向。系统提供和显示一个默认的拉伸矢量，该矢量与当前视图的 XY 平面垂直。
  - ➢ 选择曲线：定义局部剖视图的边界曲线。可以创建封闭的曲线，也可以先创建几条曲线再让系统自动连接它们。
  - ➢ 修改曲线边界：可以用来修改曲线边界。该步骤为可选步骤。

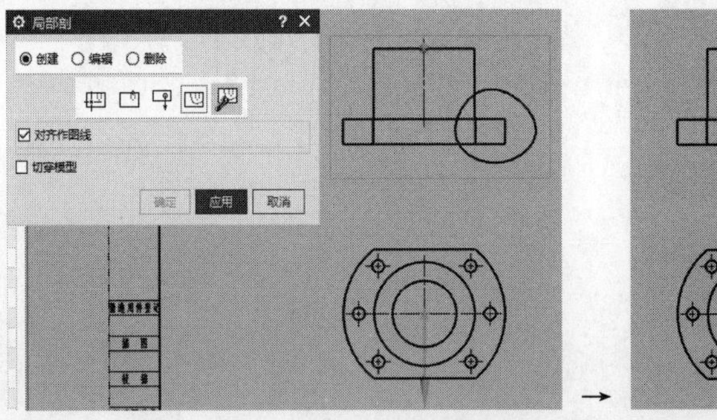

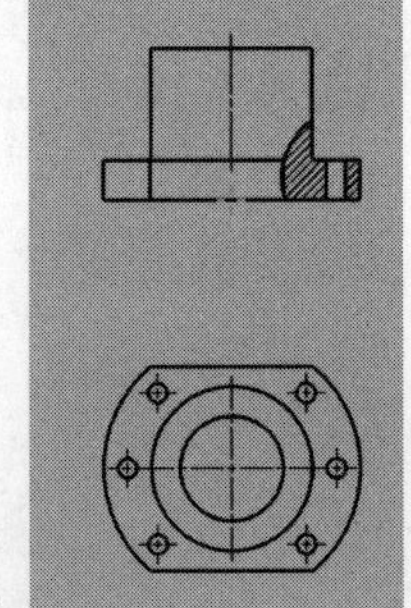

图 12-25 局部剖视图

10. 断开视图

用于创建将一个视图分为多个边界的断裂线，单击【视图】功能区上的【断开视图】

命令图标 ，弹出如图 12-26 所示的【断开视图】对话框

图 12-26　【断开视图】对话框

12.2.4　视图编辑

向图纸中添加了视图之后，如果需要调整视图的位置、边界和显示等有关参数，就要用到视图编辑操作，这些操作起着至关重要的作用。视图编辑功能命令在【视图】功能区的下拉菜单中，如图 12-27 所示。

1. 更新视图

模型修改后，需要“更新”工程图纸，可通过单击【视图】功能区上的下拉菜单中的【更新视图】命令来更新视图，此时弹出【更新视图】对话框，如图 12-28 所示。视图可更新的项目包括隐藏线、轮廓线、视图边界、剖视图和剖视图细节。

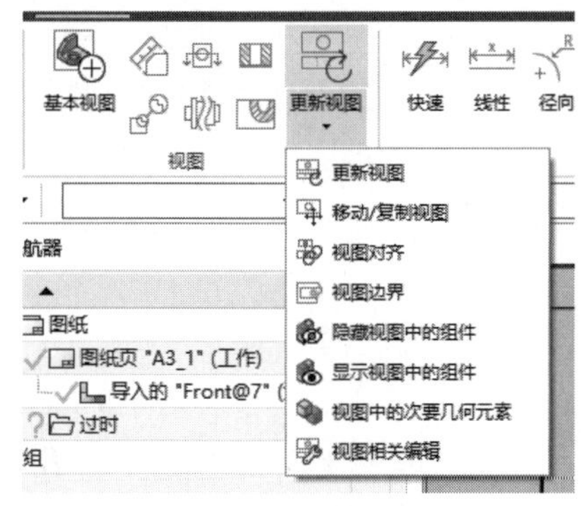

图 12-27　编辑视图命令

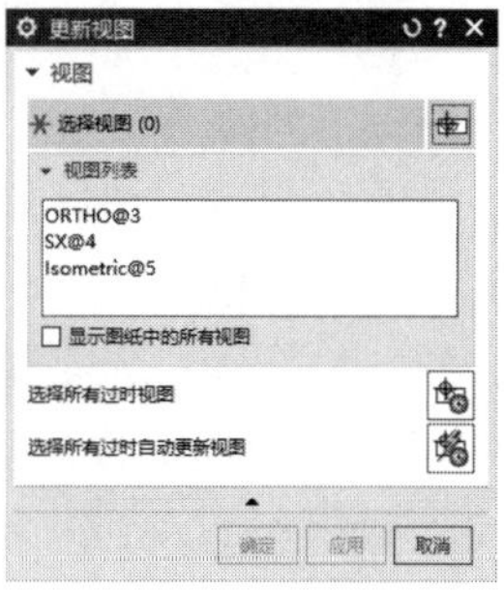

图 12-28　【更新视图】对话框

【更新视图】对话框中各选项的含义如下。

✧　选择视图：在图纸中选择需要更新的视图。

- ✧ 视图列表：勾选【显示图纸中的所有视图】复选框，部件文件中的所有视图都在该对话框的视图列表框中可见并可供选择；反之，则只能选择当前显示的图纸上的视图。
- ✧ 选择所有过时视图：手动选择工程图中的过期视图。
- ✧ 选择所有过时自动更新视图：自动选择工程图中的过期视图。

2. 移动与复制视图

通过【移动/复制视图】命令可以在图纸上移动或复制已存在的视图，或者把选定的视图移动或复制到另一张图纸上。

单击【移动/复制视图】命令，弹出【移动/复制视图】对话框，如图 12-29 所示。

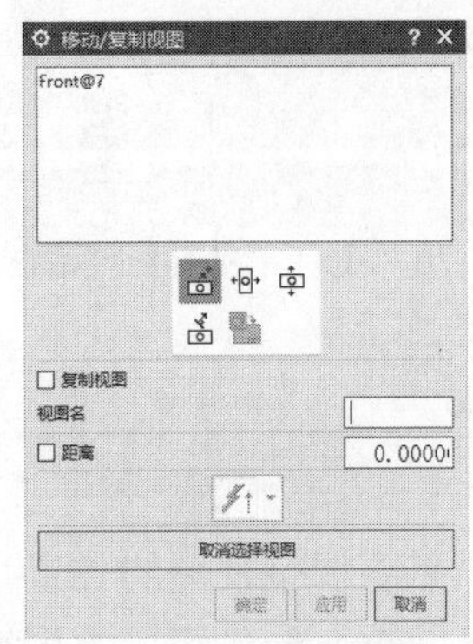

图 12-29 【移动/复制视图】对话框

【移动/复制视图】对话框各选项的含义如下。

- ✧ 视图选择列表：选择一个或多个要移动或复制的视图，也可以直接从图形屏幕中选择视图。既可以选择活动视图，也可以选择参考视图。
- ✧ 移动/复制方式：共有 5 种移动或复制视图的方式。
  - ➢ 至一点：选取要移动或复制的视图，在图纸边界内指定一点，即可将视图移动或复制到指定点。
  - ➢ 水平：选取要移动或复制的视图，即可在水平方向上移动或复制视图。
  - ➢ 竖直：选取要移动或复制的视图，即可在竖直方向上移动或复制视图。
  - ➢ 垂直于直线：选取要移动或复制的视图，并指定一条直线，即可在垂直于指定直线的方向上移动或复制视图。
  - ➢ 至另一图纸：选取要移动或复制的视图，即可将视图移动或复制到另一图纸上。
- ✧ 复制视图：勾选该复选框，将复制选定的视图；反之，则移动选定的视图。
- ✧ 距离：勾选该复选框，可按照文本框中给定的距离值来移动或复制视图。
- ✧ 取消选择视图：单击该按钮，将取消选择已经选取的视图。

当然，在视图操作中也可以直接拖动视图来移动视图。

3. 视图对齐

使用【视图对齐】命令可以在图纸中将不同的视图按照要求对齐，使其排列整齐有序。单击【视图对齐】命令，弹出【视图对齐】对话框，如图 12-30 所示。

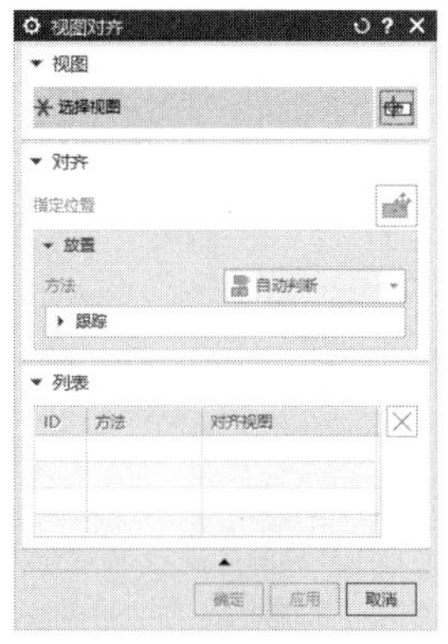

图 12-30　【视图对齐】对话框

【视图对齐】对话框中主要选项的含义如下。

- ✧ 视图选择列表：选择要对齐的视图。既可以选择活动视图，也可以选择参考视图。除了从该列表选择视图以外，还可以直接从图形屏幕中选择视图。
- ✧ 对齐方式：提供了以下几种对齐视图的方式及基准点的选择。
  - ➢ 叠加：将各视图的基准点重合对齐。
  - ➢ 水平：将各视图的基准点水平对齐。
  - ➢ 竖直：将各视图的基准点竖直对齐。
  - ➢ 垂直于直线：将各视图的基准点垂直于某一直线对齐。
  - ➢ 自动判断：根据选取的基准点类型不同，采用自动推断方式对齐视图。
  - ➢ 对齐基准选项：用于设置对齐时的参考点(称为基准点)。
  - ➢ 模型点：该选项用于选择模型中的一点作为基准点。
  - ➢ 视图中心：该选项用于选择视图的中心点作为基准点。
  - ➢ 点到点：该选项要求在各对齐视图中分别指定基准点，然后按照指定的点进行对齐。

4. 视图边界

使用【视图边界】命令可以用于自定义视图边界。单击【视图】功能区上的【视图边界】命令，弹出【视图边界】对话框，如图 12-31 所示。

共有以下 4 种定义视图边界的方法。

- ✧ 断裂线/局部放大图：自定义一个任意形状的边界曲线，视图将只显示边界曲线包围的部分。
- ✧ 手工生成矩形：在所选的视图中按住鼠标左键并拖动来生成矩形的边界。该边界可随模型更改而自动调整视图的边界。

- ✧ 自动生成矩形：自动定义一个动态的矩形边界，该边界可随模型的更改而自动调整视图的矩形边界。
- ✧ 由对象定义边界：通过选择要包围的点或对象来定义视图的范围，可在视图中调整视图边界来包围所选择的对象。

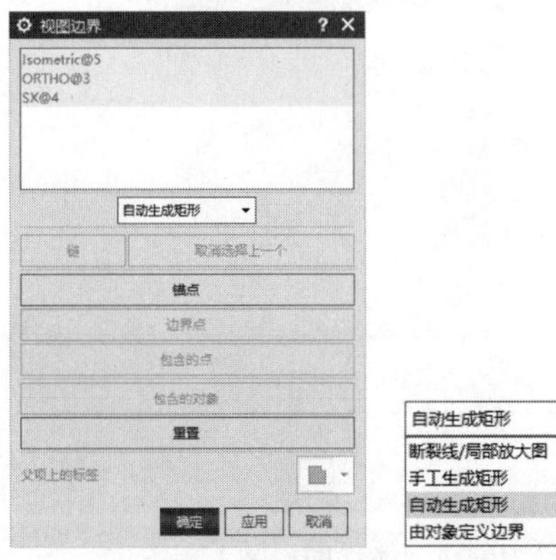

图 12-31 【视图边界】对话框

5. 隐藏视图中的组件/显示视图中的组件

使用【隐藏视图中的组件】和【显示视图中的组件】命令可将视图中的装配组件/实体编辑为隐藏或显示，方便视图中的组件管理。两个命令均位于【视图】功能区上，各自的对话框分别如图 12-32 和图 12-33 所示。

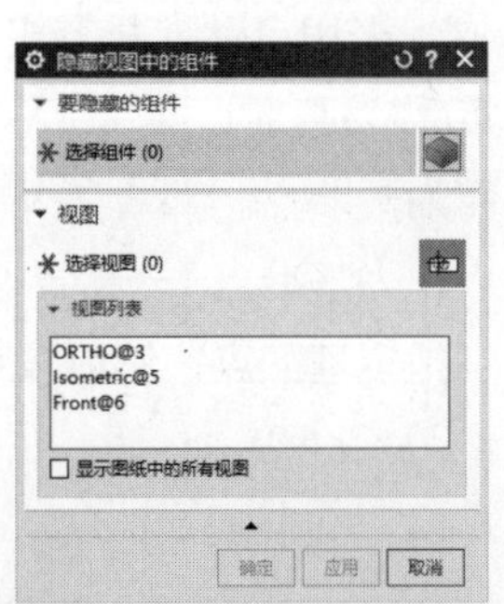

图 12-32 隐藏视图中的组件

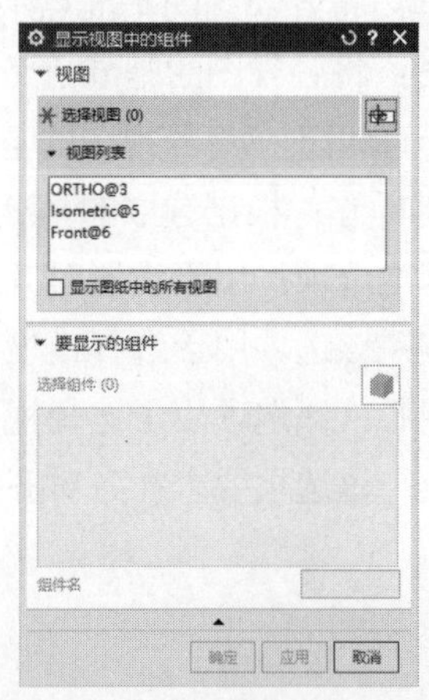

图 12-33 显示视图中的组件

6. 视图相关编辑

前面介绍的有关视图操作都是对工程图的宏观操作，而【视图相关编辑】命令则属于细节操作，其主要作用是对视图中的几何对象进行编辑和修改。

单击【视图】功能区上的【视图相关编辑】命令，弹出【视图相关编辑】对话框，如图 12-34 所示。

图 12-34　视图相关编辑

【视图相关编辑】对话框中各选项的含义如下。

- ✧ 添加编辑：对视图对象进行编辑操作。
  - ➢ 擦除对象：利用该选项可以擦除视图中选取的对象。擦除与删除的意义不同，擦除对象只是暂时不显示对象，以后还可以恢复，并不会对其他视图的相关结构和主模型产生影响。
  - ➢ 编辑完整对象：利用该选项可以编辑所选整个对象的显示方式，包括颜色、线型和宽度。
  - ➢ 编辑着色对象：利用该选项可以控制成员视图中对象的局部着色和透明度。
  - ➢ 编辑对象段：利用该选项可以编辑部分对象的显示方式，其方法与【编辑完全对象】类似。
  - ➢ 编辑剖视图背景：在创建剖视图时，可以有选择地保留背景线，而且用背景线编辑功能，不仅可以删除已有的背景线，还可以添加新的背景线。
- ✧ 删除编辑：用于删除对视图对象所做的编辑操作。
  - ➢ 删除选择的擦除：使先前擦除的对象重新显现出来。
  - ➢ 删除选择的修改：使先前修改的对象退回到原来的状态。
  - ➢ 删除所有修改：删除以前所做的所有编辑，使对象恢复到原始状态。
- ✧ 转换相依性：用于设置对象在模型和视图之间的相关性。
  - ➢ 模型转换到视图：将模型中存在的某些对象(模型相关)转换为单个成员视图中存在的对象(视图相关)。
  - ➢ 视图转换到模型：将单个成员视图中存在的某些对象(视图相关对象)转换为模型对象。
- ✧ 线框编辑：设置线条的颜色、线型和线宽。
- ✧ 着色编辑：设置对象的颜色、透明度等。

12.2.5 尺寸标注与注释

1. 尺寸标注

尺寸标注用于表达实体模型尺寸值的大小。在 NX 软件中，制图模块与建模模块是相关联的，在工程图中标注的尺寸就是所对应实体模型的真实尺寸，因此无法直接对工程图的尺寸进行改动。只有在【建模】模块中对三维实体模型进行尺寸编辑，工程图中的相应尺寸才会自动更新，从而保证了工程图与三维实体模型的一致性。

如图 12-35 所示为【尺寸】功能区，该功能区提供了创建所有尺寸类型的命令。

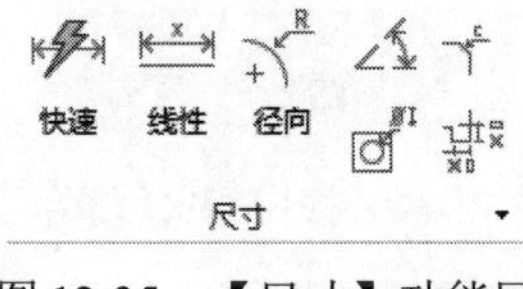

图 12-35 【尺寸】功能区

有些尺寸标注类型含义清晰，在此不再赘述，只对部分尺寸类型进行讲解。

✧ 快速：根据选定对象和光标的位置自动判断尺寸类型，以创建尺寸。

✧ 线性：在两个对象或点位置之间创建线性尺寸。

✧ 径向：创建圆形对象的半径或直径尺寸。

✧ 角度：用于标注两条非平行直线之间的角度。

✧ 倒斜角：用于标注 45º 倒角的尺寸，暂不支持对其他角度的倒角进行标注。

✧ 孔和螺纹标注：创建孔或螺纹标注尺寸。

✧ 坐标：创建坐标尺寸，测量从公共点沿一条坐标基线到某一对象上位置的距离。

✧ 厚度尺寸：该尺寸测量两个圆弧或两个样条之间的距离。

✧ 厚度：创建厚度尺寸来测量两条曲线之间的距离。

✧ 圆弧长：创建一个测量圆弧周长的圆弧长尺寸。

✧ 周长尺寸：创建周长约束以控制选定直线和圆弧的集体长度。

标注尺寸时一般可以按照如下步骤进行。

(1) 根据所要标注的尺寸，选择正确的标注尺寸类型。

(2) 设置相关参数，如箭头类型、标注文字的放置位置、附加文本的放置位置以及文本内容、公差类型和上下偏差等。

(3) 选择要标注的对象，并拖动标注尺寸至理想位置处单击，系统即在指定位置创建一个尺寸标注。

在大多数情况下，使用【快速】命令就能完成尺寸的标注。只有当该命令无法完成尺寸的标注时，才使用其他尺寸类型。

2. 注释

通常一个工程图里都包含很多注释，注释的用处很大，比如技术要求和变更记录等。NX 软件的【注释】功能区，如图 12-36 所示

图 12-36　【注释】功能区

【注释】功能区中的命令，除了创建注释以外，还包括了特征控制框、表面粗糙度符号、基准目标、边条件符号、区域填充、中心标、基准特征符号、符号标注、焊接符号、剖面线、图像等。各类型含义清晰，在此不再赘述。

12.2.6　参数预设置

在 NX 中创建工程图，应根据需要进行制图相关参数的预设置，以使所创建的工程图符合国家标准和企业标准。

可使用制图首选项进行预设制图参数。选择【菜单】|【首选项】|【制图】命令，弹出如图 12-37 所示的对话框。在【制图首选项】对话框中，可以设置公共(文字、直线/箭头、原点、前缀/后缀、保留的注释、层叠、标准、符号)、尺寸、注释、符号、表、图纸常规/设置、图纸格式、图纸视图、展开图样视图、图纸比较、图纸自动化等选项。

图 12-37　【制图首选项】对话框

12.3　案例实施

法兰轴工程图绘制

12.3.1　新建图纸页

新建图纸页的操作步骤如下。

(1) 打开文件 falanzhou.prt，其三维模型如图 12-38 所示。

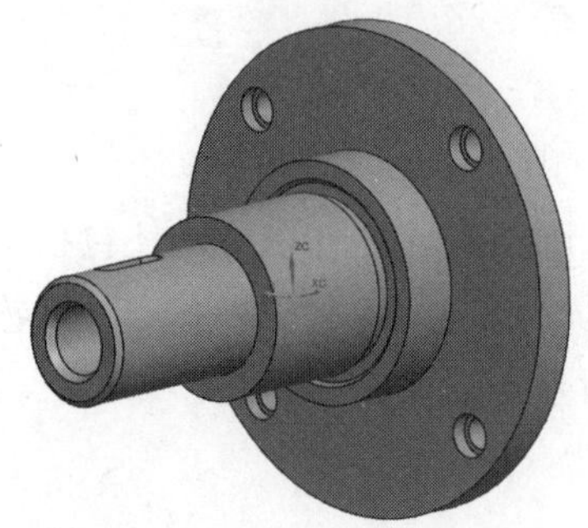

图 12-38　法兰轴三维模型

(2) 调用制图模块。在【应用模块】选项卡中单击【制图】命令，或按快捷键 Ctrl+Shift+D 调用制图模块。

(3) 进行新建图纸页参数设置。在【大小】选项区中选择【使用模板】单选按钮，并选择图纸大小为【A2-无视图】；然后【设置】选项区中为默认设置，即单位为【毫米】、投影法为【第三象限角投影】，如图 12-39 所示。单击【确定】按钮后，弹出【基本视图】对话框。

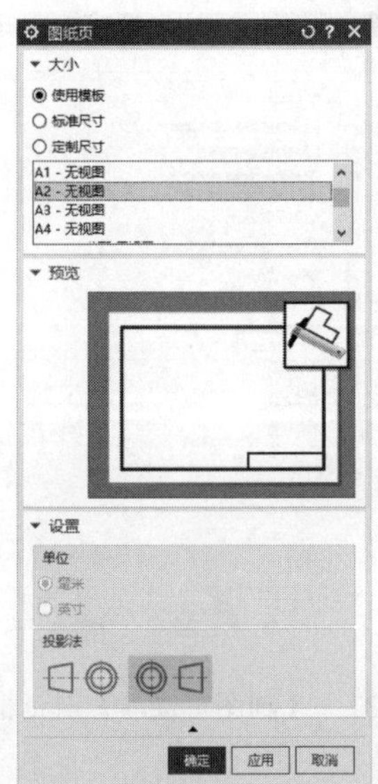

图 12-39　新建图纸页的参数设置

12.3.2　创建基本视图

创建基本视图操作步骤如下。

(1) 【基本视图】对话框中，在【要使用的模型视图】下拉列表中选择【左视图】选项，并在【比例】下拉列表中选择【1:1】。

(2) 放置视图。在合适的位置处单击，即可在当前工程图中创建一个模型的基本视图，如图 12-40 所示。

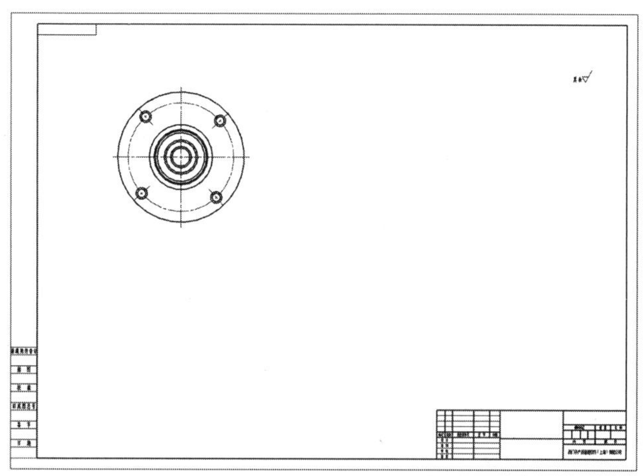

图 12-40　法兰轴基本视图放置

12.3.3　创建旋转剖视图

创建旋转剖视图的操作步骤如下。

(1) 单击【视图】功能区上的【剖视图】命令，在弹出的对话框中选择【旋转】。

(2) 选择父视图：选择刚创建的左视图作为父视图。

(3) 指定旋转中心：选择大圆的圆心。

(4) 指定第一段通过的点为象限点，第二段通过的点为小圆圆心。

(5) 放置视图：将所创建的全剖视图移动至合适位置处，然后单击，结果如图 12-41 所示。

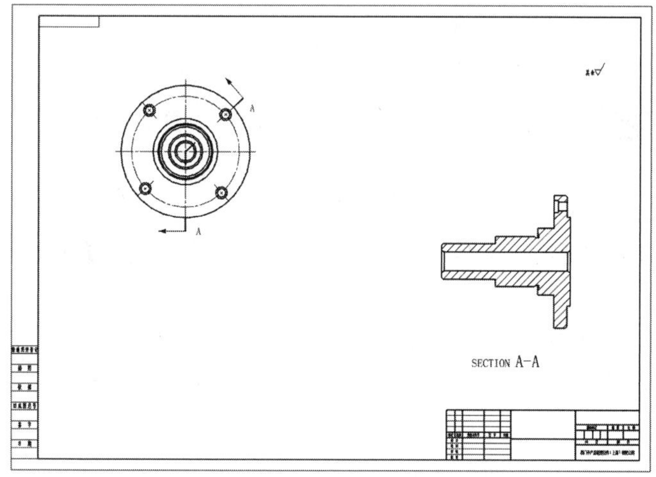

图 12-41　旋转剖视图创建

12.3.4 创建投影视图

创建投影视图的操作步骤如下。

(1) 单击【视图】功能区的【投影视图】命令，弹出【投影视图】对话框。

(2) 选择父视图：选择左视图作为投影视图的父视图。

(3) 放置视图：由于【铰链线】默认为矢量选项为自动判断，所以移动光标，系统的铰链线及投影方向都会自动改变。移动光标至合适位置处单击，即可添加一正交投影视图，如图 12-42 所示。

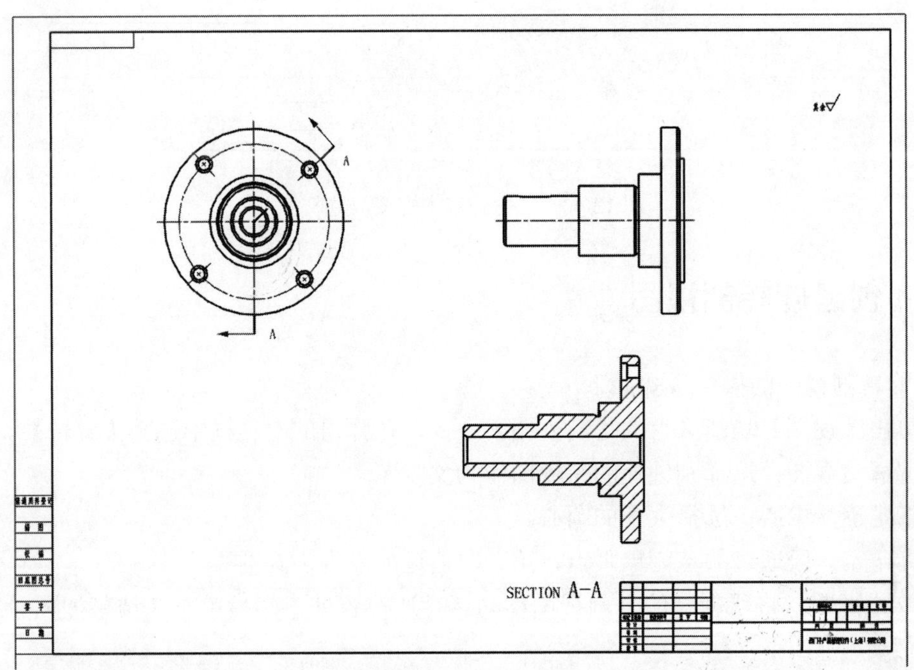

图 12-42 投影视图

12.3.5 创建剖视图

创建剖视图的操作步骤如下。

(1) 单击【视图】功能区上的【剖视图】命令，弹出【剖视图】对话框，剖切线选择【动态-简单剖】。

(2) 选择父视图：选择上一步创建的投影视图作为父视图。

(3) 截面线段：选择法兰轴上槽的中点，铰链线矢量为自动判断，此时铰链线可绕该点 360º 旋转。

(4) 放置视图：将视图移动到合适的位置后，单击确定，结果如图 12-43 所示。

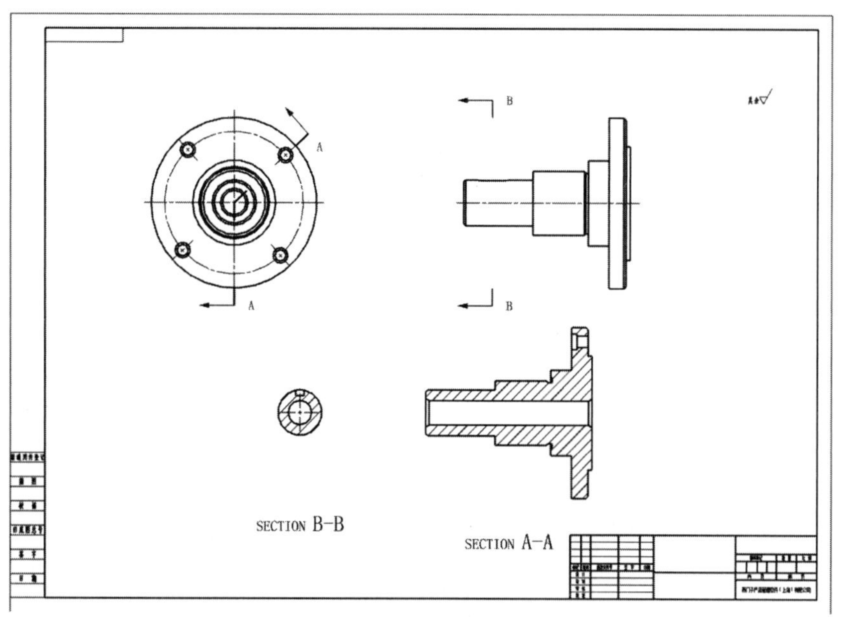

图 12-43　剖视图创建

12.3.6　创建局部放大图

创建局部放大图的操作步骤如下。

(1) 单击【视图】功能区上的【局部放大图】命令，调用【局部放大图】工具。

(2) 指定放大区域：选择【圆形】选项，然后指定局部放大区域的中心点，移动光标，观察动态圆至合适大小时，单击确认边界点。

(3) 指定放大比例：在【比例】下拉列表中选择【2:1】。

(4) 放置视图：在合适位置单击，即可在指定位置创建一局部放大视图，如图 12-44 所示。

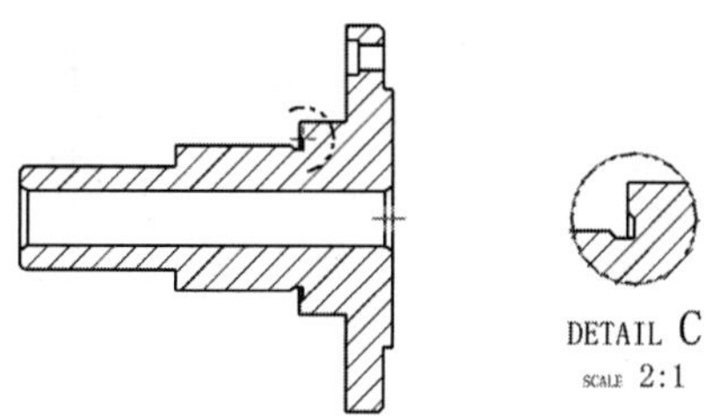

图 12-44　局部放大图

12.3.7　编辑剖视图背景

编辑剖视图背景的操作步骤如下。

(1) 单击【视图】功能区上的【视图相关编辑】命令，弹出【视图相关编辑】对话框。

(2) 选择“12.3.5 创建剖视图”中创建的剖视图作为要编辑的视图。

(3) 单击【添加编辑】选项区中的【编辑剖视图背景】图标，弹出【类选择】对话框。

(4) 选择如图 12-45 所示的内圆，单击【确定】按钮，结果隐去槽上的圆轮廓线。

(5) 单击【确定】按钮，退出【视图相关编辑】对话框。

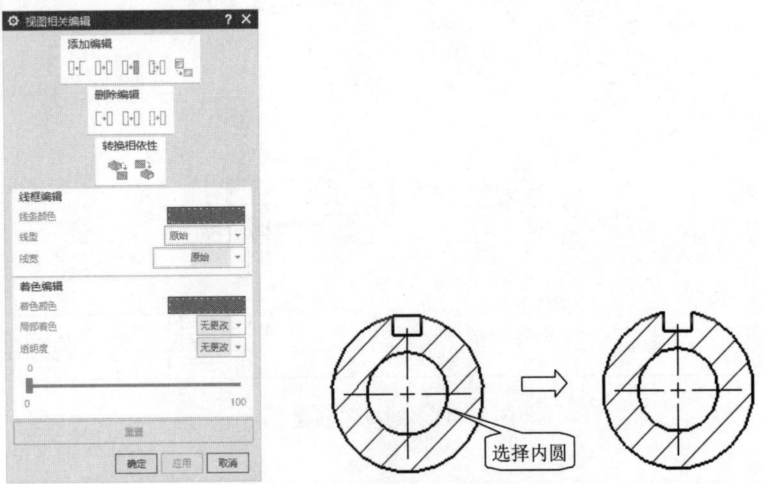

图 12-45　编辑剖视图背景

12.3.8　工程图标注

标注工程图的操作步骤如下。

(1) 标注水平尺寸，如图 12-46 所示。

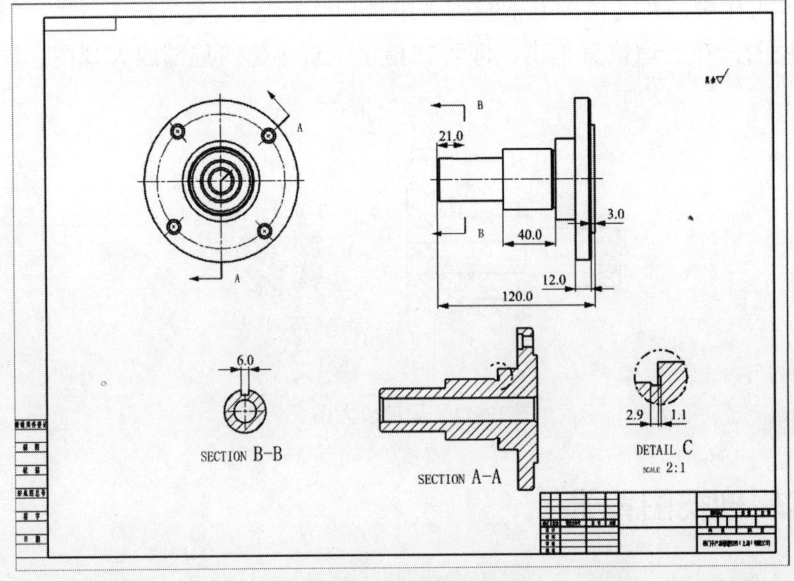

图 12-46　水平尺寸标注

(2) 标注竖直尺寸和径向尺寸，如图 12-47 所示。

图 12-47　竖直尺寸和径向尺寸标注

(3) 标注圆柱尺寸，如图 12-48 所示，设置测量方法为【圆柱式】。

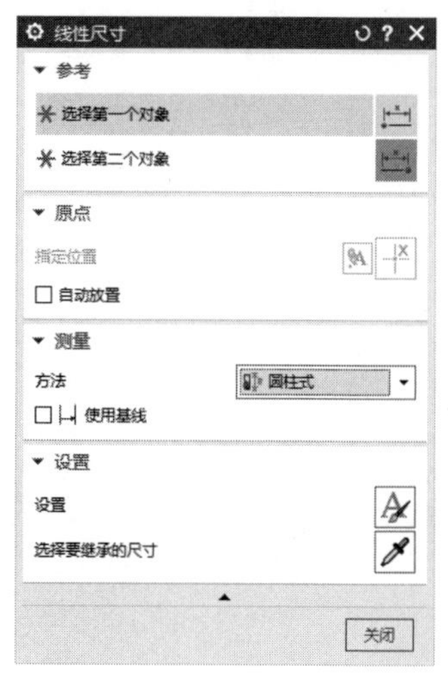

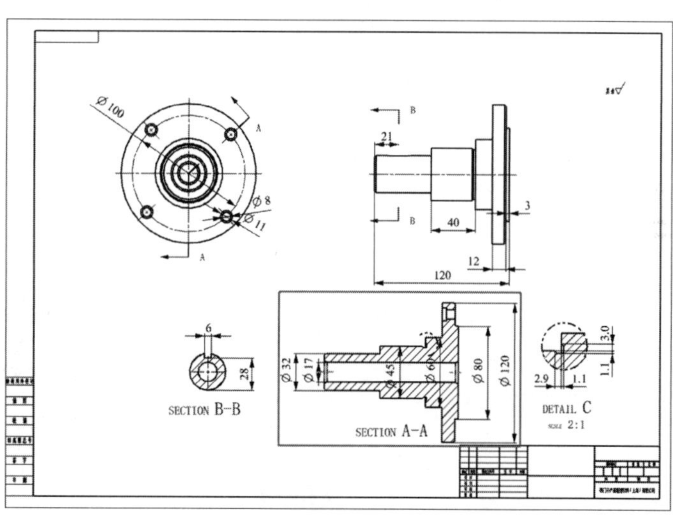

图 12-48　标注圆柱尺寸设置

(4) 标注倒角尺寸，如图 12-49 所示。

(5) 标注角度尺寸，如图 12-50 所示。

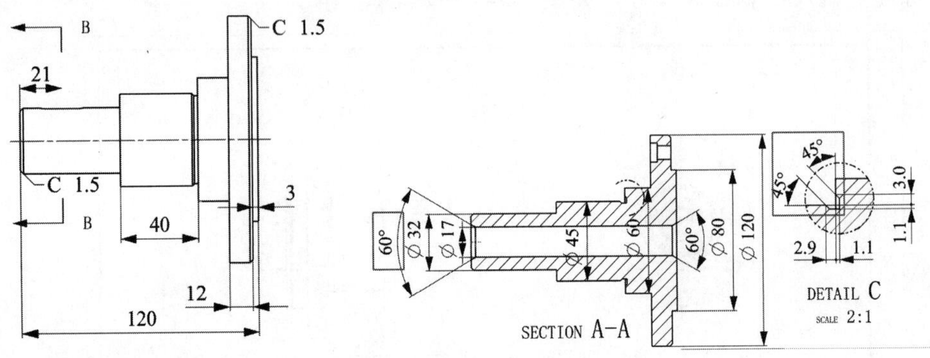

图 12-49　倒斜角标注　　　　　　　　图 12-50　角度标注

(6) 编辑沉头孔尺寸。

① 单击【注释】功能区上的【注释】命令，弹出【注释】对话框。

② 选择左视图沉头孔的内径尺寸为 Φ8 的圆心，在对话框的文本框中输入标注文字，如图 12-51 所示。

③ 单击选择合适的位置，放置注释文件，如图 12-52 所示。

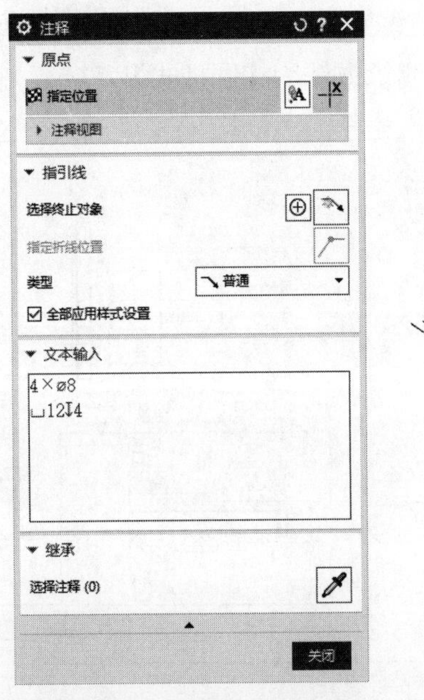

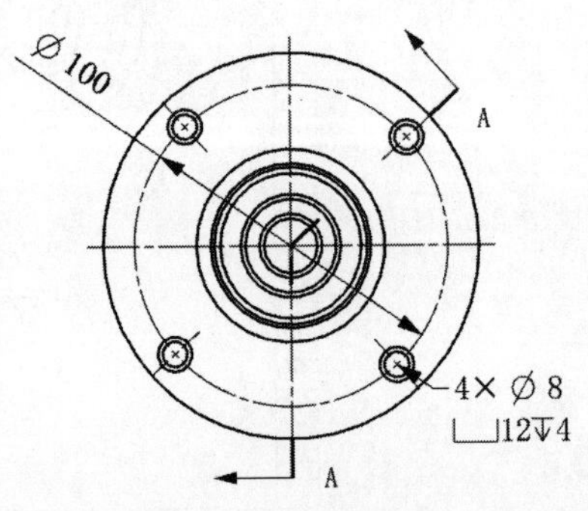

图 12-51　输入注释文本　　　　　　　　图 12-52　放置注释文字

(7) 标注表面粗糙度符号。

① 选择【注释】功能区上的【表面粗糙度符号】选项，弹出【表面粗糙度】对话框，如图 12-53 所示。

② 首先单击【属性】|【移除材料】|【需要除料】，然后在【a_2】文本框中输入 6.3，其余选项保持默认值。在所选边的上方单击，完成表面粗糙度符号的创建。

③ 重复操作，完成另两个粗糙度符号的创建，结果如图 12-54 所示。

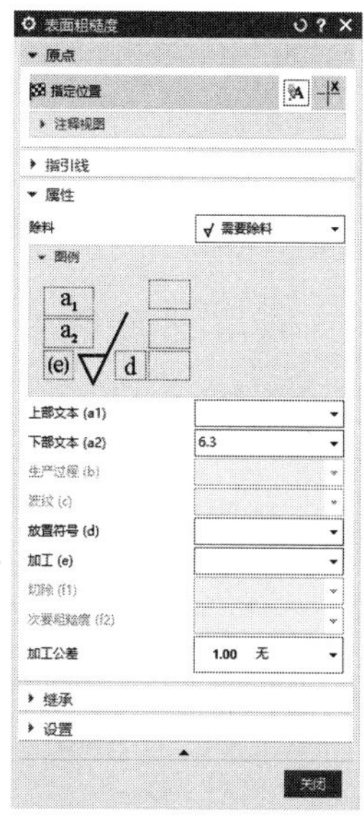

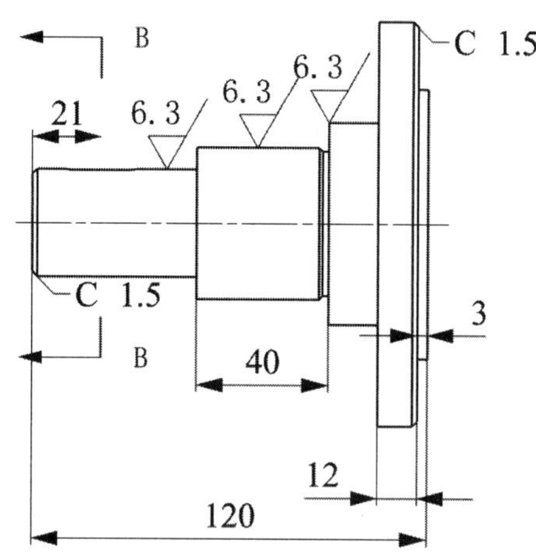

图 12-53　【表面粗糙度】对话框　　　　图 12-54　表面粗糙度标注

(8) 标注技术要求。单击【注释】功能区上的【注释】命令，弹出【注释】对话框，在【文本输入】文本框中输入技术要求文字，将其放置在图纸的左下角，如图 12-55 所示。

图 12-55　技术要求标注

(9) 填写表格。双击图纸右下角的标题栏单元格，填写图纸相关的文本，如图 12-56 所示。

						材料45				
					法兰轴	图样标记			重量	比例
标记	处数	更改文件号	签字	日期						1:1
设计						共　页			第　页	
校对						西门子产品管理软件(上海)有限公司				
审核										
批准										

图 12-56　在标题栏输入文本

(10) 法兰轴工程图的最终效果，如图 12-57 所示。

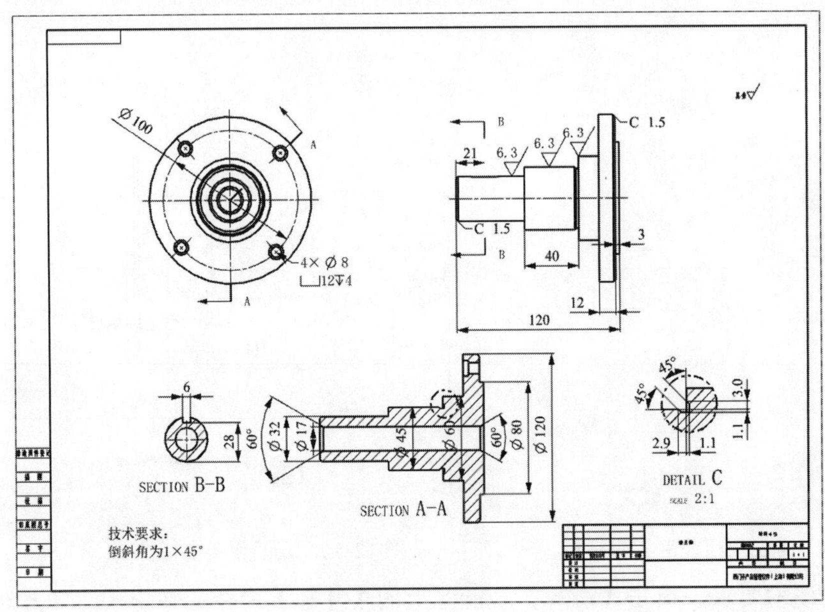

图 12-57 法兰轴工程图

12.4 拓展练习

创建工程图任务，用公制零件“taotong.prt”，按照主模型出图规范，创建如图 12-58 所示的图纸。

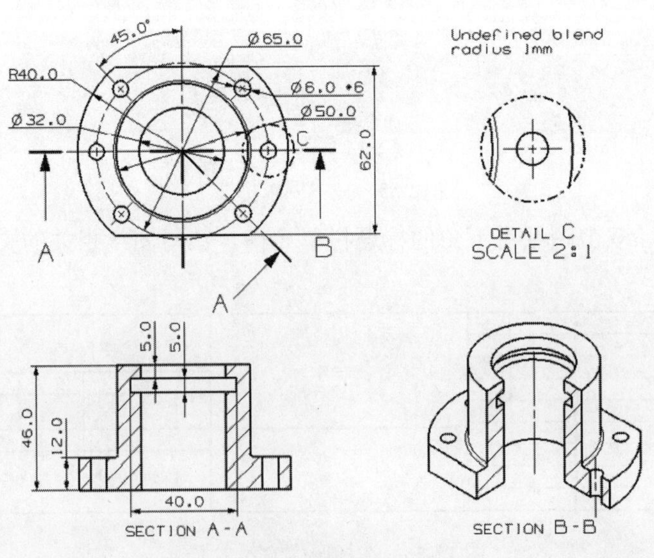

图 12-58 套筒零件工程图

要求如下：

(1) 图纸为 A4 幅图，视图比例为 1:1，局部放大图比例为 2:1，字体大小、颜色不作要求。

(2) 去除网格、视图边框，图纸为黑白显示模式，视图布局、尺寸标注、注释格式、视图标签等必须与图示完全一致。

(3) 必须使用主模型出图规范。

引导问题：请简要叙述拓展练习案例的操作思路。

____

____

____

____

12.5　总结

本章系统地介绍了利用 NX 软件创建工程图的方法，具体内容包括工程图纸页的新建与编辑、视图的创建与编辑、标注尺寸、制图首选项设置等内容。读者掌握这些知识后，便可胜任绝大多数的制图工作。

第 13 章

四连杆机构的运动模拟

项目要求

- ✧ 了解 NX 软件中运动模拟设计的特点、用户界面及一般运动仿真流程。
- ✧ 认识运动仿真功能区及相关参数设置。
- ✧ 掌握运动仿真的创建和执行运动仿真的操作流程。

13.1　案例分析

13.1.1　案例说明

由四个构件使用转动副和移动副组成的平面机构称为平面四杆机构，如图 13-1 所示。平面四杆机构是构件数目最少的平面连杆机构，它是组成多杆机构的基础。本案例通过创建简单的平面四连杆机构，来完成平面四杆机构仿真运动。

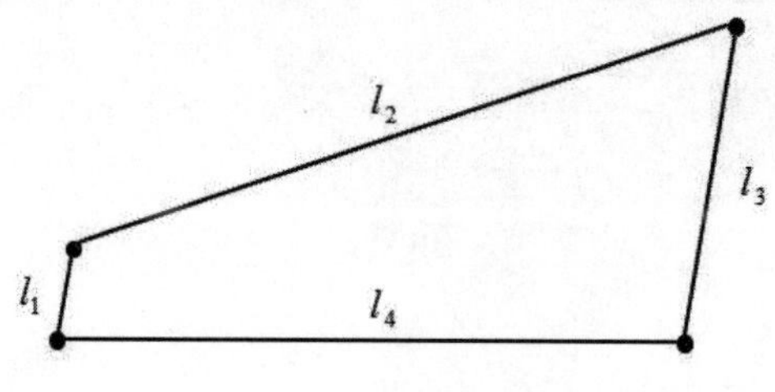

图 13-1　平面四杆机构

13.1.2　思路分析

平面四连杆机构的运动形式是：l_4 固定，l_1 绕 l_4 左点旋转，l_3 绕 l_4 右点旋转，l_2 连接 l_1 和 l_3。四连杆机构的基本类型可以分为曲柄摇杆机构、双曲柄机构和双摇杆机构三种。

- ✧ 如果 l_1 做圆周运动，l_4 只能做来回摆动，称为曲柄摇杆机构。
- ✧ l_1 和 l_4 都做圆周运动，称为双曲柄机构。
- ✧ l_1 和 l_4 两个连杆都做来回摆动，称为双摇杆机构。

本案例的思路为：预先创建平面四连杆的实体模型，并完成装配，再依据连杆机构的尺寸确定其运动类似，最后完成平面四连杆机构运动仿真。

13.2　知识链接

13.2.1　NX 软件的运动模拟设计

NX 软件是 CAD/CAM/CAE 的集成工程软件系统，具有强大的设计、加工、分析能力，为汽车、机械、航天、航空、家电、医疗仪器和加工模具等领域的生产提供了强大支撑。

传统机械设计中，设计者仅仅是做出零件的二维或二维的装配图，无法准确地预测出机构在运行过程中各零件是否干涉、驱动力是否满足、运动部件的行程能否达到要求等细节问题；且设计者对机构在运转中的情况停留在理论计算及自己对机构的分析评估上，在此条件下设计的机构不免会存在各种隐患和漏洞；而制造完成的机构在运行中往往面临各种问题，可能需要对机构某部件再次进行设计或改进，从而影响了工作效率。

在机械设计过程中引入运动模拟设计功能，可以通过运动模拟避免上述种种问题。设计者可对仿真中发现的问题进行相应的处理，同时也能够为用户提供更加直观、更加有说服力的动画产品演示。NX 运动模拟设计应用模块界面，如图 13-2 所示。

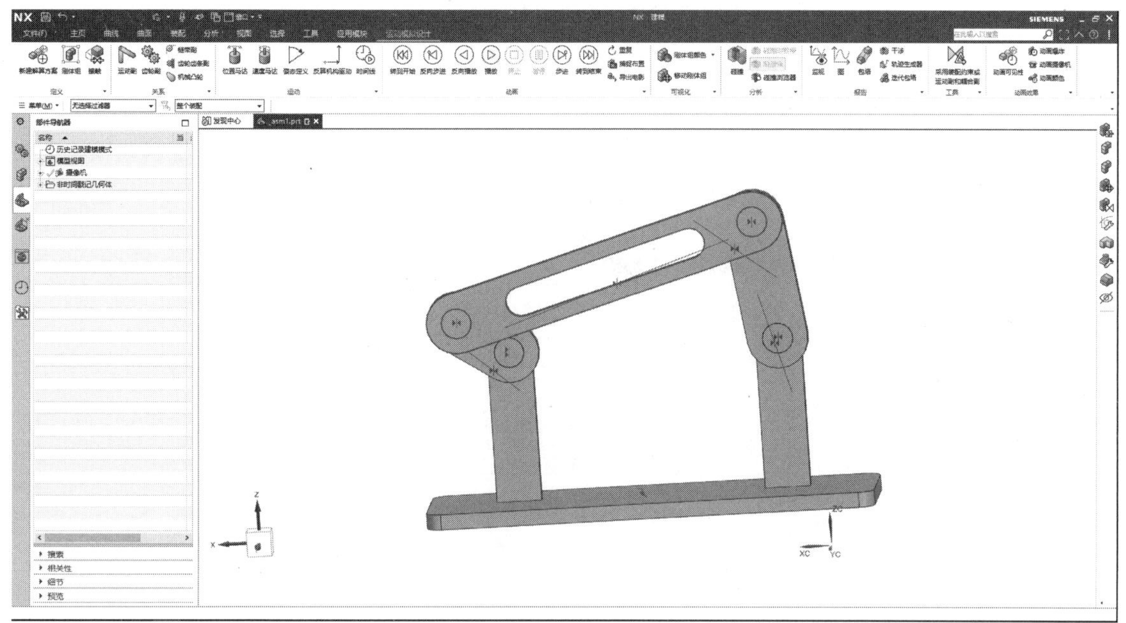

图 13-2　运动模拟设计界面

13.2.2　运动模拟设计功能介绍

1. 定义功能区

【定义】功能区，如图 13-3 所示，主要是为运动模拟前作好预处理。

图 13-3　【定义】功能区

- ✧ 新建解算方案：为运动模拟创建新的解算方案，开始运动仿真项目。
- ✧ 刚体组：刚体是指在运动中和受力作用后，形状和大小不变，而且内部各点的相对位置不变的物体。运动模拟前，要为动画定义对象或组件进行刚体处理。
- ✧ 接触：定义对象的接触关系，防止运动演示期间不同对象间发生干涉。

2. 关系功能区

【关系】功能区，如图 13-4 所示，用于定义刚体之间的连接关系，包括常见的运动副、齿轮副、链带副、齿轮齿条副、机械凸轮。

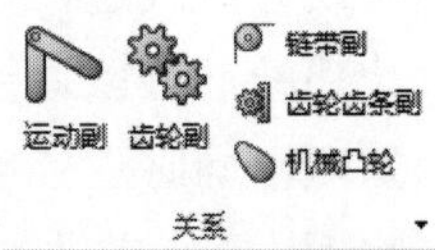

图 13-4 【关系】功能区

- ✧ 运动副：其对话框如图 13-5 所示，可定义两个刚体之间的关系。根据刚体结构选定运动副类型(固定副、旋转副、滑动副、柱面副、球面副、点在线上副、线在线上副、螺旋副、平面副、路径约束运动副、胶合运动副)，完成运动对象、轴、曲线等参数设置，单击【确定】按钮即可。

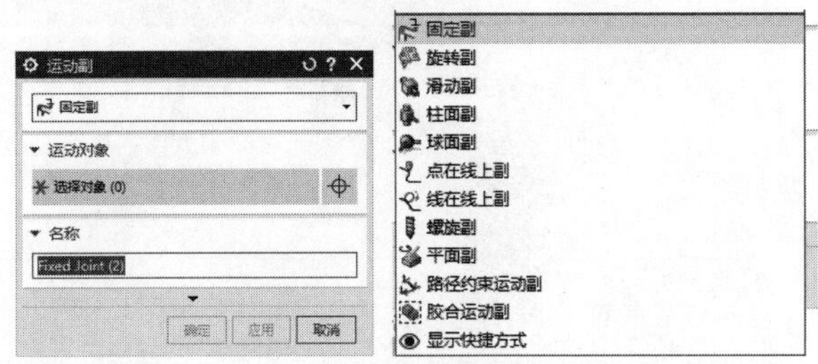

图 13-5 【运动副】对话框

- ✧ 齿轮副：其对话框图 13-6 所示，可创建两个运动副之间的相对旋转运动。模拟齿轮的啮合传动关系。
- ✧ 链带副：其对话框如图 13-7 所示，可定义两个独立的运动副之间的旋转运动。模拟链带的运动关系。

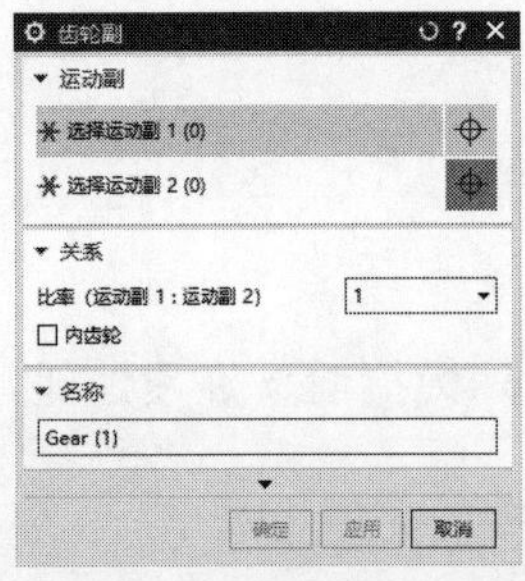

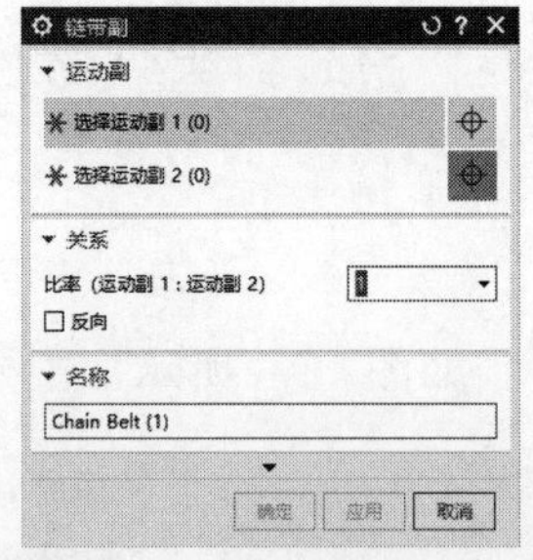

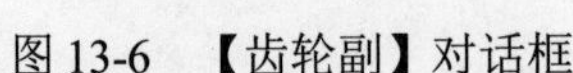

图 13-6 【齿轮副】对话框　　图 13-7 【链带副】对话框

- ✧ 齿轮齿条副：其对话框如图 13-8 所示，可定义滑动副和旋转副之间的相对运动。模拟齿轮齿条的运动关系。
- ✧ 机械凸轮：其对话框如图 13-9 所示，可定义凸轮的相对旋转运动和线性运动。模拟机械凸轮的运动关系。

图 13-8　【齿轮齿条副】对话框

图 13-9　【机械凸轮】对话框

3. 运动功能区

【运动】功能区中的命令如图 13-10 所示，它们为运动副的运动动作提供驱动。

图 13-10　【运动】功能区

✧　位置马达：根据运动副参数在给定时间内驱动运动副。

✧　速度马达：根据运动副参数连续驱动运动副。

✧　姿态定义：在运动学仿真中调节运动副。

✧　反算机构驱动：创建可将刚体组移动至指定位置的马达。

✧　时间线：将位置和速度马达时间显示在表中，时间线在时间线视图区中可任意拖动，拖动时，装配体运动单元会随着时间线的时刻点不同而变化位置，如图 13-11 所示。

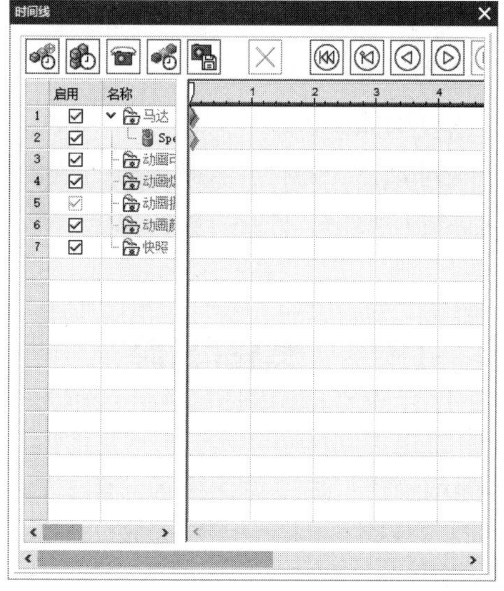

图 13-11　时间线

4. 动画功能区

【动画】功能区，用于控制运动模拟的动画播放，如图 13-12 所示，其操作简单，在此不再赘述。

5. 报告功能区

【报告】功能区，为运动模拟提供可靠的数据，以方便后续的分析。功能包括了监视、图、包络、干涉、轨迹生成器、迭代包络，如图 13-13 所示。

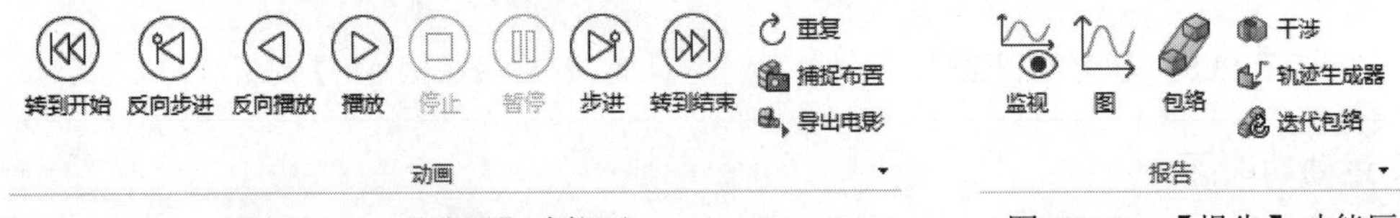

图 13-12　【动画】功能区　　图 13-13　【报告】功能区

- ✧ 监视：监视几何体之间的距离或角度，或是电动机参数，如速度、加速度。
- ✧ 图：在图形窗口中显示测量和马达曲线，如图 13-14 所示。
- ✧ 包络：创建包络对象，表示由于体随着动画移动而占用的空间，方便查看运动所需的空间。

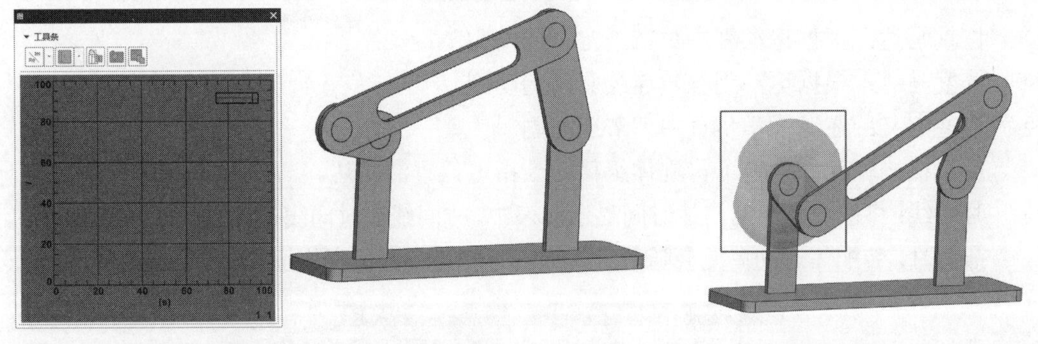

图 13-14　数据图　　图 13-15　包络

- ✧ 干涉：检查选定包络内机构的碰撞。
- ✧ 轨迹生成器：追踪点在对象上的路径并绘制该路径。
- ✧ 迭代包络：对所有可能的运动位置进行迭代，以创建总包络或最大值包络。

13.3　案例实施

四连杆机构的运动模拟

通过四杆机构(曲柄连杆机构)的仿真步骤来介绍 NX 的运动仿真模块。平面四连杆机构的运动分析，就是对机构上的某点的位移、轨迹、速度、加速度进行分析，再根据原动件(曲柄)的运动规律，求解出从动件的运动规律。平面四连杆机构的运动设计方法有很多，传统的有图解法、解析法和实验法。

使用 NX 软件对平面四连杆机构进行三维建模，先是预先给定尺，之后建立相应的连杆、运动副及运动驱动，再对建立的运动模型进行运动学分析，并给出构件上某点的运动轨迹、速度和加速度变化的规律曲线，用图形和动画来模拟机构的实际运动过程，这是传统的分析方法所不能比拟的。

运动仿真是基于时间的一种运动形式，即在指定的时间段中运动。NX 运动模拟设计的运动仿真分析过程可分三个阶段进行：前处理(创建连杆、运动副和定义运动驱动)；求解(生成内部数据文件)；后处理(分析处理数据，并转化成电影文件、图表和报表文件)。

13.3.1　创建连杆模型

由于运动模拟设计需要引入实体模型，所以需要先将主模型打开后才能执行。本例中的主模型是曲柄连杆机构的装配体。因此，需要先进行建模操作，各零件尺寸分别如图 13-16~图 13-19 所示。

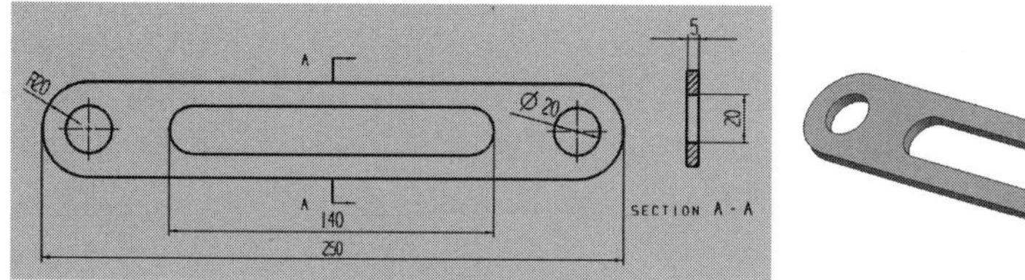

图 13-16　连杆(1)

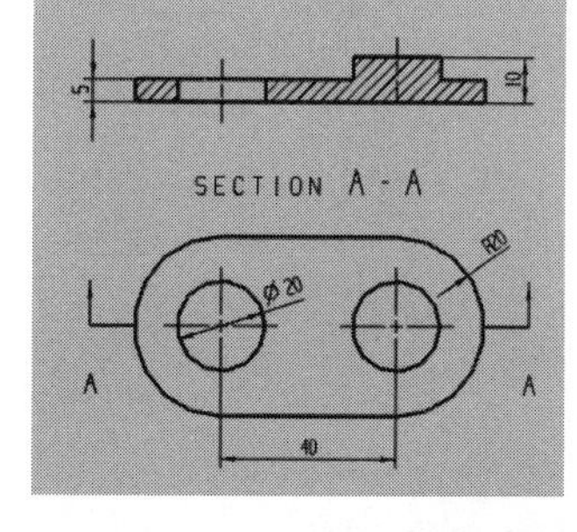

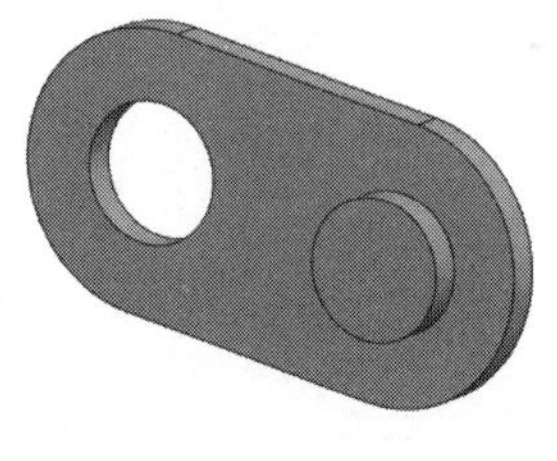

图 13-17　连杆(2)

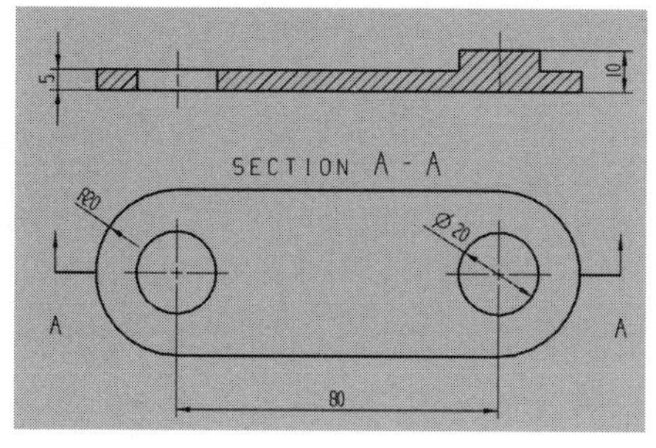

图 13-18　连杆(3)

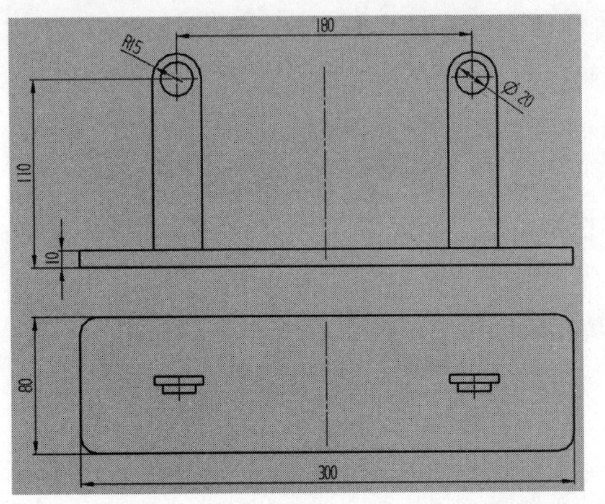

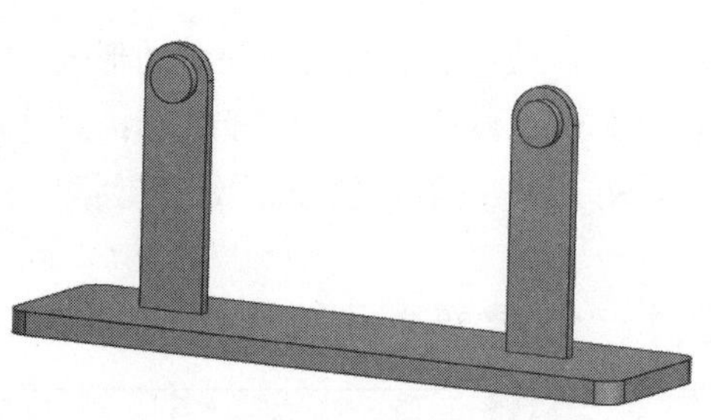

图 13-19　底座

13.3.2　四连杆装配

新建名为“连杆机构.prt”的装配文件，将创建的连杆和底座装配为连杆机构，使用的相关命令详见第 9 章，主要的约束类型为“接触”和“轴线对齐”，装配效果如图 13-20 所示。

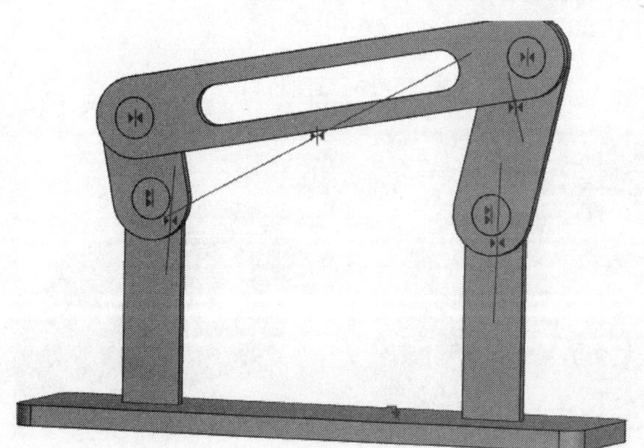

图 13-20　四连杆机构装配

13.3.3　运动模拟设计

运动模拟设计的具体操作步骤如下。

(1) 在【应用模块】选项卡上单击勾选中【运动模拟设计】，此时，在选项卡上会出现【运动模拟设计】选项卡。

(2) 打开曲柄连杆机构装配体文件，切换至【运动模拟设计】选项卡。

(3) 选择【新建解算方案】，如图 13-21 所示，资源导航器中的【动画导航器】内显示相应的解算方案信息。

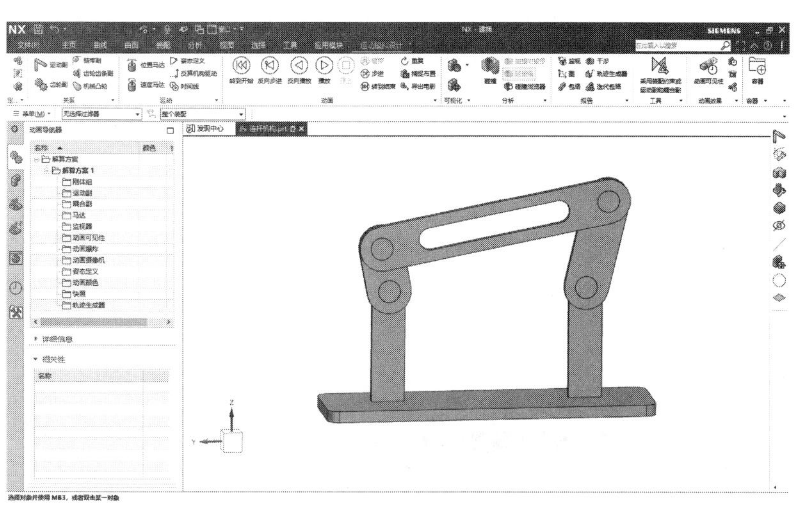

图 13-21　运动模拟设计界面

(4) 设置环境参数，单击【动力学】仿真，再单击【确定】按钮进入仿真操作。

1. 设置刚体组

机构装配好后，各个模块并不能通过装配命令连接起来进行仿真，因此还必须为每个部件赋予一定的运动学特性，即为机构指定刚体和运动副。刚体和运动副是机构运动中不可或缺的运动元素。

刚体添加的具体操作步骤如下。

(1) 单击【定义】功能区上的【刚体组】命令图标，弹出的对话框如图 13-22 所示。

(2) 选中连杆 1，输入名称“连杆 1”，单击【应用】按钮创建连杆 L1 的刚体；再选中连杆 2，输入名称“连杆 2”，单击【应用】按钮创建连杆 L2 的刚体；再选中连杆 3，输入名称“连杆 3”，单击【应用】按钮创建连杆 L3 的刚体；再选中底座，输入名称“底座”，单击【应用】按钮创建底座的刚体，最后单击【取消】按钮，创建完成。可以在【动画导航器】窗口的模型树下的【刚体组】中看见四个刚体，如图 13-23 所示。

图 13-22　【刚体组】对话框

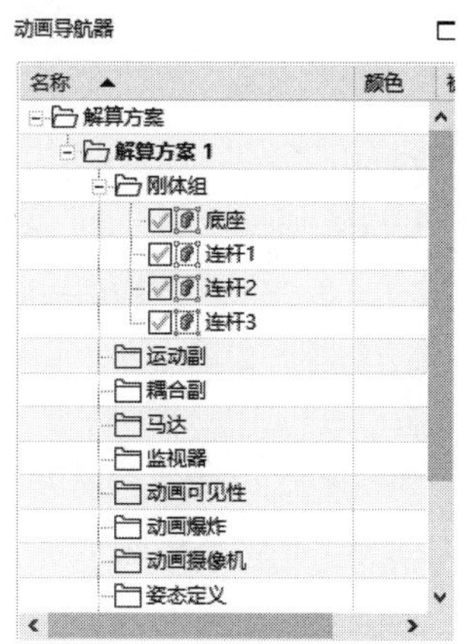

图 13-23　刚体组的创建

2. 设置运动副

运动副添加的具体操作步骤如下。

(1) 首先需要先固定底座，即将底座设定为固定。在【关系】功能区上单击【运动副】命令图标，弹出的对话框如图 13-24 所示。

(2) 在【运动副】对话框中，类型选择【固定副】，然后选中底座零件，输入相应的名称，并单击【应用】按钮，可以看到【动画导航器】的运动副组中出现底座固定副，如图 13-25 所示。

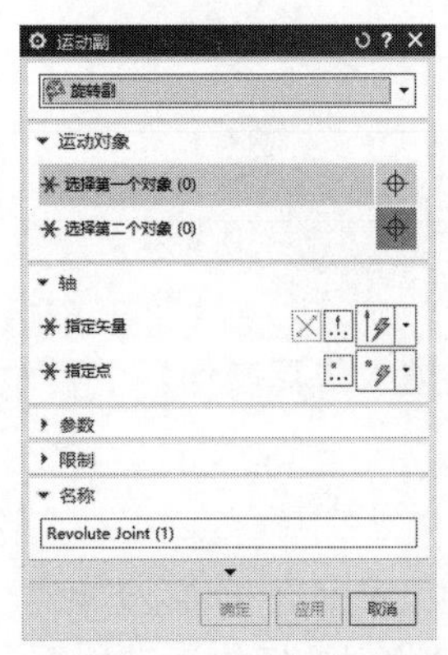

图 13-24　【运动副】对话框

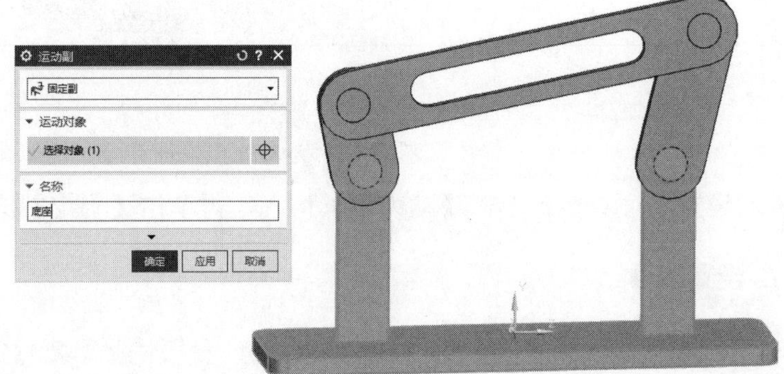

图 13-25　创建固定副

(3) 连杆与连杆之间依靠旋转副连接，通过【运动副】命令建立 4 个旋转副，目的是使连杆的运动有连贯性，在各连杆之间建立联系，使各部件运动结合成一个整体，如图 13-26 所示。

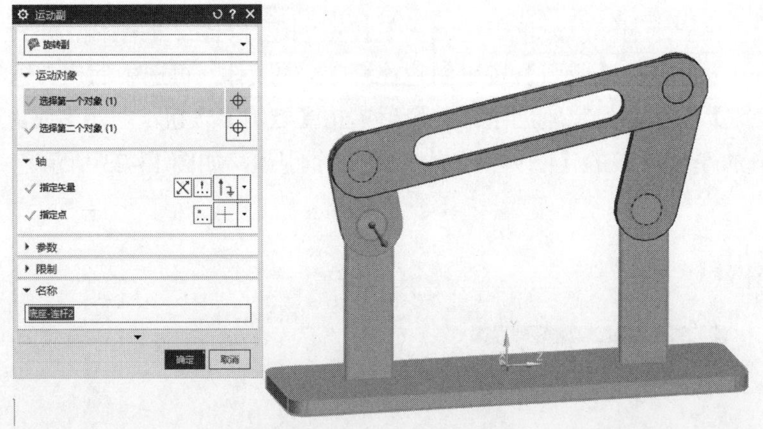

图 13-26　创建旋转副

第一对象和第二个对象分别选择与旋转副相关的两个零件，指定矢量选择连杆面的法向，孔的圆心作为指定点。完成旋转副的添加后，可以看到【动画导航器】的【运动副组】中出现 4 个旋转副。

3. 设置驱动

单击【运动】功能区上的【速度马达】命令图标，在打开的对话框中，选择运动副为底座及连杆 2 的旋转副，设置速度为 30° /s，输入名称，并单击【确定】按钮；设置完成后，在【动画导航器】的【马达组】中出现一个速度马达，表示添加完成，如图 13-27 所示。

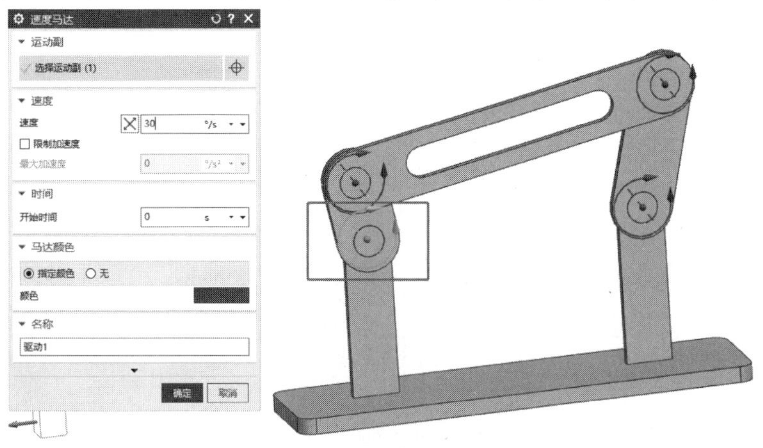

图 13-27　添加速度马达

4. 运动模拟结果

经过解算，可对平面四杆机构进行运动仿真显示及其相关的后处理，通过动画可以观察机构的运动过程，并可以随时暂停、倒退，如图 13-28 所示。

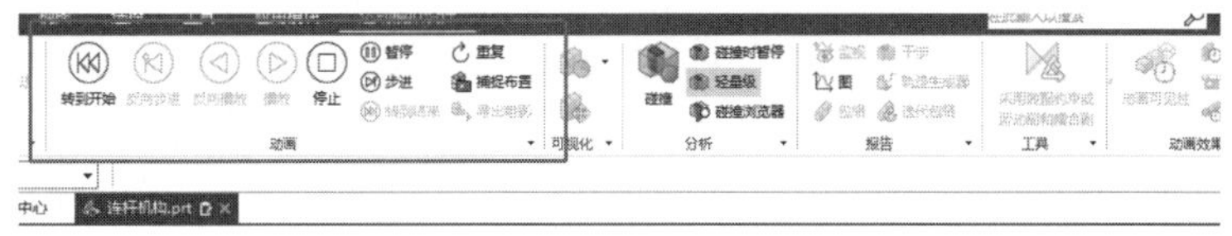

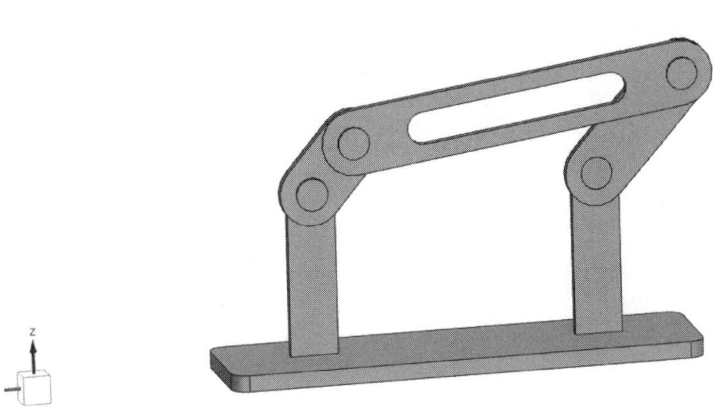

图 13-28　运动模拟结果查看

13.4 拓展练习

在 NX 软件中创建凸轮机械运动模拟，各零件的实体尺寸自拟，装配结构如图 13-29 所示。练习内容包括模型创建、机构装配、运动模拟设计、运动分析和查看结果。

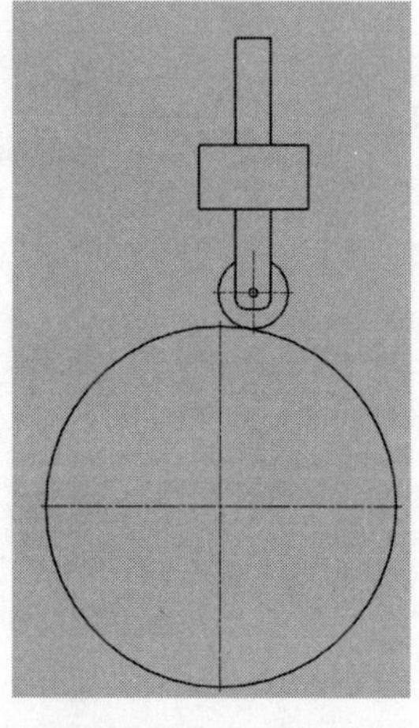

图 13-29 凸轮机构

13.5 总结

本章基于 NX 强大的运动模拟设计能力，主要介绍 NX 在机构运动模拟设计方面的功能与应用。通过连杆机构的运动模拟，从模型的创建、模型的装配、运动模拟分析准备、建立刚体、运动副、分析和查看结果等环节，系统地介绍了 NX 软件运动模拟设计的操作流程。